高职高专院校计算机公共课程"十三五"规划教材

计算机应用基础案例实训教程

杨　晔　张玲红 ◎ 主　编

刘思皖　乔　岚　刘　佳 ◎ 副主编

U0316911

中国铁道出版社有限公司

CHINA RAILWAY PUBLISHING HOUSE CO., LTD.

内 容 简 介

　　本书主要包括步入计算机世界、管理计算机资源、制作文档表格、处理分析表格数据、制作多媒体演示文稿五大模块。通过丰富的案例和实训任务、通俗易懂的语言、简洁明了的操作步骤，引导学生掌握计算机最常用的操作技能，突出对学生实践能力的培养。本书配套微课视频，方便学生自主学习和提升。

　　本书适合作为高等职业院校计算机应用基础课程的教材，也可作为各类企事业单位从业人员的继续教育和在职培训参考书。

图书在版编目（CIP）数据

计算机应用基础案例实训教程 / 杨晔，张玲红主编. —北京：
中国铁道出版社有限公司，2020.8（2023.7 重印）
高职高专院校计算机公共课程"十三五"规划教材
ISBN 978-7-113-27115-2

Ⅰ. ①计… Ⅱ. ①杨… ②张… Ⅲ. ①电子计算机-高等职业
教育-教材 Ⅳ. ① TP3

中国版本图书馆 CIP 数据核字（2020）第 142557 号

书　　名：计算机应用基础案例实训教程
作　　者：杨　晔　张玲红

策　　划：李志国　　　　　　　　　　　编辑部电话：（010）83527746
责任编辑：邬郑希　贾淑媛
封面设计：刘　颖
责任校对：张玉华
责任印制：樊启鹏

出版发行：中国铁道出版社有限公司（100054，北京市西城区右安门西街 8 号）
网　　址：http://www.tdpress.com/51eds/
印　　刷：北京铭成印刷有限公司
版　　次：2020 年 8 月第 1 版　2023 年 7 月第 4 次印刷
开　　本：787 mm×1 092 mm　1/16　印张：15.25　字数：368 千
书　　号：ISBN 978-7-113-27115-2
定　　价：46.00 元

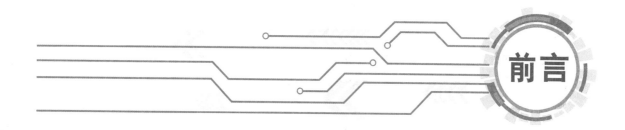

前言

随着互联网时代的到来，以计算机技术为核心的信息技术已深度融合到了社会的各个领域，人们的生活、学习和工作都已经离不开计算机。学习计算机的基础知识，掌握计算机办公自动化软件的操作技能，关注信息技术的发展动态，已成为适应信息化社会发展的基本要求和共识。

本书凝结了一线教师多年的行业实践和教学经验，是一线教师进行课程体系与教学内容改革过程中的实践收获。全书按照高等职业院校培养学生的标准——良好的职业素养、熟练的职业技能和可持续发展能力，在内容组织与设计上，遵循学生职业能力培养的基本规律，从职业岗位的实际工作任务中提取典型案例，通过完成案例任务和拓展实训来提高学生的职业能力，完全体现了"学中做""工学结合"的职业教育教改理念。

本书通过 5 个模块共 23 个案例的分析演练、知识建构与拓展实训来培养读者运用计算机应用基础知识解决实际问题的能力。5 个模块分别为：步入计算机世界、管理计算机资源、制作文档表格、处理分析表格数据、制作多媒体演示文稿。涉及的相关知识与技能包括：

（1）步入计算机世界：计算机的基础知识，包括计算机的发展和应用，数制转换，计算机的组成及工作原理，配置计算机的硬件性能指标，打字技能和五笔字型输入法，计算机的前沿领域和技术。

（2）管理计算机资源：Windows 7 操作系统的基本操作，管理文件和文件夹，个性化设置，控制面板的设置和常用小工具程序。

（3）制作文档表格：Word 2010 字处理软件文档操作，文字符号的录入，字体段落格式的设置，文档的编辑与格式化，表格的创建编辑与美化，图文混排，长文档的排版，邮件合并和宏。

（4）处理分析表格数据：Excel 2010 工作簿、工作表和表格的操作与编辑，数据的录入，公式与函数，数据的排序、筛选、分类汇总、合并计算、数据透视表和图表。

（5）制作多媒体演示文稿：PowerPoint 2010 演示文稿的创建，幻灯片页面的编辑与美化，动画效果与幻灯片切换方式的设置。

本书的主要特色如下：

1. 案例驱动、知识建构、拓展实训

本书通过 5 个模块 23 个具有代表性案例的分析与演练，精心组织了教材内容，其中创建"篮球比赛海报"、编辑"商品售后卡"、格式化"个人简历"、制作"图书订购单"、制作"梅花节艺术海报"、排版"项目调研报告"、批量制作"准考证"、制作员工基本信息表、制作工资管理报表、销售数据表图表分析、创建公司形象宣传演示文稿等任务都属于日常工作岗位上的典型工作任务，通过完成这些工作任务来培养读者的岗位技能。

2. 能力训练型教材

本书突出对读者实践能力的培养，每一个模块均按照统一的格式设计，通过"案例展示→案例分析→知识建构→案例演练→拓展实训"的顺序编排，以动手实操为主线，以能力训练为重点。

3. 相关知识与技能介绍全面

在完成案例任务所需要的相关知识与技能部分，尽可能系统全面地介绍计算机应用基础课程所包括的知识点和技能点，以帮助读者在学习解决问题的同时能够储备较完善的知识和技能，以便更深入地理解和应用所学知识。

4. 知识传授与经验技巧融为一体

本书力图将知识和能力训练融为一体，使经验技巧的传授与能力培养同步。参编教师对多年教学与工作中的经验技巧进行了总结，并希望能将实际工作和生活中最实用的技能传授给读者。书中通过【注意】、【提示】介绍实际操作中的经验与技巧；通过【思考】调动读者的思维；通过【小结】总结使用经验；通过【拓展实训】培养读者解决实际问题的能力。

5. 介绍了互联网环境下的前沿技术

本书介绍了计算机行业的发展规律以及计算机带来的思维方式的改变，包括计算思维和互联网思维。同时，介绍了互联网环境下的前沿技术，包括 Web 2.0、云计算、物联网、移动互联网、大数据以及智慧地球等。

本书设计的案例和实训任务都符合现实生活中的场景，易于教师讲解、学生接受。通过通俗易懂的语言、简洁明了的操作步骤引导读者掌握计算机最常用的操作技能，适合高等职业院校各专业的学生作为计算机应用基础课程的教材，也适合各类企事业单位从业人员的继续教育和在职培训。

本书由杨晔、张玲红任主编，刘思皖、乔岚、刘佳任副主编。由于时间仓促，加上编者水平有限，书中难免存在不足之处，欢迎大家批评指正。

编　者

2020 年 4 月

目录

模块一

步入计算机世界

单元导读

随着互联网时代的到来，以计算机技术为核心的信息技术已深度融合到了社会的各个领域，人们的生活、学习和工作都已经离不开计算机。学习计算机的基础知识，掌握计算机的操作技能，关注计算机技术的发展动态，已成为适应社会的基本要求。

案例一　计算机基础知识

案例展示

互联网＋时代，计算机已渗透到日常工作和生活的各个方面。大学生李某想选购一台组装的台式机，价位 3 000 元左右，主要用于 Photoshop（简称 PS）图形处理、学习、上网等。需要我们帮他拟定一份合理的选购方案。

案例分析

根据购买者使用需求，选择性价比较高的计算机。选购之前需要先了解计算机系统组成及工作原理、微型计算机的主要性能指标、计算机的基本配置、特别是主板上的主要器件、接口类型及作用、常用存储器设备、常用计算机外围设备等知识。

知识要点

- 计算机的定义、功能、发展和应用领域。
- 数制及数制之间的转换。
- 计算机系统的组成及工作原理。
- 计算机的硬件配置。
- 计算机的主要技术指标和数据的存储单位。
- 选购、组装与维护计算机。

技能目标

● 能够完成各种数制间的转换。

● 能够掌握计算机的特点、组成及工作原理。

● 能够了解计算机的主要技术指标。

● 能够认识微型计算机的硬件配置。

● 能够进行数据存储单位的换算。

● 能够选购和维护个人计算机。

知识建构

一、计算机的发展及应用

1.计算机的定义

计算机是一种能按照人们事先编写的程序连续、自动地工作，并能对输入的数据进行加工、存储、传送，由电子和机械部件组成的电子设备。它可以用比人脑高得多的速度完成各种指令性甚至智能性的工作。

2.计算机的发展历史

（1）世界上第一台计算机的诞生。世界上第一台计算机 ENIAC（埃尼阿克）于 1946 年 2 月 14 日诞生于美国宾夕法尼亚大学，如图 1–1 所示。ENIAC 是电子数值积分计算机(Electronic Numerical Integrator And Computer) 的英文缩写，它是当时数学、物理等理论的研究成果和电子管器件相结合的结果。ENIAC 使用了 18 000 多个电子管，1 500 多个继电器，10 000 多只电容和 7 000 多只电阻，占地 170 多 m^2，重约 30 t（大约是一间半的教室大，6 只大象重），功耗为 150 kW，每秒能进行 5 000 次加法运算。第一台电子数字计算机主要用于新武器的研制，它把过去需要 100 多名工程师一年才能解决的导弹弹道轨迹计算问题缩短为两个小时完成，大大地提高了工作效率，促进了科学技术的发展。它的诞生是科学技术发展史上一次意义重大的事件，标志着新技术革命的开始。

图1-1　第一台计算机

（2）计算机的发展。半个世纪以来，计算机的发展突飞猛进。根据计算机采用的不同的主要电子器件，将计算机的发展划分成 4 个阶段，一般称为四代。

第一代（1946—1957 年）是电子管计算机。电子元件主要是电子管，如图 1–2 所示。这一代计算机的主存储器为磁鼓，外存储器为纸带、卡片、磁带。软件方面开始时只能使用机器语言，20 世纪 50 年代中期出现了汇编语言。这一时期没有对计算机进行控制管理的操作系统，因此操作相当麻烦。这一代计算机的特点是：体积庞大，运算速度慢（5 000 ～ 30 000 次／秒），可靠性差，功耗大，维修困难，应用范围小，主要应用领域为科学计算和军事方面。

第二代（1958—1964 年）是晶体管计算机。电子元件主要是半导体晶体管，如图 1–3 所示。其主存储器为磁芯，外存储器为磁盘。软件方面开始使用操作系统，出现了各种计算机高级语言（如 FORTRAN 语言、COBOL 语言等），输入、输出方式有了很大进步。这一代计算机的特点是：体积减小，重量减轻，功耗减小，运算速度加快（几十万～百万次／秒），可靠性增强，应用范围增大，主要应用领域为数值运算和数据处理等方面。

图1-2　电子管

图1-3　半导体晶体管

第三代（1965—1971年）是集成电路计算机。电子元件发展到中、小规模集成电路，如图1-4所示。其主存储器除了磁鼓外，还出现了半导体存储器，外存储器为磁盘。软件方面，操作系统得到发展与完善，高级语言发展到多种。这一代计算机的特点是：计算机体积、功耗进一步减小，质量进一步减小，运算速度进一步提高（百万～几百万次／秒），可靠性进一步提高，主要应用领域为科学计算、数据处理和过程控制等方面。

第四代（约1971年至今）是大规模和超大规模集成电路计算机。电子元件发展到大规模、超大规模集成电路，如图1-5所示。其主存储器发展为半导体存储器，外存储器使用大容量磁盘和磁带。软件方面，操作系统不断发展与完善，各种高级语言和数据库管理系统进一步发展。这一代计算机的特点是：计算机体积、功耗进一步减小，质量进一步减小，运算速度（几百万～几亿次／秒）、可靠性、存储容量有了大幅度的提高，主要应用领域为科学计算、数据处理、过程控制、计算机辅助系统以及人工智能等各个方面。

扫一扫

拓展阅读：
计算机的发展趋势

图1-4　中、小规模集成电路

图1-5　大规模、超大规模集成电路

3. 计算机的特点

现代数字电子计算机与以往的计算工具有着本质的区别。计算机不仅可以高速地进行数字计算与数据信息处理，而且具有超强的记忆功能和高可靠性的逻辑判断能力。概括起来，电子计算机主要有以下几个特点。

（1）运算速度快。计算机的运算速度通常是指每秒所执行的指令条数。一般计算机的运算速度可以达到上百万次，目前最快的已达到千万亿次以上。计算机的高速运算能力为完成那些计算量大、时间性要求强的工作提供了保证。例如，天气预报、大地测量的高阶线性代数方程的求解，导弹或其他发射装置运行参数的计算，情报、人口普查等超大量数据的检索处理等。中国无锡国家超级计算中心研发的"神威·太湖之光"是全球首台10亿亿次级别的计算机，常规计算力为9.3亿亿次每秒。简单来说，这套系统1分钟的计算能力，相当于全球72亿人同时用计算器不间断计算32年。

（2）计算精度高。计算机的精度取决于机器字长，机器字长越长，精度越高。由于计算机采用二进制表示数据，所以易于扩充机器字长。目前计算机的计算精度已经能达到几十位有效数字。

（3）具有逻辑判断和记忆能力。计算机的运算器除了能够进行算术运算外，还能够对数据信息进行比较、判断等逻辑运算。这种逻辑判断能力是计算机处理逻辑推理问题的前提，也是计算机能实现信息处理高度智能化的重要因素。计算机的记忆功能是由计算机的存储器（内部存储器和外部存储器）完成的，类似于人的大脑，能够"记忆"大量的信息。

（4）工作自动化。计算机能自动执行命令，在工作过程中不需要人工干预，只要给它发出工作指令，它将按照指令自动执行存放在存储器中的程序。

正是由于以上特点，人们所进行的任何复杂的脑力工作，只要能分解为计算机可执行的基本操作，并以计算机所能识别的形式表示出来，存入计算机，计算机就能模仿人脑，按照人们的意愿自动工作，所以又把计算机称为"电脑"。

4.计算机的分类

按照计算机规模，并参考其运算速度、输入／输出能力、存储能力等因素，通常将计算机分为巨型机、大型机、小型机、微型机等几类。

（1）巨型机。巨型机又称超级计算机，是计算机中运算速度最快、存储容量最大的一类计算机，主要用于高精尖科技研究领域，如空间技术、天气预报、战略武器开发等，是一个国家综合国力的重要标志。在2016年6月全球超级计算机排名中，中国的"太湖之光"（Sunway TaihuLight）和"天河二号"（TianHe-2）分别位列第一和第二，其处理器核心数分别为10 649 600个和3 120 000个，运算速度分别为93 014万亿次／秒和33 862万亿次／秒。

（2）大型机。大型机规模次于巨型机，具有极强的综合处理能力和极大的性能覆盖面，使用专用指令系统和操作系统，更擅长于非数值计算方面。大型机不仅是一个硬件上的概念，更是一个硬件和专属软件的有机整体。经过多年的发展，大型机的稳定性和安全性在所有计算机系统中首屈一指。大型机主要应用于商业领域，如银行、电信及大型零售企业等。目前，生产大型机的厂商有 UNISYS 等。

（3）小型机。小型机采用8～32个处理器，是性能和价格介于PC服务器和大型机之间的一种高性能64位计算机。一般认为，传统小型机是指采用RISC、MIPS等专用处理器，主要支持UNIX操作系统的封闭、专用的计算机系统。目前，生产小型机的厂商主要有HP、浪潮等。

（4）微型机。微型机简称微机，是应用最普及、产量最大的机型，其特点是体积小、灵活性大、价格便宜、使用方便。按结构和性能划分为单片机、单板机、个人计算机等。

扫一扫

拓展阅读：
计算机的应用领域

二、数制及数制之间的转换

1. 常用数制

数制也称为计数制，是指用一种固定的符号和统一的规则来表示数值的方法。例如，日常生活中常用十进制来表示数。但是，计算机内部都是电子元件，只识别 0 和 1 的二进制符号，因此任何信息都必须转换成二进制形式的数据后才能由计算机进行处理、传输和存储。常用的数制有十进制、二进制、八进制和十六进制等。

（1）基本概念。在计算机数制中，需要掌握 3 个基本概念，即数码、基数和位权。

①数码。指一个数制中表示基本数值大小的不同数字符号，如二进制有 2 个数码：0，1；十六进制有 16 个数码：0，1，2，3，4，5，6，7，8，9，A，B，C，D，E，F。

②基数。指一个数制中使用数码的个数，如二进制的基数为 2，八进制的基数为 8，十六进制的基数为 16。

③位权。在一个数制中，数码所表示的数值等于该数码本身乘以一个与它所在数位有关的常数，这个常数称为位权。例如，十进制数 528，其中 8 的位权为 10^0，2 的位权为 10^1，5 的位权为 10^2。对于八进制 576，6 的位权为 8^0，7 的位权为 8^1，5 的位权为 8^2。可见，在不同的数制中，位权不仅与数码所在的位置有关，而且与其进制的基数有关。

（2）不同进制的表示。不同进制的表示方式有两种。第一种是用"（ ）$_{角标}$"来表示。例如，二进制用（ ）$_2$，八进制用（ ）$_8$，十六进制用（ ）$_{16}$，即角标表示该进制的基数。第二种是在数字后面加一个英文字母作为后缀进行识别，二进制数在数字后面加字母 B，十进制数在数字后面加字母 D（或可不加），八进制在数字后面加字母 O，十六进制在数字后面加字母 H。例如 1101B、69D、467O、D9EH 分别表示二进制 1101、十进制 69、八进制 467、十六进制 D9E。对于这两种进制表示方法，第一种在日常表示中应用较多，第二种多用于程序设计。

2. 不同进制数之间的转换

常用数制的对应关系如表 1-1 所示。

表1-1　常用数制的对应关系

十进制	二进制	八进制	十六进制	十进制	二进制	八进制	十六进制
0	0	0	0	9	1001	11	9
1	01	1	1	10	1010	12	A
2	10	2	2	11	1011	13	B
3	11	3	3	12	1100	14	C
4	100	4	4	13	1101	15	D
5	101	5	5	14	1110	16	E
6	110	6	6	15	1111	17	F
7	111	7	7	16	10000	20	10
8	1000	10	8	17	10001	21	11

1）十进制数转换成二进制数

十进制数转换成二进制数，整数部分与小数部分转换方法不同，需要分别转换。

（1）十进制整数转换成二进制整数，采用"除 2 取余法"。具体做法是将十进制整数反复除以 2，直到商 0 为止。将每次得到的余数（必定是 0 或 1）从后到前连接起来，就可以得到相应的二进制数。

例如：将十进制数 126 转换成二进制数，其过程如下。

即 $(126)_{10} = (1111110)_2$。

（2）十进制小数转换为二进制小数，采用"乘 2 取整法"。具体做法是将十进制数的小数部分反复乘以 2，直到余下的小数部分为零或达到指定的精度为止。将每次得到的整数部分（必定是 0 或 1）从前到后连接起来，就可得到相应的二进制数。

例如：将十进制小数 0.665 转换成二进制小数，其过程如下。

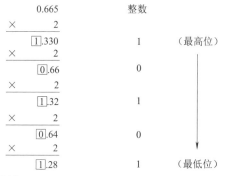

即 $(0.665)_{10} = (0.10101)_2$

> **提示：** 如果某个十进制数既有整数部分又有小数部分，可以将其整数部分和小数部分分别转换，然后再组合起来。

2）二进制数转换成十进制数

二进制数转换成十进制数采用按位权展开的方法，即二进制数的每一位与该位所对应的位权相乘再相加。

例如：将二进制数 11110.01 转换为十进制数，计算如下：

$(11110.01)_2 = 1 \times 2^4 + 1 \times 2^3 + 1 \times 2^2 + 1 \times 2^1 + 0 \times 2^0 + 0 \times 2^{-1} + 1 \times 2^{-2} = (30.25)_{10}$

同理，八进制、十六进制转换为十进制，都可以按其位权展开计算。

3）八进制数和十六进制数转换成二进制数

八进制数转换成二进制数的原则是：每位八进制数用相应的 3 位二进制数代替。

（1）将八进数 547 转换成二进制数。

$$\begin{array}{ccc} 5 & 4 & 7 \\ \downarrow & \downarrow & \downarrow \\ \underline{101} & \underline{100} & \underline{111} \end{array}$$

即（547）$_8$ =（101 100 111）$_2$

同理，十六制数转换成二进制数的规律是：每位十六进制数用相应的 4 位二进制数代替。

（2）将十六进制数 A5D 转换成二进制数。

A	5	D
↓	↓	↓
1010	0101	1101

即（A5D）$_{16}$ =（1010 0101 1101）$_2$

> **思考**：如何将八进制数或者十六进制数转换成十进制数呢？如何将二进制数转换成八进制数或者十六进制数呢？

三、计算机的组成和工作原理

1. 计算机系统的组成

日常所说的计算机，严格地说都应称为计算机系统。主要由计算机硬件系统和计算机软件系统两大部分组成。硬件指机器本身，是能够看得见、占有一定体积的实体总和。软件是指一些大大小小的程序，是计算机上全部可运行程序的总和。硬件是计算机的物质基础，而软件是无形的。软件如同人的知识和思想,计算机软件是计算机的灵魂。只有这两者密切地结合在一起，才能成为一个正常工作的计算机系统。

不装备任何软件的计算机称为硬件计算机或"裸机"，它只能运行机器语言编写的程序。裸机是不能开展任何工作的。

常见的计算机是微型计算机。一般微型计算机系统的整体结构如图 1-6 所示。

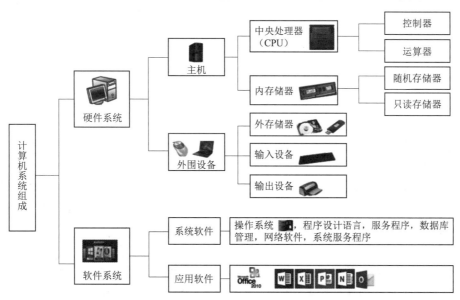

图1-6 微型计算机系统整体结构

2. 计算机系统的基本结构及工作原理

1）冯·诺依曼计算机的基本结构

自第一台计算机诞生以来，计算机已发展成为一个庞大的家族，尽管各类型的计算机性能、结构、应用等方面存在着差别，但是它们的基本组成结构却是相同的。现在人们所使用的计算机结构一直沿用了由著名数学家冯·诺依曼提出的模型。这个模型包含了 3 个要点。

（1）计算机采用二进制数形式表示数据和指令。

（2）计算机将指令和数据存放在存储器中。

（3）计算机硬件由控制器、运算器、存储器、输入设备和输出设备 5 大部分组成。

美国数学家冯·诺依曼被称为"电子计算机之父"。1945 年 6 月，冯·诺依曼与戈德斯坦等人，联合发表了一篇长达 101 页的报告，即计算机史上著名的"101 页报告"。这份报告奠定了现代计算机体系结构坚实的根基，直到今天，仍然被称为现代计算机科学发展里程碑式的文献。

2）计算机的工作原理

计算机的工作原理是：各种各样的信息通过输入设备进入计算机的存储器，然后被送到运算器，运算完毕结果又被送到存储器存储，最后通过输出设备显示出来。整个过程由控制器进行控制。计算机的整个工作过程及基本硬件结构如图 1-7 所示。

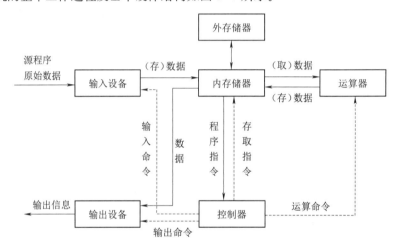

图1-7　计算机的工作过程及基本硬件结构

3.计算机硬件系统

1）运算器

运算器的主要功能是实现算术运算（如加、减、乘、除等）与逻辑运算（如比较、移位、与、或、非等）。在计算机中，任何复杂的运算都化为基本的算术与逻辑运算进行处理。运算器在控制器的控制下从内存中取出数据送到运算器中进行运算，运算后再把结果送回内存。

2）控制器

控制器是整个计算机系统的控制中心，它指挥计算机其他各部件协调地工作，保证计算机按照预先规定的目标和步骤有条不紊地进行操作和处理。控制器和运算器合称为中央处理器（Central Processing Unit，CPU），它的功能是从内存中依次取出指令，分析每条指令规定的是什么操作，以及进行该操作的数据在存储器中的位置。然后根据分析结果，向计算机其他部分发出控制信号，指挥整个计算过程。根据操作的结果，其他部件要向控制器发送反馈信号，以便控制器决定下一步的工作。

因此，计算机执行由人编写的程序，就是执行一系列有序的指令。计算机自动工作的过程实质上是自动执行程序的过程。

3）存储器

存储器的主要功能是用来存储程序和各种数据信息，并能在计算机运行中高速自动完成指令和数据的存取。

存储器是具有"记忆"功能的设备，它又分为内存储器和外存储器两种。

（1）内存储器。内存储器简称内存，也称主存储器，在控制器控制下，与运算器、输入／输出设备交换信息。内存储器用来存放计算机运行中的各种数据，可分为RAM、ROM及Cache。

● RAM为随机存取存储器（Random Access Memory），既可以从其中读取信息，也可以向其中写入信息。在开机前，RAM中没有信息，开机后操作系统对其管理，关机后其中的信息都将消失。RAM中的信息可随时改变。

● ROM为只读存储器（Read-Only Memory），是用来存放固定程序的存储器，一旦程序放进去之后，即不可改变。也就是说，只可从其中读取信息，不能向其中写入信息。在开机之前，ROM中已经存有信息，关机后其中的信息不会消失。ROM中的信息一成不变。

● Cache称为高速缓冲存储器，在不同速度的设备之间交换信息时起缓冲作用。随着CPU工作频率的不断提高，RAM的读写速度相对较慢，为解决内存速度与CPU速度不匹配影响系统运行速度的问题，在CPU与内存之间设计了容量较小（相对主存）但速度较快的高速缓冲存储器，从而提高处理器的运行速度。

（2）外存储器。外存储器又称辅助存储器（简称外存、辅存），它是内存的扩充。外存存储容量大，价格低，但存储速度较慢，一般用来存放大量暂时不用的程序、数据和中间结果，需要时，可成批地和内存储器进行信息交换。外存只能与内存交换信息，不能被计算机系统的其他部件直接访问。常用的外存有硬盘、U盘、光盘等。

4）输入设备

输入设备是向计算机输入信息的设备，用户通过输入设备把要处理的数据信息输入计算机内。计算机常用的输入设备有鼠标、键盘、扫描仪、光笔等。其中，鼠标和键盘是微机系统必备的输入设备。

5）输出设备

输出设备是计算机和人之间的接口设备，它按命令将内存中的数据信息读出，并用可见的方式向操作者展示。计算机常用的输出设备有显示器、打印机、绘图仪等。

4. 计算机软件系统

软件系统的主要任务是提高计算机的使用效率，发挥和扩大计算机的功能和用途，为用户使用计算机系统提供方便。按软件的功能来划分，可将计算机软件分为系统软件和应用软件两大类。

1）系统软件

系统软件是指为使计算机硬件正常工作而必须配备的部分软件，包括如下几个部分。

（1）操作系统。操作系统是系统软件的核心，管理着计算机中的所有资源，包括硬件资源和软件资源，是用户和计算机硬件之间的接口。操作系统通过CPU管理、存

扫一扫

拓展阅读：
程序设计
语言

储管理、设备管理、文件管理和作业管理，对各种资源进行合理的分配，改善资源的共享和利用程度，最大限度地提高计算机系统的处理能力。计算机可以根据需求配置不同的操作系统，典型的操作系统有 MS-DOS、Mac、Windows、Linux 和 UNIX 等。

（2）程序设计语言。为了让计算机能够按照人的意图进行工作，用户要通过计算机能"懂"的语言和语法格式编写程序，然后交给计算机执行来完成任务。编写程序所采用的语言就是程序设计语言，它分为机器语言、汇编语言和高级语言。

（3）服务程序。服务程序主要是指用户使用和维护计算机时所使用的程序，主要包括机器的监控管理程序、调试程序、故障检查和诊断程序及连接、安装驱动程序。除此外，还包括软件开发工具和数据库管理系统等服务程序。

（4）数据库管理系统。数据库管理系统（Database Management System，DBMS）是位于用户和操作系统之间的数据管理程序，能够科学地组织和存储数据、高效地获取和维护数据。常见的数据库管理系统有 SQL Server、DB2、Oracle 等。

（5）网络软件。网络软件主要指网络操作系统。

（6）系统服务程序。系统服务程序也称"软件研制开发工具""支持软件""支撑软件""工具软件"等，主要有编辑程序、调试程序、诊断程序等。

2）应用软件

应用软件是指除了系统软件以外的所有软件，是为解决各类应用问题由软件公司或用户编写的程序。应用软件具有很强的实用性，专门用于解决某个应用领域中的具体问题，因此具有很强的专用性。

总之，系统软件是计算机运行的基础，没有系统软件，将很难使用计算机。而应用软件是建立在系统软件基础上的，是为了更好地发挥计算机的作用而开发的程序。

5. 微型计算机的主要技术指标

（1）字长。字长以二进制位为单位，其大小是 CPU 能够一次性处理数据的二进制位数，它确定了计算机的运算精度，直接关系到计算机的功能和速度。字长越长，计算机运算精度就越高，其运算速度也越快。字长通常为机器字长，机器字长与主存储器字长通常是相同的，但也可以不同。不同的情况下，一般是主存储器字长小于机器字长，例如，机器字长是 32 位，主存储器字长可以是 32 位，也可以是 16 位，当然，两者都会影响 CPU 的工作效率。

（2）运算速度。通常计算机运算速度（平均运算速度）指计算机每秒钟所能执行的指令的条数。一般用 MIPS（百万机器指令数／秒）来描述。

（3）主频。主频指 CPU 的时钟频率，它在很大程度上决定了机器的运算速度，其单位为 GHz。一般来说，主频越高，运算速度越快，但还没有一个确定的公式能够定量二者之间的关系，因为 CPU 的运算速度还要看其他指标。CPU 的主频不代表 CPU 的运算速度，但提高主频对于提高 CPU 的运算速度至关重要。

（4）存取周期。把信息存入存储器的过程为"写"，把信息从存储器中取出来的过程为"读"。存储器的访问时间（读写时间）是指存储器进行一次读或写操作所需的时间；存取周期是指连续启动两次独立的读或写操作所需的最短时间。目前微机的存取周期约为几十纳秒到 100 纳秒。

（5）内存容量。内存容量反映了内存存储数据的能力。存储容量越大处理数据的范围就越广，运行速度也越快。

以上只是一些主要性能指标，衡量一台计算机的性能指标还要考虑机器的兼容性、系统的可靠性等，不能根据一两项指标来评定计算机的优劣。

6. 计算机中的数据单位

存储器中可存储数据的多少称为存储器的容量，其单位有位和字节两种。

（1）位（bit）。位是指二进制数的一位，记为 bit。位是计算机中最小的信息单位。

（2）字节（byte）。一个字节由 8 位二进制位组成（1 byte = 8 bits）。字节是信息存储中最常用的基本单位。

（3）存储容量。计算机存储器通常以多少字节来表示它的容量，常用的单位有 KB、MB、GB、TB 等。

$1 \text{ KB} = 2^{10} \text{ B} = 1024 \text{ B}$

$1 \text{ MB} = 2^{10} \text{ KB} = 1024 \text{ KB}$

$1 \text{ GB} = 2^{10} \text{ MB} = 1024 \text{ MB}$

$1 \text{ TB} = 2^{10} \text{ GB} = 1024 \text{ GB}$

伴随着海量数据的出现以及大数据时代的来临，为了度量更多的数据，在 TB 基础上还有 PB、EB、ZB、YB 等。

7. 主机

主机是计算机最主要的部分，也是价格最高的部分。其外观看起来像个小箱子，它的外壳称为机箱。主机主要由主板、CPU、内存等构成，通常被封闭在机箱内，主要部件都由集成度很高的大规模集成电路和超大规模集成电路构成。

（1）主板。主板也称母板，如图 1-8 所示，是计算机内最大的一块集成电路板，大多数设备通过它连在一起，它是整个计算机的组织核心。计算机在正常运行时对系统内存、存储设备和其他 I/O 设备的操控都必须通过主板来完成，因此，计算机的整体运行速度和稳定性在相当程度上取决于主板的性能。

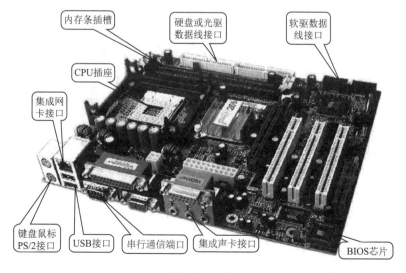

图1-8　主板

（2）CPU。CPU 是计算机的核心，负责整个系统指令的执行、数学与逻辑的运算、数据的存储与传输以及输入与输出的控制，所以 CPU 的性能基本上决定了整部计算机的性能。目前，生产 CPU 的公司主要有 Intel 和 AMD。较新的 Intel 处理器有 Intel 酷睿四核 i5-6500、i5-7500、i7-6700k、i7-7700k 等；较新的 AMD 处理器有 AMD FX-8350 八核、FX-8370 八核等。可以看出，目前大部分 CPU 都是多核处理器。所谓多核处理器，就是指在一个处理器上集成多个运算核心，而不是主机内有多个 CPU。

图 1-9 所示为 Intel 酷睿 i5-6500 处理器，采用 14 nm 制作工艺，基于 Skylake 核心，主频 3.2 GHz，4 核心，动态加速频率 3.6 GHz，三级缓存 6 MB，热设计功耗 65 W，最大支持内存 64 GB。

（3）内存。内存即内存储器，由半导体器件构成，是计算机工作过程中存储数据信息的地方。在同等条件下，内存越大，计算机的处理能力越强。目前，生产内存的主要公司有金士顿、金邦等。图 1-10 所示为金士顿 4 GB DDR3 1 600 内存条，即：内存容量为 4 GB，内存类型为 DDR3，内存主频为 1 600 MHz。

 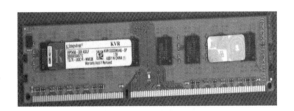

图1-9　Intel酷睿i5-6500　　　　　　　图1-10　内存条

（4）硬盘驱动器。硬盘驱动器简称硬盘，是计算机中最重要的数据外存储设备之一，是内存的主要后备存储器。硬盘是一种采用磁介质的数据存储设备，数据存储在密封洁净的硬盘驱动器内的若干磁盘片上。图 1-11 所示为希捷 Barracuda 3 TB 硬盘。

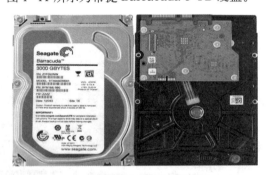

图1-11　希捷Barracuda 3 TB 硬盘

硬盘的接口方式主要有 IDE、SCSI、Serial ATA 等类型。目前，IDE 已经逐步淡出市场，SATA 硬盘成为主流产品。

一个硬盘一般由多个盘片组成，盘片的每一面都有一个读写磁头。硬盘在使用时，要将盘片格式化成若干个磁道，每个磁道再划分为若干个扇区。硬盘的存储容量计算公式是：

存储容量=磁头数 × 柱面数 × 磁道扇区数 × 每扇区字节数

提示：在硬盘使用期间，应该定期备份其中的数据，避免因故障造成的数据损失。

（5）光盘驱动器。光盘驱动器简称光驱，如图1-12所示，是采用光学方式的记忆装置，容量大、可靠性好、存储成本低。以前计算机光驱主流配置是 CD-ROM，现在已被 DVD/RW 所取代。

（6）显卡。显卡是计算机与显示器之间的一种扩展卡，显示器必须配置正确的显示适配卡（显卡）才能构成完整的显示系统。显卡如图1-13所示。显卡能够将计算机系统所需的显示信息进行转换，并向显示器提供行扫描信号，控制显示器的正确显示。显卡可分为独立显卡和集成显卡两类，接口有 PCI、AGP 和 PCI-E 三种，目前的显卡几乎都是 PCI-E×16接口。目前，著名的显卡品牌有影驰、七彩虹、索泰、蓝宝石、技嘉等。

（7）声卡。声卡（音效卡）是多媒体计算机的重要部件之一，如图1-14所示。声卡具有录制与播放语音和音乐的功能，可选择单声道或双声道。声卡的功能与性能直接影响着多媒体系统中的音频效果。目前市场上较流行的声卡品牌有创新、华硕、德国坦克、客所思、森然、乐之邦等。

图1-12　光盘驱动器

图1-13　显卡

图1-14　声卡

8. 微型计算机常用外部设备

（1）显示器。显示器是计算机的主要输出设备，计算机的各种操作状态最终都在显示器上显示出来。常见的显示器有两种，即阴极射线管显示器（Cathode Ray Tub，CRT）和液晶显示器（Liquid Crystal Display，LCD）。CRT 显示器（见图1-15）可视角度大，色彩还原度高、色度均匀，价格比 LCD 显示器便宜；LCD 显示器（见图1-16）是一种采用液晶控制透光度技术来实现色彩的显示器，其画面稳定，无闪烁感，刷新率高。目前主要的显示器品牌有三星、苹果、索尼、飞利浦、美格、AOC、LG 等。

图1-15　CRT显示器

图1-16　LCD显示器

显示器的主要性能指标是分辨率，分辨率是指屏幕上可以容纳的像素的个数。分辨率越高，屏幕上能显示的像素个数也就越多，图像也就越细腻，如 1 920×1 200 分辨率，就是在显示图像时使用 1 920 个水平点乘以 1 200 个垂直点来构成画面。显示器必须与显卡搭配使用，显示器的分辨率是靠显卡的显示标准来支持，显卡标准有 EGA、VGA、SVGA 等。

（2）鼠标。鼠标是计算机的必备外设之一，用以实现对操作对象的单击、双击、拖动等操作，使得计算机的操作更加简便。常见的鼠标接口有 PS/2 和 USB 两种类型，按照使用中是否接入主机，可分为有线鼠标和无线鼠标。

（3）键盘。键盘作为计算机中最基本而且最重要的输入装置。用户的各种命令程序和数据，都需要通过键盘输入计算机中。市面上最常见的是 104 键盘，所有的按键可分为 4 个区：主键盘区、功能键区、编辑控制键区和数字小键盘区。

扫一扫

拓展阅读：
三类打印机

（4）打印机。打印机是计算机常用的输出设备。打印机在计算机系统中是可选件，利用打印机可以打印出各种资料、文书、图形、图像等。根据打印机的工作原理，可以将打印机分为 3 类：针式打印机、喷墨打印机和激光打印机。

（5）可移动存储器。可移动存储器也属于外存储器。近年来市场上出现了多种形式的大容量可移动存储器，这种存储器形式多样，外观小巧优美，如图 1-17 所示的移动硬盘和 U 盘。U 盘的容量从 MB 级发展到 GB 级以上，移动硬盘的容量已达到 TB 级。使用时直接插在计算机的 USB 接口上，可以带电插拔，并且多数不用安装驱动程序。操作简单，携带方便，由于其容量大，因而作用也更大。U 盘中无任何机械式装置，抗震性能极强。另外，还具有防潮、防磁、耐高低温（-40℃ ~ 70℃）等特性，安全性和可靠性都很好。使用移动硬盘时，需要避免强烈震动、摔打、高温、磁场等。

> **注意**：使用移动存储设备时，可以在开机状态接入计算机，系统会自动识别出它们，并在操作系统的支持下自动安装相应的驱动程序。需要指出的是，当拔掉移动硬盘存储设备时，需要在系统中设定停止使用该设备或者删除该设备，然后再拔除，以免造成数据损坏。

（6）扫描仪。扫描仪是图片输入的主要设备，能把一幅画或一张照片转换成电子信号存储在计算机内，然后利用有关的软件编辑、显示或打印计算机内的数字化的图形，其外形如图 1-18 所示。扫描仪在计算机领域具有广泛的用途，除处理图像信息外，还可以通过尚书七号等 OCR 文字识别软件处理文本信息。

图1-17 移动硬盘和U盘

图1-18 扫描仪

四、选购和组装计算机

近年来，随着价格的飞速下降，计算机已进入寻常百姓家。但是由于计算机部件的多样化及运行环境对硬件要求的千差万别，如何选购各种机器配件会极大地影响计算机今后的使用效果。因此，在购机以前，对怎样才能配置一台理想的个人计算机应该有所了解。

1.主板的选购

主板是计算机的基本平台，因此，主板是否"优秀"对计算机的综合性能有很大影响。下面介绍选购主板应考虑的一些关键因素。

（1）主板芯片组。芯片组是主板的心脏，主板的特性及功能都由芯片组决定。选购主板在很大程度上取决于购买的CPU的类型。因为不同的主板使用不同的主板芯片组，而不同的主板芯片组支持的CPU不同。

（2）主板规格。随着用户对远程开机、定时开机、键盘开机、自动休眠等功能的要求，再加上环保、节能以及计算机主板布局的调整、散热等需要，目前计算机主板已普遍由老式的AT（Advanced Technology）结构逐渐转换为更为先进的ATX（Advanced Technology Extended）智能结构。

（3）主板跳线。主机板的无跳线设计是生产厂家针对广大计算机爱好者的一项贴心设计，选择采用该技术的主板可以自动设定CPU所使用的电压、总线频率、CPU倍频等参数，充分适应DIY的需要；计算机爱好者可以不用打开机箱就能够轻易地实现超频。应用该技术的主板还可以自动检测CPU的真伪、外频、倍频等。

（4）主板对内存的支持。由于系统总线达到了100 MHz，自然对于内部存储器也提出了更高的要求，以便达到更好的使用效果。此外，内存槽的种类、数目也是用户需要注意的方面，如果想保留原有的内存，请查阅一下主板说明书，看主板是否支持该内存。

（5）主板的接口。随着USB技术的发展，各种外设、配件也越来越多，用户以后有可能要为自己的计算机安装各种外设，如数字照相机、扫描仪、数字摄像头等设备，因此，从发展的角度来看，主板是否具备USB、红外通信等扩展功能接口就显得至关重要。

（6）主板是否可以软升级。主板是否可以通过BIOS升级也很重要，这样可以不花一分钱使机器性能得到一定的提高。一般在购买主板后，要及时访问主板厂商的网站，查找最新版本的BIOS进行升级。

2.CPU的选购

CPU是整个计算机系统的核心，因此在选购CPU时一定要慎重考虑。以下几点建议可供参考。

（1）与主板的匹配。某一主板只能安装某一类型的CPU，尽管有些主板声称适用于全系列的CPU，但并不能保证可以安装。购买时必须了解主板是否可以安装待选择的CPU。

（2）性能／价格比。一般来说，最新推出的CPU性能较好，由于CPU的技术含量相当高，厂家和商家对其进行大肆炒作，因此价格偏高；另外，新产品还没有经过一定时间、一定规模的使用考验，其性能稳定性不能保证，只有经过一定时间的考验，其产品才能让用户放心。所以建议用户不要购买最新的产品。

目前市场上CPU种类很多，比较而言，AMD公司的产品性价比相对较高，而Intel公司的CPU质量较优。

（3）根据用途选择CPU。CPU的档次决定整个机器的档次，因此，应该根据自己的用途选择CPU。

3.硬盘的选购

硬盘是计算机上必备的存储设备，在选购时主要参考以下指标。

（1）存储容量。硬盘是由盘片来存储数据的，现在硬盘有单碟和多碟之分，容量也有标准容量和单碟容量之分。

（2）主轴转速。主轴转速是硬盘内电机主轴的旋转速度，是硬盘盘片在1 min内所能完成的最大转数。主轴转速是硬盘内部传输率的决定因素之一，也是区别硬盘档次的重要标志，单位为 r/min（转每分钟）。目前主流的 SCSI 硬盘的转速都达到了 10 000 r/min 甚至 15 000 r/min，某些低端产品也达到了 7 200 r/min。

（3）缓存。由于 CPU 与硬盘之间存在巨大的速度差异，因此为解决硬盘在读写数据时 CPU 的等待问题，在硬盘上设置适当的高速缓存，以解决二者之间速度不匹配的问题。硬盘缓存与主板上的高速缓存作用一样，是为了提高硬盘的读写速度，当然缓存越大越好。目前，硬盘缓存通常为 8 ~ 256 MB。希捷、西部数据、东芝、三星等都是目前主流的硬盘品牌。

4. 显示器的选购

显示器是计算机的重要部件，从价格角度上看，通常占购机预算的 1/3，有时甚至会更多；从视觉角度上看，显示器是计算机的"门面"，是计算机中最大的配件，当然也是最直观、最显眼的部分，一台好的显示器将会为计算机增色不少；从健康角度考虑，尤其是对于眼睛的保护，显示器的选购应当认真对待。

案例演练

一、配置需求分析

配置画图设计的计算机，一般不需要太高端的配置，尤其是 PS 这类平面图形处理软件，两三千元的预算就可以组装一台性能不错的计算机主机。

二、配置清单

（1）CPU。对于平面画图设计来说，选择高性能的 CPU 才是首要考虑的。对于 Adobe 类的软件，英特尔的处理器要比 AMD 的更好，所以建议用英特尔的处理器。这里计算机配置推荐的 CPU 型号是 intel 酷睿 i5 8400，自带集成显卡。

（2）内存。平面设计除了 CPU 很重要外，对于内存也有比较高的需求，具体用多大内存根据处理的图形大小而定，一般情况下 8 GB 内存已足够，如果需求变大可适当增加内存容量。配置用的是集成显卡，而集成显卡本身不具备缓存功能，此时就需要借助内存来为显卡提供缓存，因此内存用双通道会对集成显卡的性能提升带来很大的帮助。所以这套配置里用了两根 4 GB 内存来组成双通道。

（3）主板。对于能够处理图形的计算机来说，主板以稳定为主，尽量选择大品牌主板，比如华硕、技嘉、微星。需要注意的是主板的内存插槽数量，尽量选择带有 4 个内存插槽的主板，为了充分发挥集成显卡的性能，所以用的是双通道内存，双通道就意味着要占用两个内存插槽的位置，主板上更多的内存插槽可以为以后升级内存提供便利。

（4）硬盘。硬盘在图形编辑过程中都是没有影响的，但是它会影响载入和导出时的速度，比如打开比较大的 PS 文件时就会发现，机械硬盘和 SSD 固态硬盘的打开速度截然不同，这是因为固态硬盘的读写速度远比机械硬盘快。目前的硬盘速度最快的是 NVMe 固态硬盘，所以建议用 NVMe 固态硬盘＋机械硬盘的组合，保证数据安全性。

（5）显卡。平面画图设计对于显卡的性能要求不高，一般的集成显卡就可以满足需求。如果考虑使用 3D 图形设计，可以在这款配置的基础上增加独立显卡。

（6）电源。电源主要考虑的是稳定、静音。

计算机配置推荐清单如表 1-2 所示。

表1-2　计算机配置推荐清单

配　件	品牌、型号	价　格
CPU	Intel酷睿I5　8400（八代）	￥1 159
散热器	九州风神玄冰400	￥95
主板	华硕B365M-A	￥669
内存	威刚8GB　2666双通道	￥220
显卡	集成显卡	￥0
硬盘	Intel　760　512 GB　NVME　M.2　+希捷 1 TB（双硬盘）	￥588
机箱	鑫谷光韵7	￥159
电源	安钛克BP300	￥169
报价		￥3 059

拓展实训

　　计算机由很多种配件构成，不同配件可完成不同的功能。同时，每种配件也都有其独特的日常维护方法。所以，在计算机的日常使用中，用户需要了解一些常用的维护方法，以延长计算机的使用寿命。上网搜索计算机的安全使用常识和注意事项，并分享给大家。

扫一扫

实训提示

小　结

　　①计算机的发展史标志着计算机的成长历程，通过学习了解计算机发展历史，以及计算机在社会、生活、工作中的广泛应用。②把读者带入了数据的海洋，学习了计算机表示信息的形式、计算机的基本表示单位，以及二进制、八进制、十进制、十六进制之间的相互转换，加以灵活运用，可方便对数据的存储容量的衡量。③理解计算机的工作原理，掌握计算机系统各部件的功能、一些常用的外围设备，以及有关的技术指标，对计算机有更高层次的认识。④了解如何选购一台计算机。

案例二　打字技能训练

案例展示

　　某公司为提高员工的打字水平，特举办打字比赛活动，人力资源部安排员工在比赛之前进行打字练习，以此熟悉键盘和掌握正确的指法操作。

案例分析

　　键盘是进行计算机文字录入的硬件设备之一，在对文字录入过程中，首先要熟悉键盘，并掌握正确的指法操作，然后选择一种适合自己的输入法。中文输入推荐使用五笔，能更有效地提升文字录入速度和正确率。

知识要点

● 认识键盘。

● 键盘的正确操作方法。

● 拼音输入法。

● 五笔汉字输入法。

技能目标

● 能够提高打字技能。

● 能够掌握五笔输入方法。

知识建构

一、键盘介绍

我们通常使用的 104 键盘是标准键盘，共分为 5 个区，如图 1-19 所示。上排为功能键区，下方左侧为主键盘区，中间为编辑键区，右下角为小键盘区，右上角为状态指示区。

图1-19　键盘区域划分

1. 功能键区（共 13 个键）

在不同的应用程序中，【F1】 ~ 【F12】 键的功能有所不同，以下是它们在 Windows 中的功能。

● 【F1】 键：显示当前程序或 Windows 的帮助内容。

● 【F2】 键：如果在 Windows 中选定了一个文件或文件夹，按下 【F2】 键，会对这个选定的文件或文件夹重命名。

● 【F3】 键：在资源管理器或桌面上按下 【F3】 键，则会出现 "搜索文件" 的窗口。

● 【F4】 键：用来打开 IE 中的地址栏列表。

● 【F5】 键：用来刷新 IE 或资源管理器中当前所在窗口的内容。

● 【F6】 键：可以在资源管理器及 IE 窗口中快速定位到地址栏。

● 【F7】 键：在 Windows 中没有任何作用。不过在 DOS 中，它是有作用的。

● 【F8】 键：在启动计算机时，可以用它来显示启动菜单。

●【F9】键：在 Windows 中同样没有任何作用。但在 Windows Media Player 中可以用来快速降低音量。

●【F10】键：用来激活 Windows 或程序中的菜单，按【Shift + F10】组合键会弹出快捷菜单。而在 Windows Media Player 中，它的功能是提高音量。

●【F11】键：可以使当前的资源管理器或 IE 窗口变为全屏显示。

●【F12】键：在 Windows 中同样没有任何作用。但在 Word 中，按下它会快速弹出"另存为"对话框。

●【Esc】键：退出或取消。

2．主键盘区（共 61 个键）

●字母键（A ~ Z）：在字母键的键面上标识有大写字母，键位安排顺序与英文打字机的字母键完全相同。按【Caps Lock】键，可进行大小写字母转换。

●数字键（0 ~ 9）和符号键：每个键面上都有上下两种符号，也称双字符键。上面的符号称为上档符号，下面的符号称为下档符号，包括数字、运算符号、标点符号和其他符号。

●控制键（14 个）。这 14 个键中，【Alt】、【Shift】和【Ctrl】键各有两个，为了操作方便，对称分布在左右两边，它们的功能完全一样。

●【Caps Lock】键：大小写锁定键，也称大小写换档键。键盘的初始状态为英文小写。按一下该键，其对应状态指示灯亮，表示已转换为大写状态并锁定，此时在键盘上按任何字母键均为大写。再按一次该键，又切换为小写状态。

●【Shift】键：上档键，也称换档键。此键面上有向上的空心箭头，用于输入双字符键中的上档符号。操作方法是按此键的同时，按所需要的双字符键。

●【Ctrl】键：控制键。该键与其他键组合使用，能够完成一些特定的控制功能。

●【Alt】键：转换键。与【Ctrl】键一样，不单独使用，与其他键合用时产生一种转换状态。在不同的工作环境下，转换键转换的状态也不完全相同。

●【Space】键：空格键。键盘下部最长的键，按一下该键，光标向右移动一个空格。

●【Enter】键：回车键。从键盘上输入一条命令后，按此键，便开始执行这条命令。在编辑过程中，输入一行信息后，按此键光标将移到下一行。

●【Backspace】键：退格键。按此键，光标向左退回一个字符位，同时删掉该位置上原有的字符。

●【Tab】键：制表键。按此键光标向右移动 8 个字符。

●【Windows】键：【Windows】键有两个，位于【Alt】键的旁边，通过该键可以快速打开 Windows 的"开始"菜单。

●应用程序键：通过应用程序键可以快速启动操作系统或应用程序中的快捷菜单或其他菜单。

3．编辑和控制键区（共 13 个键）

●【↑】键：光标上移键。按此键，光标移到上一行。

●【↓】键：光标下移键。按此键，光标移到下一行。

●【←】键：光标左移键。按此键，光标向左移一个字符位。

●【→】键：光标右移键。按此键，光标向右移一个字符位。

●【Insert】键：插入／改写键。按此键，是"插入"状态，可在光标位置插入所输入的字符，光标连同右边所有字符一起右移。再按此键，是"改写"状态，每输入一个字符，会将光标右边的字符逐一覆盖。

●【Delete】键：删除键。每按一次此键，删除光标位置上的一个字符，光标右边的所有字符各左移一格。

●【Home】键：起始键。按此键光标移到首行。

●【End】键：终点键。按此键光标移到行尾。

●【PageUp】键：向前翻页键。按此键使屏幕显示内容上翻一页。

●【PageDown】键：向后翻页键。按此键使屏幕显示内容下翻一页。

●【PrintScreen】键：打印屏幕键。在 DOS 环境下功能是打印整个屏幕信息，在 Windows 环境下功能是把屏幕的显示作为图形存到内存中以供处理。

●【ScrollLock】键：滚屏锁定键。在某些环境下可以锁定滚动条，其右边有一个 ScrollLock 指示灯，灯亮表示锁定。

●【Pause/Break】键：暂停键。其作用是暂停程序或命令的执行。

4．小键盘区（共 17 个键）

当用户向计算机输入的是数字时，可以使用小键盘区里的数字键。【Num Lock】键是数字输入和编辑控制状态之间的切换键，其正上方的 Num Lock 指示灯就是指示它所处的状态，当指示灯亮着的时候，表示小键盘区正处于数字输入状态，反之则处于编辑状态。

提示：在使用键盘的过程中，除进行单键操作外，还可以两键或三键同时操作，称为组合键操作，计算机中有很多组合键操作，应用程序中经常定义组合键。下面是一些 Windows 中常用的组合键操作。

【Ctrl + Alt + Delete】组合键：启动 Windows 任务管理器。

【Ctrl + C】组合键：复制选中的对象。

【Ctrl + V】组合键：粘贴被复制的对象。

【Ctrl + X】组合键：剪切选中的对象到 Windows 剪贴板。

二、键盘的正确操作

用键盘向计算机输入数据时，需要注意操作姿势和指法。

1．正确的打字姿势

正确的打字姿势有利于打字的准确和速度的提高，如果初学时姿势不当，就不能做到准确快速地输入，也易产生疲劳。

（1）调节座椅至合适的高度，全身放松。眼睛同计算机屏幕成水平直线，目光微微向下。

（2）身体保持笔直，全身自然放松，两脚自然踏地。

（3）手臂自然下垂，肘部距离身体约 10 cm，手指轻放于规定的键上，手腕自然伸直。

（4）显示器宜放在键盘的正后方，与眼睛相距不少于 50 cm。在放置待输入稿件前，先将键盘右移 5 cm，再将稿件紧靠键盘左侧放置，以便阅读。

（5）手指以手腕为轴略向上抬起，手指略为弯曲。自然下垂，形成勺状。手指放在规定的键位上。

2.主键盘指法分区

（1）基准键位。基准键位是指打字键盘中间的【A】、【S】、【D】、【F】、【J】、【K】、【L】；共8个键，将左手的小指、无名指、中指、食指和右手的食指、中指、无名指、小指的指端依次停留在这8个键位上，以确定两手在键盘的位置和按键时相应手指的出发位置。两个大拇指自然地搭在空格键上。

（2）原点键。原点键也称盲打定位键，指【F】和【J】这两个键。常见键盘上，这两个键的键面上都有一个凸起的短横条或圆点，可用食指触摸相应的横条标记以使各手指归位，只要左右手食指找到了【F】和【J】这两个键，其他手指马上就能找到自己的正确位置。

（3）手指分工。键盘手指分工如图1-20所示。

图1-20　键盘手指分工

3.小键盘指法分区

银行、统计等部门的人员经常使用数字小键盘输入大量数字。小键盘区提供了所有用于数字操作的键，包括数字键、运算符号键、回车键（【Enter】）、数字锁定键（【Num Lock】）、光标移动控制键。其中大部分是双字符键，上档键是数字，下档键具有编辑和光标控制功能。数字小键盘区的左上角有一个【Num Lock】键，称为数字锁定键，用来打开和关闭数字键区。小键盘手指分工如图1-21所示。

在数字键模式下，数字小键盘由右手操作，其基准键位是【4】、【5】、【6】、【+】键。【5】键上的凸起用于盲打定位。

4.正确的输入指法

（1）一般键的击法。

● 手腕平直，手臂要保持静止，全部动作仅限于手指部分（上身其他部位不得接触键盘）。

图1-21　小键盘手指分工图

● 手指要保持弯曲，稍微拱起，指尖后的第一关节微成弧形，分别轻放在键的中央。

● 输入时，手抬起，只有要击键的手指才可伸出击键，击毕立即缩回，不要停留在已击键上。

● 输入过程中，要用相同的节拍轻轻地击键，不可用力过猛。

（2）空格键的击法。右手从基准键上迅速垂直上抬 1 ～ 2 cm，大拇指横着向下一击并立即回归。

（3）回车键的击法。需要回车时，抬起右手小拇指击一次，击毕右手立即退回到基准键位，在手回归过程中小指弯曲，以免把分号带入。

> 提示：对于使用键盘的初级用户来说，可以选择适当的打字软件来练习，如金山打字通。

三、拼音输入法

在汉字操作环境中，拼音输入法是基本的输入方法之一，简单易学、应用广泛。拼音输入法是用汉语拼音编码输入汉字的方法，其缺点是重码率较高，一个拼音一般要对应多个汉字，当输入一个拼音后，需要从多个汉字中选择所需汉字，输入速度会受到影响，专业操作人员很少选用它。但又由于它简单易学，所以适合不需要输入大量汉字的计算机使用人员。下面以智能ABC拼音输入法为例介绍拼音输入法的使用。

1．中文输入法的切换

方法一：用【Ctrl + Space】组合键启动或关闭中文输入法，或用【Ctrl + Shift】组合键在各输入法间切换。

方法二：单击屏幕右下角的"语言栏"图标，弹出输入法提示菜单。菜单上显示当前系统中已经安装的输入法，单击要选用的输入法，将弹出该输入法的操作界面，同时，语言栏上的输入法"指示器"变成与所选输入法相对应的图标。

智能ABC输入法是Windows操作系统自带的一种规范、灵活、方便的汉字输入方法。启用了智能ABC中文输入法后，屏幕左下部弹出输入法操作界面。

2．工具栏介绍

切换到智能ABC输入法之后，会显示智能ABC工具栏，其从左到右的按钮及其功能如下。

（1）"中英文切换"按钮：单击此按钮，可以实现英文／中文输入方法的切换。

（2）"输入方式切换"按钮：单击此按钮，可在智能ABC中文输入法的"标准"和"双打"之间选择。

（3）"全角／半角切换"按钮：单击此按钮，可进行全角／半角方式切换。●标识是全角方式。

（4）"中英文标点符号切换"按钮。单击此按钮，在中英文标点符号之间切换。是中文标点符号图标，是英文标点符号图标。

（5）"软键盘"按钮。单击此按钮，可以打开或关闭软键盘。右击此按钮时，弹出软键盘菜单，从中可以选择软键盘的类型。智能ABC输入法的软键盘，如图1-22所示。

图1-22 智能ABC输入法的软键盘

提示：在选定中文输入法后，按【Shift＋Space】组合键可以进行全角／半角方式切换，按【Ctrl＋.】组合键可以进行中文／英文标点符号的切换。

3．智能 ABC 的输入方式

智能 ABC 输入法允许用户使用音、形或音形结合的方式输入汉字，在拼音中可以是全拼、简拼或者二者的结合，系统将自动识别各种方式的转换。

（1）全拼输入。全拼输入方式与汉语拼音的规则完全一致。

（2）简拼输入。简拼输入的规则是取每个汉字的声母或每个汉字的第一个字母（包括 sh，ch，zh）。例如"共和国"的简拼为"ghg"，"经常"的简拼为"jc"或"jch"，"中华"的简拼为"z'h"或"zhh"，"然而"的简拼为"r'e"。其中单撇号"'"是隔音符号。因为"re"是"热"的拼音，所以在中间用隔音符号以避免混淆。

（3）混拼输入。混拼是指在一个词中，有的汉字用全拼，有的汉字用简拼。例如"计算机"的混拼可以是"jisj"，也可以是"jsji"。

4．智能 ABC 输入法的使用

用户使用全拼、简拼和混拼的方式输入字或词的拼音码，然后按空格键，屏幕上出现按照汉字的使用频率显示出同码字。如果要输入的字或词语不在当前页，则使用【＋】键或【Pagedown】键翻页查找，找到后输入相对应的数字即可。

若想在中文方式下输入英文，则可单击输入法操作界面的"中英文切换"按钮，切换到英文方式。或按下【Caps Lock】键后输入英文，此时输入的是大写英文字母；如果按住【Shift】键，则输入小写字母。再次按下【Caps Lock】键，又可回到中文输入状态。

如果在输入时出现错误，可以取消之前的输入，重新输入。

5．常用中文标点符号与键位对应关系

单击中英文标点切换按钮后，该按钮由"半角"状态变成"全角"状态，这时可以输入中文标点符号，中文标点符号与键位的对应关系如表 1–3 所示。

表1–3　中文标点符号与键位的对应关系

中文标点符号	键　位	中文标点符号	键　位
。（句号）	【.】	' '（单引号）	连按两次【'】
，（逗号）	【,】	《》（书名号）	【Shift＋<】，【Shift＋>】
……（省略号）	【Shift＋6】	、（顿号）	【\】
—（破折号）	【Shift＋－】	￥（人民币符号）	【Shift＋$】
""（双引号）	连按两次【Shift＋"】	·（间隔号）	【、】

提示：智能 ABC 输入法中【i】键和【v】键的妙用：利用【i】键或者【I】键＋数字键，可以实现中文小写和大写数字的输入，例如，输入"i2008"可以得到"二〇〇八"；利用【i】键＋单位缩写可以实现单位的快速输入，例如，输入"icm"可以得到"厘米"；利用【v】键＋英文，可以实现中文输入状态下输入英文，例如，输入"vhello"可以得到【hello】；利用【v】键＋数字键，再结合【PageUp】键、【PageDown】键可以出现一些特殊的符号，例如，输入"v6"可以看到一些图形符号。

除智能 A B C 输入法外，常见的中文拼音输入法还有搜狗拼音输入法、QQ拼音输入法、谷歌拼音输入法、百度拼音输入法等。

四、五笔字型汉字输入法

五笔字型汉字输入法是一种快速高效的汉字输入方法。由于它具有重码率低、字词兼容、输入速度快等特点，已成为专业打字人员必须掌握的一种输入方法。汉字的笔画被形象地概括为"横、竖、撇、捺、折"5 种基本笔画（五笔），并将汉字分为 3 种（左右型、上下型、杂合型）基本字型，从而得名"五笔字型"。

下面是学好"五笔字型输入法"的基本方法。

掌握如何拆字。需要了解汉字的结构，汉字的笔画、字根和字型。

熟练掌握字根表。学会"五笔字型"编码的关键是熟记字根表，而熟记字根表的关键是多做书面的拆分编码练习。经过试验，对 500 个常用字，进行约 24 小时的拆分练习，就会对 25 个键位的字根表熟记于心。

掌握如何输入编码。需要了解编码规则。

1. 汉字的字形结构

（1）5 种笔画。在书写汉字时，不间断地一次写成的一个线条称为汉字的笔画，笔画是构成汉字的最小单位。五笔字型输入法将汉字的基本笔画分为 5 种，即横、竖、撇、捺、折，分别以 1、2、3、4、5 作为代号，如表 1–4 所示。

表1–4　汉字的五种笔画

代　号	笔画名称	笔画走向	变形笔画	基本笔画
1	横	从左到右	提	一
2	竖	从上到下	丿丨	丨
3	撇	从右上到左下	丿	丿
4	捺	从左上到右下	丶	丶
5	折	方向转折	㇅	乙

5 种笔画组成字根时，其间的关系可以分为 5 种情况。

● 单：一个笔画本身就构成一个字根。例如一、丨、丿等。

● 散：构成一个字根的笔画之间有一定的距离。例如构成字根川、八、氵等的笔画之间均有距离。

● 连：构成一个字根的笔画之间是相连的。例如，构成字根工、人、厂等的笔画之间单笔相连，构成字根口、尸、已等的笔划之间笔笔相连。

● 交：构成一个字根的笔画之间互相交叉。例如，在构成十、力、又等字根中，笔画之间都有交叉关系。

● 混合：构成一个字根的各笔画之间既有连又有交或散的关系。例如纟、禾、雨等。

（2）汉字的字根。字根是由若干笔画交叉连接而形成的相对不变的结构。在五笔字型编码中，字根是汉字向计算机输入时的编码单位。在五笔字型的编码方案中，约有 130 个基本字根，这 130 个字根又按照汉字的基本笔画，即横、竖、撇、捺、折分为 5 类，分别对应键盘上的 5 组区域相连的字母，每类又分 5 组，共计 25 组，每组占一个英文字母键，从而构成了五笔字型键盘字根总图，如图1-23所示。

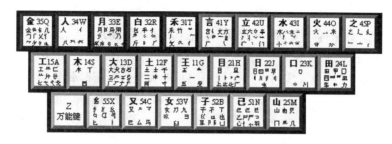

图1-23　五笔字型键盘字根总图

字根组记口诀

11G　王旁青头戋五一	21H　目具上止卜虎皮	31T　禾竹反文条头双人立
12F　土士二干十寸雨	22J　日早两竖与虫依	32R　白手看头牛无斤
13D　大犬三羊古石厂	23K　口与川，字根稀	33E　月彡乃用家衣底
14S　木丁西	24L　田甲方框四车力	34W　人八癸头与祭头
15A　工戈草头右框七	25M　山由贝，下框几	35Q　金勺儿钓无尾鱼氏无七
41Y　言文方广高头点	51N　已巳眉头折心羽	
42U　立辛两点六门病	52B　子耳了也双折底	
43I　水旁兴头小倒立	53V　女刀九臼三折雪	
44O　火业头，四点米	54C　又巴马半私	
45P　之宝盖，摘示衣	55X　母空弓匕丝	

（3）汉字的3种字型。汉字的字型是指构成汉字的各个基本字根在整字中所处的位置关系。五笔字型将汉字划分为3种类型：左右型、上下型、杂合型，字型代号分别为1、2、3，如表1-5所示。

表1-5　汉字字型

字型代号	字　型	字　　例	说　明
1	左右	桂　陶　结　到	字根之间间距，总体左右排列
2	上下	字　室　花　李	字根之间间距，总体上下排列
3	杂合	园　因　天　年　且　果　困　月	字根之间虽有间距，但不分上下左右，即不分块

3种字型的划分是基于对汉字整体轮廓的认识，指的是在整个汉字中字根之间排列的相互位置关系。这样划分汉字的字型以后，汉字的字型特征可以用作识别汉字的一个重要依据。

2．汉字的拆分原则

汉字的拆分原则可归纳为以下5个要点。

（1）书写顺序。根据汉字的书写顺序，应该先左后右，先上后下，先外后内。例如，"落"拆分为"艹、氵、夂、口"，而不是拆成"艹、夂、口、氵"。

（2）取大优先。在各种可能的拆分中，保证按书写顺序每次都拆出尽可能大的字根，使字根数目最少。例如，"世"拆分为"廿、乙"，而不能拆为"一、凵、乙"。

（3）能连不交。一个汉字既能按相连的关系拆分，又能按相交的关系拆分，应以相连的关系拆分优先。例如，"丰"拆分为"三、丨"，而不是拆成"二、十"。

（4）能散不连。如果拆分汉字时可以看作是几个基本字根散的关系，就不要看作是连的关系。例如，"非"拆为"三、刂、三"。

（5）兼顾直观。在拆分汉字时，为了照顾字根的完整性，有时暂且牺牲"书写顺序"和"取大优先"的原则，形成一些例外的情况。例如，"正"拆分为"一、止"，而不能拆成"一、丨、上"。

3．五笔字型的键盘布局及特点

把 130 个基本字根分布在 25 个键位上就形成了"字根键盘"，每个键位对应一个英文字母，如图 1-23 所示。

（1）字根在键盘上的分布规律。

● 将 26 个英文字母键（A ～ Z）分成 5 个区，区号为 1 ～ 5，每个区 5 个键，每个键称一个位，位号为 1 ～ 5。如果将每个键的区号作为第一个数字，位作为第二个数字，那么用两位数字（称为区位号）就可以表示一个键。

● 字根一般首笔笔画代号与区号一致，次笔笔画与位号一致。例如，"王"字首笔是横，次笔又是横，故安排在"11"区位号上；"土"字首笔是横，次笔是竖，故安排在"12"区位号上。

● 单笔画基本字根的种类和数目与区位编码相对应。例如，一、二、三这 3 个单笔画字根，分别安排在 1 区的第一、二、三位置上；丶、冫、氵、灬这 4 个单笔画字根，分别安排在 4 区的第一、二、三、四位上。

（2）五笔字型的编码原则。对于五笔字型的编码原则用一首口诀可以概括：

五笔字型均直观，依照笔顺把码编；

键名汉字击四下，基本字根要照搬；

一二三末取四码，顺序拆分大优先；

不足四码要注意，交叉识别补后边。

（3）五笔字型汉字输入。五笔字型汉字输入分为 3 类：键名汉字输入，成字字根输入和一般汉字输入。

● 键名汉字。五笔字型规定每个键上的第一个字为键名字，除了五区第五位的纟键以外，每个键名都是一个完整的汉字。要输入键名，在该键上连击 4 次即可。

● 成字字根。在五笔字型字根键盘上的每个键位上，除一个键名字外，还有一部分字根也是汉字，这样的字称为成字字根。

成字字根输入方法为：键名码＋第一笔码＋第二笔码＋末笔码。

例如，输入"石"字，第一键为"石"字字根所在的【D】键，第二键为首笔"横"【G】键，第三键为次笔"撇"【T】键，第四键为末笔"横"【G】键。

当键名字只有两笔时，按第二笔码后补空格。如果只有一个笔画，后两个键按【L】键。例如"一"字的编码为【GGLL】。

注意：只要是成字字根，就不能再拆成其他字根，输入"键名码"后，只能一笔画一笔画地拆分。

● 一般汉字输入。一般情况下，输入一、二、三、末 4 个字根的编码，就可以得到一个完整的汉字。对于不够 4 个字根的汉字很容易出现"重码"，这时需要在字根编码后补一交叉识别码。交叉识别码由汉字末笔画代号与该字的字型代号组合而成。末笔笔画有 5 种，字型信息有 3 类，因此交叉识别码有 15 种，如表 1-6 所示。

表1-6 字型结构表

末 笔 画	字 型		
	左右型1	上下型2	杂合型3
横1	11（G）	12（F）	13（D）
竖2	21（H）	22（J）	23（K）
撇3	31（T）	32（R）	33（E）
捺4	41（Y）	42（U）	43（I）
折5	51（N）	52（B）	53（V）

例如，"柯"字拆成"木、丁、口"，只有【SSK】三个码，因此要增加一个交叉识别码，"柯"的末笔是横，字型是左右型，因此交叉识别码是【G】，所以"柯"的编码应为【SSKG】。

识别末笔有两点需要注意。

● 对于全包围和半包围型的汉字，规定取末笔画时取被包围里面的字根的末笔画。例如"远、连"，识别码只能用"元、车"字根的末笔画（如用外面的走之旁字根的末笔画，那所有的末笔就都一样了，将无法识别），像"圆、固"等也只能取里面的笔画。另外，如果是"九、刀、力、匕"为末字根，规定一律取折笔为末笔画。以"戈、戈"为末字根时，取撇为末笔画。

● 五笔字型方案规定，不足四码的汉字要加末笔识别码，还不足四码的再补打空格。为了提高输入速度，五笔字型方案将一些常用汉字的编码取其前面的几个为简码，因此，大部分汉字用不着输入识别码。

（4）简码。为了减少击键次数，提高输入速度，一些常用的字，除按其全码可以输入外，多数都可以只取其前面的 1 ~ 3 个字根，再加空格键输入，即只取其全码最前边的 1 个、2 个或 3 个字根（码）输入，形成所谓一、二、三级简码。

● 一级简码（即高频字码）。按键一下，再按空格键，可打出最常用的汉字，一级简码共 25 个：

A—工　　　　B—了　　　　C—以　　　　D—在　　　　E—有
F—地　　　　G——　　　　H—上　　　　I—不　　　　J—是
K—中　　　　L—国　　　　M—同　　　　N—民　　　　O—为
P—这　　　　Q—我　　　　R—的　　　　S—要　　　　T—和
U—产　　　　V—发　　　　W—人　　　　X—经　　　　Y—主

● 二级简码。二级简码是由单字全码的前两个字根代码组成，只需输入前两个字根编码，再按空格键就可以了。

● 三级简码。三级简码汉字数较多，输入三级简码汉字也需要击 4 个键（含一个空格键），三级简码汉字的编码与全码的前 3 个相同，而用空格代替了末字根或者交叉识别码。

注意：有时同一个汉字可有几种简码。例如，"经"就同时有一、二、三级简码及全码4个输入码：经：55（X）；经：55 54（XC）；经：55 54 15（XCA）；经：55 54 15 11（XCAG）。

扫一扫

拓展阅读：
重码和容错码

（5）Z键的使用。Z键在五笔字型字根编码中没有使用，实际应用中，Z键用于辅助学习，它可以代替未知或模糊的字根，也可以代替未知或模糊的交叉识别码。因此Z键又称为学习键、万能键。当对汉字的拆分难以确定用哪一个字根时，不管它是第几个字根都可以用Z键来代替。符合条件的汉字将显示在提示行中，再输入相应的数字选取所需的汉字。同时，在提示行中还显示了汉字的五笔字型编码，可以学习该汉字的五笔字型编码。

（6）双字词。双字词编码规则是分别取每个字的前两个编码，共4个码组成。

（7）三字词。三字词的编码规则是前两个字各取其第一码，最后一个字取其前两码，共4个码组成。

（8）多字词。多字词的编码规则是分别取第一、第二、第三和最末一个字的第一码，共4个码组成。

五、字符编码和汉字编码

1．字符编码

各种字符必须按照特定的规则用二进制码才能在计算机中表示。目前国际上使用的字母、数字和符号的信息编码种类很多，普遍采用的字符编码系统，包括十进制数、大小写字母、各种运算符和标点符号等，共定义有128个字符。当今使用最为广泛的是美国标准信息交换码（American Standard Code for Information Interchange），简称ASCII码。

2．汉字编码

汉字也是字符，但是用计算机进行汉字信息处理远比处理英文信息复杂。为了满足汉字信息交换的需要，1981年我国制定了国家标准《信息交换用汉字编码字符集　基本集》，代号为"GB/T 2312—1980"，这种编码称为国际码。在该编码中共收录了汉字和图形符号7 445个。

国际码是一种机器内部编码，其主要作用是：用于统一不同系统之间所用的不同编码。通过将不同系统使用的不同编码统一换成国际码，不同系统之间的汉字信息就可以相互交换。

案例演练

一、熟悉键盘，并掌握正确的指法操作

英文字符的录入训练是在"金山打字通2010"软件环境下进行的。英文打字是针对初学者掌握键盘而设计的模块，它能快速有效地提高使用者对键位的熟悉程度和打字的速度。本次训练包括键位练习、单词练习、文章练习3个部分。训练步骤如下。

（1）启动"金山打字通2010"。

（2）在"金山打字通2010"主界面上，单击"英文打字"按钮，会出现英文打字练习窗口。在英文打字练习窗口中有"键位练习（初级）""键位练习（高级）""单词练习""文章练习"4个选项卡。在不同的选项卡中可以进行不同内容的训练。

（3）单击"键位练习（初级）"选项卡标签，会出现初级训练界面，如图1–24所示。

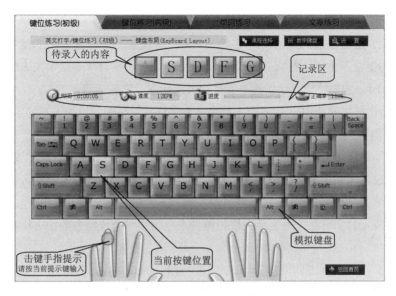

图1-24　英文打字练习窗口

初级训练界面分为5部分，上面是当前的课程显示和"课程选择""数字键盘""设置"3个按钮，中间是待录入的内容、记录区和模拟键盘，最下面的是击键手指提示。待录入的内容是训练的内容，其中有一个字符的上面有一块浅绿色的小方块，表示该字符为当前待输入字符。模拟键盘上也有一个浅绿色的小方块，用来指示当前按键的位置。记录区用来显示练习的时间、击键的速度、正确率等。

（4）在初级训练界面中，单击"课程选择"按钮，会弹出图1-25所示的"课程选择"对话框。在"课程选择"对话框中选中所需要练习的课程内容后单击"确定"按钮。这时在初级训练界面中会显示所选择的课程名以及待练习的内容。

（5）敲击待输入字符键，如果按键正确，待输入内容上的浅绿色方块将会移动至下一字符上，表示待输入字符为下一个字符。模拟键盘上的浅绿色方块也会移动至对应的按键上。如果按键错误，待输入内容上的浅绿色方块就会停留在原位置上不动，模拟键盘上会在所按键的位置上标记符号"×"，表示当前所按的键是错误的。在按键的过程中，记录区会显示输入的速度和正确率等。

图1-25　"课程选择"对话框

（6）重复第（5）步直至本级训练的速度达到180字符／分钟、正确率达到100%。

（7）重复（4）～（6）步，选择新的课程内容进行训练，直至所有训练达标。

　　提示：训练时要特别重视落指的正确性，在坐姿正确、打字有节奏、击键正确的前提下，再追求速度。

二、汉字的录入训练

"金山打字通2010"软件中的汉字录入训练包括"字根练习""单字练习""词组练习""文

章练习"4项，各项训练的过程一样，只是训练的内容不同。其中，"字根练习"主要是熟悉各字根所在的键位，是最基础的练习；"单字练习"和"词组练习"才是真正的汉字录入训练，只有熟悉了字根的键位，才能进行真正的汉字录入训练；"文章练习"是汉字录入的综合训练。进行汉字录入训练时，需要将输入法切换至五笔输入法状态。训练步骤如下。

（1）在"金山打字通2010"主界面上单击"五笔打字"按钮，出现五笔打字练习窗口。

（2）单击"字根练习"选项卡标签，会出现"字根练习"选项卡。

"字根练习"选项卡分为4部分，上面是当前的课程显示和"课程选择""设置"两个按钮，中间是输入区和记录区，最下面是模拟键盘。输入区上半部分是待输入的内容显示，其中以白底黑字显示的字符是当前输入字符，下半部分是已输入的内容，输入汉字编码后，所输入的字符在这里显示。模拟键盘上也用了一个浅绿色的小方块指示当前按键的位置。

扫一扫

实训内容

（3）在"字根练习"选项卡中，单击"课程选择"按钮，会弹出"课程选择"对话框。在"课程选择"对话框中选择所需要的课程内容后单击"确定"按钮。这时"字根练习"选项卡中会显示所选择的课程名及待练习的内容。

（4）输入字符的编码。在按键的过程中，记录区会显示输入的速度和正确率。

（5）重复第（4）步直至本级训练的速度达到80字符/分钟、正确率达到100%。

（6）重复（3）～（5）步，选择新的课程内容进行训练，直至所有训练达标。

扫一扫

实训提示

拓展实训

在记事本中输入实训内容。

小　结

①指法练习对一个初学计算机的人来说是非常重要的。通过学习能正确掌握键盘指法的操作，应用一定的时间严格按照正确的键盘指法去训练。②掌握各种拼音输入法。③五笔输入训练要循序渐进，逐项过关，训练的顺序是：字根训练→单字训练→词组训练→文章训练。字根训练是基础，其目的是熟悉汉字中有哪些字根，各字根在键盘上的分布位置，这样有利于对汉字的拆分。

案例三　计算机前沿领域和技术

案例展示

随着人工智能的发展，现在越来越多的岗位，正在被人工智能所取代，比如无人便利店、无人超市、无人银行、无人物流、无人驾驶汽车等。请举例人工智能在生活中的有趣应用，来帮助大家更好地理解人工智能技术，尽享科技带给我们的便捷生活。

案例分析

计算机信息技术在高科技飞速发展的今天，时时刻刻地伴随着我们，给我们的生活、学习提供便利，增添乐趣，改变着我们的思维方式。结合计算机领域最前沿的技术，了解科技是如何改变我们的生活的。

知识要点

- 计算机的思维方式。
- 计算机前沿的技术概念和应用领域。

技能目标

- 能了解计算机带来的思维方式。
- 能熟悉计算机前沿技术和应用领域。

知识建构

一家科技公司的诞生和崛起会促进信息技术的发展，甚至会影响到整个信息产业的发展。在此过程中，计算机不仅是一个信息化的工具，更重要的是与其他产业进行了深度融合，从而诞生了新的商业模式、新的思维方式以及新的信息技术，从而推动社会不断向前发展。

一、计算机带来的思维方式

1. 计算思维

（1）计算思维的定义。计算机和信息科技的普及实际上是在全社会传播一种计算思维（Computational Thinking），是当前一个颇受关注的涉及计算机科学本质问题和未来走向的基础性概念。计算思维作为一种重要的思维方式，与理论思维、实验思维共同构成了科学思维的全部内容。美国卡内基梅隆大学的周以真教授（Jeannette M．Wing）首先给出了"计算思维"的定义：运用计算机科学的基础概念进行问题求解、系统设计及人类行为理解等涵盖计算机科学之广度的一系列思维活动。

> 提示：计算思维虽然有着计算机科学的许多特征，但是计算思维本身并不是计算机科学的专属。实际上，即使没有计算机，计算思维也在逐步发展，并且有些内容与计算机并没有关系。但是，正是计算机的出现，给计算思维的研究和发展带来了根本性的变化。

计算思维是一种普适的思维，是概念化思维、人的思维、数学和工程互补融合的思维、面向所有人的思维，同时是现代信息社会中每个人的基本技能。

（2）计算思维的本质。计算思维强调一切皆可计算，从物理世界到人类社会模拟，从人类社会再到智能活动，都可认为是计算的某种形式。计算思维最根本的内容，即其本质（Essence）是抽象（Abstraction）和自动化（Automation）。

（3）计算思维的特性。计算思维的特性主要表现在以下几个方面。

①概念化，不是程序化。计算机科学不是计算机编程。像计算机科学家那样去思维意味着远远不止为计算机编程，还要求能够在抽象的多个层次上思维。

②基础的，不是机械的技能。基础的技能是每一个人为了在现代社会中发挥职能所必须掌

握的。生搬硬套之机械技能意味着机械地重复。具有讽刺意味的是，只有当计算机科学解决了人工智能的宏伟挑战——使计算机像人类一样思考之后，思维才会变成机械的生搬硬套。

③人的，不是计算机的思维。计算思维是人类求解问题的一条途径，但绝非试图使人类像计算机那样思考。与枯燥且沉闷的计算机相比，人类聪颖且富有想象力。使用计算思维控制计算设备，用人类自己的智慧去解决那些计算机时代之前不敢尝试的问题，实现一种"只有想不到，没有做不到"的境界。

④数学和工程思维的互补与融合。计算机科学在本质上源自数学思维，因为像所有的科学一样，它的形式化解析基础筑于数学之上。计算机科学又从本质上源自工程思维。基本计算设备的限制迫使计算机学家必须计算性地思考，不能只是数学性地思考。

2. 互联网思维

（1）认识互联网思维。随着互联网技术作为工具的逐步发展，越来越多的商业形态受到互联网的冲击。当这种冲击不断加深和变革不断加剧的时候，互联网就不再仅仅是一种技术，而是逐渐演变成为一种思维范式，即互联网思维。这种思维是在（移动）互联网、云计算、大数据等科技不断发展的背景下，对市场、用户、产品、企业价值链乃至对整个商业生态进行重新审视的思考方式。

提示：不是因为有了互联网，才有了互联网思维，而是因为互联网的出现和发展，使得这些思维得以集中爆发。

互联网正在成为现代社会真正的基础设施之一，就像电力和道路一样。互联网不仅是用来提高效率的工具，是构建未来生产方式和生活方式的基础设施，更重要的是，互联网思维成为一切商业思维的起点。

（2）互联网思维本质。互联网思维的本质是商业回归人性。互联网的发展，让互动变得更加高效，包括人与人之间的互动，也包括人机互动。Web 1.0时代，是门户时代，具体代表有新浪、搜狐、网易等门户网站；Web 2.0时代，是搜索、社交时代，典型产品有博客、微博等；Web 3.0时代，大互联时代，典型特点是多对多交互。从目前发展来看，现在仅仅是大互联时代的初期，真正的3.0时代是基于物联网、大数据和云计算的智能生活时代，是一个"以人为本"的思维指引下的新商业文明时代。

互联网思维，更注重人的价值。基于互联网的商业模式建立在平等、开放的基础上，是真正的以人为本的经济，是一种人性的回归，让商业真正回归人性。

（3）互联网思维模型。互联网的发展，使得大数据、云计算、社会化网络等技术成为基础设施，用户和品牌之间得以更加便捷地连接和互动，不再只是销售或服务人员去面对终端用户，用户越来越多地参与到厂商的价值链条的各个环节。因此，在互联网时代，为了更快、更好地满足用户需求，传统的价值链模型就会被互联网技术和思维进行重构，在重构过程中，产生了互联网思维模型，具体体现在以下几个方面：

①用户思维。在价值链各个环节中都要"以用户为中心"去考虑问题，只有深度理解用户才能生存，没有认同，就没有合同。在"以用户为中心"的互联网时代，消费者的话语权日益增大，并且影响着企业各环节的决策，以小米为代表的新经济企业，使得用户越来越广泛地参与到产品研发和品牌建设环节之中。可以说，用户思维是所有互联网思维的核心，没有用户思维，

也就不可能领悟好其他思维。

②简约思维。互联网时代，由于信息爆炸，用户的耐心越来越不足，所以，必须在短时间内抓住用户。简约思维也即大道至简，越简单的东西越容易传播，同时，在产品设计方面，要做减法，即外观要简洁，内在的操作流程要简化。

③极致思维。极致就是超越用户想象，极致思维就是把产品、服务和用户体验做到极致，超越用户预期。在互联网时代，只有产品和服务给消费者带来的体验足够好，才可能真正地抓住消费者，赢得人心，这就是一种极致思维的体现。

④迭代思维。"敏捷开发"是互联网产品开发的典型方法论，以用户为核心、迭代、循序渐进，允许有所不足，不断试错，在持续迭代中完善产品。迭代思维中有两个点，一个是"微"，一个是"快"。"微"，要从细微的用户需求入手，贴近用户心理，在用户参与和反馈中逐步改进；"快"，要求及时、实时关注消费者需求，快速地对消费者需求做出反应，从而使产品更贴近消费者。

⑤流量思维。流量意味着体量，体量意味着分量。互联网产品，大多用免费策略极力争取用户、锁定用户，只要用户活跃数量达到临界点，就会质变，从而带来商机或价值。注意力经济时代，先把流量做上去，才有机会思考后面的问题，否则连生存的机会都没有。

⑥社会化思维。社会化商业的核心是网，公司面对的客户以网的形式存在，这将改变企业生产、销售、营销等整个形态。社会化思维要求利用好社会化媒体，一定要站在用户的角度，以用户的方式和用户沟通，同时，关注众包协作。

提示：众包是以"蜂群思维"和层级架构为核心的互联网协作模式。维基百科就是典型的众包产品，另外，小米手机在研发中让用户深度参与，实际上也是一种众包模式。

⑦大数据思维。大数据思维是对大数据的认识，是对企业资产、关键竞争要素的理解。用户在网络上一般会产生信息、行为、关系 3 个层面的数据，这些数据的沉淀，有助于企业进行预测和决策。一切皆可被数据化，企业必须构建自己的大数据平台，小企业也要有大数据。大数据核心不在大，而在于数据挖掘和预测。

⑧平台思维。互联网的平台思维就是开放、共享和共赢的思维，平台模式最有可能成就产业巨头。平台模式的精髓，在于打造一个多主体共赢互利的生态圈，将来的平台之争，一定是生态圈之间的竞争。百度、阿里、腾讯三大互联网巨头围绕搜索、电商、社交各自构筑了强大的产业生态，后来者很难将其撼动。当企业不具备构建生态平台的实力时，就必须思考怎样利用现有的平台。

在企业内部，平台思维同样会影响企业的组织变革，将企业内部打造成"平台型组织"，包括阿里巴巴 25 个事业部的分拆、腾讯六大事业群的调整，都旨在发挥内部组织的平台化作用，内部平台化就是要变成自组织而非他组织，自组织是自己来创新。

⑨跨界思维。互联网和新科技的发展，导致很多产业边界变得模糊，互联网企业已无孔不入，如零售、图书、金融、电信、娱乐、交通、媒体等。掌握了用户和数据资产，就可以参与到跨界竞争，跨界变得越来越普遍。阿里巴巴、腾讯相继牵头设立银行，小米做手机、又做电视，是因为它们一方面掌握着用户数据，另一方面又具备用户思维，挟"用户"以令诸侯，从而赢得跨界竞争。

二、互联网环境下的前沿技术

1. 云计算

（1）云计算的本质。Google、IBM 和亚马逊在 2005 年提出了云计算的概念，虽然当时这三家对云计算的理解完全不同：IBM 是为了卖设备；Google 是因为有大量用户，希望将用户的应用都搬到网上；亚马逊则是希望出售计算能力给各个商家和网站。虽然 IBM、Google 和亚马逊各有各的特点和市场，但是其目标是通过互联网共享服务。因此，云计算的本质体现在以下两个方面：

①云计算保证用户可以随时随地访问和处理信息，并且可以非常方便地与人共享信息。

②云计算保证用户可以使用大量在云端的计算资源，包括处理器（CPU）和存储器（包括内存和磁盘），而不需自己购置设备。

（2）云计算的主要特点。云计算作为一个新的网络计算机概念，目前没有严格统一的概念。云计算的主要特点如下。

①云中可以海量存储数据。

②云中可以提供无数软件和服务。

③软件、服务均构筑于各种标准和协议之上。

④通过各种设备可以获得云计算平台上的数据。

云计算本身是一个非常复杂的系统工程，它的应用首先离不开巨型数据中心的建设和全球高速光纤主干网的铺设，这就好比电的普及离不开发电厂和输电网一样。因此，云计算的普及要涉及技术、工程和法律等多方面内容。

（3）对 IT 产业链的颠覆。云计算在全社会的普及将从根本上颠覆 IT 的产业链。传统的 IT 产业链仍以 WinTel（Windows + Intel）为主线，以互联网为辅线。但是，随着云计算的推广，WinTel 会受到严重的冲击。现在，一些可上网的终端，包括几乎所有的智能手机、平板电脑、部分上网本采用的都不是英特尔的 CPU，而是基于 ARM 的 CPU。与此同时，一些复杂的大型计算，可以在云计算环境中瞬间得以完成。目前，个人用户的 PC 销量，尤其是台式机的销量已经在急剧下降，而 MacBook、iPhone、iPad、MacBook Air 等越来越受欢迎。与此同时，随着云概念的普及，新的产业生态链将会形成，比如，基于互联网开发的公共平台将会变得越来越重要，在某种程度上替代原来操作系统的作用。

2. 物联网

物联网是新一代信息技术的重要组成部分，是在互联网基础上延伸和扩展的网络，其用户端延伸和扩展到了任何物体与物体之间，进行信息交换和通信。具体而言，物联网是通过射频识别（RFID）、红外感应器、全球定位系统、激光扫描器等信息传感设备，按约定的协议，把任何物体与互联网相连接，进行信息交换和通信，以实现对物体的智能化识别、定位、跟踪、监控和管理的一种网络。

目前，物联网可应用在地震监测、矿井安全、仓库监控、精细农业、森林火灾监控、目标定位与跟踪、医疗状况监控等领域。

物联网把新一代 IT 技术充分运用在各行各业之中，具体地说，就是把感应器嵌入和装备到电网、铁路、桥梁、隧道、公路、建筑、供水系统、大坝、油气管道等各种物体中，然后将"物联网"与现有的互联网整合起来，实现人类社会与物理系统的整合。在这个整合的网络当中，存在能力超级强大的中心计算机集群，能够对整合网络内的人员、机器、设备和基础设施实施实时的管理和控制。在此基础上，人类可以以更加精细和动态的方式管理生产和生活，达到"智慧"状态，提高资源利用率和生产力水平，改善人与自然间的关系。

3. 大数据

随着云计算技术的发展，互联网的应用越来越广泛，以微博和博客为代表的新型社交网络的出现和快速发展，以及以智能手机、平板电脑为代表的新型移动设备的出现，使计算机应用产生的数据量呈现了爆炸性的增长，最终形成大数据。

（1）大数据概念及特征。对于"大数据"的概念，目前来说并没有一个明确的定义。经过多个企业、机构和数据科学家对于大数据的理解阐述，虽然描述不一，但都存在一个普遍共识，即"大数据"的关键是在种类繁多、数量庞大的数据中，快速获取信息。

一般而言，大数据具备"4V"特征，分别是 Volume、Variety、Value、Velocity，即：

①数据体量巨大。从 TB 级别跃升到 PB 级别。

②数据类型繁多。具体包括网络日志、视频、图片、地理位置信息等。

③价值密度低，商业价值高。以视频为例，连续不间断监控过程中，可能有用的数据仅有一两秒。

④处理速度快。1 秒定律。最后这一点也和传统的数据挖掘技术有着本质的不同。

（2）大数据的关键技术。确切地说，大数据本身是一个现象而不是一种技术，伴随着大数据的采集、传输、处理和应用的相关技术就是大数据处理技术，是一系列使用非传统的工具来对大量的结构化、半结构化和非结构化数据进行处理，从而获得分析和预测结果的一系列数据处理技术，或简称大数据技术。

从大数据的处理过程来看，大数据处理的关键技术包括：大数据采集、大数据预处理、大数据存储及管理、大数据分析及挖掘、大数据展现和应用（大数据检索、大数据可视化、大数据应用、大数据安全等）。

（3）大数据应用。发展大数据产业将推动世界经济的发展方式由粗放型到集约型转变，这对于提升企业综合竞争力和政府的管制能力具有深远的影响。将大量的原始数据汇集在一起，通过智能分析、数据挖掘等技术，分析数据中潜在的规律，以预测以后事物的发展趋势，有助于人们做出正确的决策，从而提高各个领域的运行效率，取得更大的收益。目前，大数据已经在商业、金融、医疗、制造业等领域得到了广泛应用。

4. 人工智能

人工智能正在快速地改变着人们的生活、学习和工作，把人类社会带入一个全新的、智能化的、自动化的时代。人们在享受人工智能带来便捷生活的同时，需要全面而深入地了解人工智能的基本知识与研究领域，以便更好地了解社会的发展趋势，把握未来的发展机会。

（1）人工智能的概念。它是研究、开发用于模拟、延伸和扩展人的智能的理论、方法、技术及应用系统的一门学科，其目标是希望计算机拥有像人一样的思维过程和智能行为（如识别、认知、分析、决策等），使机器能够胜任一些通常需要人类智能才能完成的复杂工作。

人工智能是计算机科学的一个重要分支，融合了自然科学和社会科学的研究范畴，涉及计算机科学、统计学、脑神经学、心理学、语言学、认知科学、行为科学、生命科学、社会科学和数学，以及信息论、控制论和系统论等多学科领域。

（2）人工智能的应用领域。人工智能技术对各领域的渗透形成"AI＋"的行业应用终端、系统及配套软件，然后切入各种场景，为用户提供个性化、精准化、智能化服务，深度应用于医疗、交通、金融、零售、教育、居家、农业、制造、网络安全、人力资源、安防等领域。

人工智能应用领域没有专业限制。通过 AI 产品与生产生活的各个领域相融合，对改善传统环节流程、提高效率、提升效能、降低成本等方面产生了巨大的推动作用，大幅提升业务体验，有效提升各领域的智能化水平，给传统领域带来变革。

（3）人工智能的未来。人工智能的终极目标是类人脑思考。目前人工智能已经具备学习和存储记忆的能力，人工智能最终要突破的是人脑的创造力。而创造力的生产需要以神经元和突触传递为基础。目前的人工智能是以芯片和算法框架为基础。若在未来能再模拟出类似于大脑突触传递的化学环境，计算机与化学结合后的人工智能，将很可能带来另一番难以想象的未来世界。

5. 移动互联网

移动互联网是互联网与移动通信各自发展后互相融合的新兴市场，其核心是互联网，是桌面互联网的补充和延伸。目前，智能终端（硬件）、信息服务（软件）、通信技术（媒介）三者的共同发展，构成了今天的移动互联网生态链。

移动互联网是一种面向用户的思维，它没有颠覆传统行业，只是促使传统行业朝大多数人期望的方向去发展，如图 1-26 所示。

图1-26　移动互联网与传统行业的融合发展

移动互联网相对于 PC 互联网的最大特点是随时随地和充分个性化。移动用户可随时随地接入无线网络，实现无处不在的通信能力；移动互联网的个性化表现为终端、网络和内容／应用的个性化，互联网内容／应用个性化表现在采用社会化网络服务 (SNS)、博客、聚合内容 (RSS)、Widget 等 Web 2.0 技术与终端个性化和网络个性化相互结合，使个性化效应极大释放。

案例演练

（1）人脸识别。生活中所用的支付系统或是金融系统的人脸识别，能给人们带来安全保障，如高铁进站的人脸识别，酒店以及安防系统，还有生活中的门锁等。

（2）智能的个人助理。每个智能手机中都会有手机助手，比如苹果手机中的 Siri，三星手机中的 Bixby，还有小米的小爱同学等。它们是运用语音识别技术执行用户所发出的任务指令。

（3）智能打车。日常生活中人们经常用打车软件，预定成功后，预约车很快就能到达。这是由于打车软件系统有智能检测功能，它会自动地评估和测距。然后将用户的位置发送给车主。

（4）无人驾驶。在日常生活中，高铁、地铁、飞机等均已采用了无人驾驶技术。现在，无人驾驶汽车技术发展很迅速，已经有汽车被研究出来，只是智能技术还不太成熟。

（5）智能仓储物流系统。现在商家的货物不是自己发，而是将商品放在仓储中心，用户下单之后，人工智能会自动分发货物，将相应的货物分往客户所处的区域栏，然后物流车每天按时发车，将货物运往预定好的地区。

（6）家居智能。生活中我们会用到智能扫地机器人，它会运用自带的传感器扫描垃圾，然后自动打扫卫生，还有智能电视、智能门锁、智能空调等，都采用人工智能技术，而且都在朝着成熟化方向发展，并且越来越人性化。

扫一扫

实训提示

拓展实训

云计算拥有众多的应用，无形中它让我们的生活变得更加方便，更加富有乐趣。请举例云计算技术在生活中的有趣应用，来帮助大家更好地理解云计算技术。

小　结

①了解计算机带来的思维方式，包括计算思维和互联网思维。②掌握互联网环境下的前沿领域，包括云计算、物联网、人工智能、大数据和移动互联网，了解它们在生活、学习中的应用。

测　试　题

一、选择题

1. 1946 年诞生的世界上公认的第一台电子数字计算机是（　　　）。

   A. ENIAC   B. EDVAC   C. EDSAC   D. UNIVAC

2. 目前，制造计算机所用的电子器件是（　　　）。

   A. 大规模集成电路

   B. 晶体管

   C. 集成电路

   D. 大规模集成电路与超大规模集成电路

3. 早期的计算机是用来（　　　）。

   A. 科学计算   B. 系统仿真

   C. 自动控制   D. 动画设计

4. 1 KB 表示的二进制位数是（　　　）。

   A. 1000   B. 8 × 1000 字节

   C. 1024 字节   D. 8 × 1024 字节

5. 在计算机中数据的表示形式是（　　　）。

   A. 八进制   B. 十进制   C. 二进制   D. 十六进制

6. 微型计算机中使用最普遍的字符编码是（　　　）。

    A. EBCDIC 码　　　　B. 国标码　　　　C. BCD 码　　　　D. ASCII 码

7. 下列存储设备中，断电后信息会丢失的是（　　　）。

    A. ROM　　　　B. RAM　　　　C. 硬盘　　　　D. 光盘

8. 下列设备中，属于输入设备的是（　　　）。

    A. 鼠标　　　　B. 显示器　　　　C. 打印机　　　　D. 绘图仪

9. 计算机能直接识别的语言是（　　　）。

    A. 汇编语言　　　　B. 自然语言　　　　C. 机器语言　　　　D. 高级语言

10. 微型计算机中运算器的主要功能是（　　　）。

    A. 控制计算机的运行　　　　　　　　　　B. 算术运算和逻辑运算

    C. 分析指令并执行　　　　　　　　　　　D. 负责存取存储器中的数据

11. 在计算机中，存储器的基本单位是（　　　）。

    A. 字长　　　　　　　　　　　　　　　　B. 位

    C. 存储数据的个数　　　　　　　　　　　D. 字节

12. 系统软件中最重要的是（　　　）。

    A. 操作系统　　　　　　　　　　　　　　B. 语言处理程序

    C. 工具软件　　　　　　　　　　　　　　D. 数据库管理软件

13. 下列描述正确的是（　　　）。

    A. 激光打印机是击打式打印机

    B. 软盘驱动器是内存储器

    C. 操作系统是一种应用软件

    D. 计算机运行速度可用每秒执行指令的条数来表示

14. 微型计算机硬件系统中最核心的部件是（　　　）。

    A. 主板　　　　B. CPU　　　　C. 内部存储器　　　　D. I/O 设备

15. 计算机硬件能直接识别和执行的只有（　　　）。

    A. CPU　　　　　　　　　　　　　　　　B. CPU 和内存

    C. CPU、内存与外存　　　　　　　　　　D. CPU、内存与硬盘

16. 裸机是指（　　　）。

    A. 单片机　　　　　　　　　　　　　　　B. 单板机

    C. 不装备任何软件的计算机　　　　　　　D. 只装备操作系统的计算机

17. 下列四项中不属于微型计算机主要性能指标的是（　　　）。

    A. 字长　　　　B. 内存容量　　　　C. 重量　　　　D. CPU 主频

18. 二进制数 1110111 转换成十进制数是（　　　）。

    A. 120　　　　B. 119　　　　C. 118　　　　D. 117

19. 与十进制数 97 等值的二进制数是（　　　）。

    A. 1011111　　　　B. 1100001　　　　C. 1101111　　　　D. 1100011

二、填空题

1. 世界上第一台计算机是_____年研发的。

2. 计算机的硬件系统是由_____、_____、_____、_____和_____五部分组成的，其中_____和_____称为中央处理器，中央处理器与_____称为主机。

3. 一个完整的计算机系统是由_____和_____两部分组成。

4. 软件系统又分为_____软件和_____软件，操作系统是属于_____软件。

5. _____是内存储器中的一部分，CPU 对它们只能读取不能写入。

6. 负责指挥与控制整台计算机系统的是_____。

7. 按照标准打字法的要求，原点键指的是_____和_____键。

8. 计算机存储器的基本单位是_____。

扫一扫

拓展阅读：
智慧地球

模块二
管理计算机资源

单元导读

计算机的硬件资源和软件资源都是通过操作系统来管理。操作系统是在硬件上的第一层软件，是其他软件和硬件之间的接口，它就像计算机的"大管家"，是整个计算机系统管理、调度和控制的中心，最大限度地发挥计算机系统各部分的作用。日常工作中的所有应用（如写文章、上网、看电影、听歌等）都必须在操作系统的支持下才能运行。因此要学会使用计算机，首先要学会使用操作系统，熟悉操作系统的工作环境和操作方法。

案例一　Windows 7 操作系统

案例展示

某公司要求员工计算机工作桌面必须保持整洁美观，桌面图标不超过十个，自动排列；"开始"菜单启动某应用程序；锁定任务栏在桌面下方；灵活切换窗口模式，如图 2-1 所示。

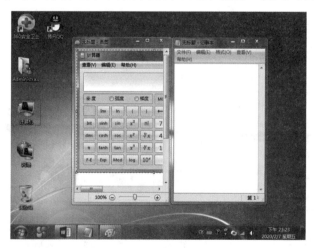

图2-1　桌面基本操作

案例分析

通过学习 Windows 7 操作系统桌面、"开始"菜单、任务栏的设置方法，了解窗口、菜单、对话框、剪切板，以及启动应用程序的方法，以提高日常工作效率。

知识要点

- Windows 7 操作系统的概念。
- Windows 7 桌面的使用。
- Windows 7 用户界面的基本操作。

技能目标

- 了解操作系统的定义、功能、类型和 Windows 7 的特点。
- 熟悉 Windows 7 的启动与退出方法及其桌面的组成。
- 熟练掌握窗口、菜单、对话框、应用程序、帮助系统的基本操作。

知识建构

一、认识 Windows 7 操作系统

1. 操作系统概述

操作系统是计算机系统中最重要的系统软件，是控制和管理计算机系统内的各种硬件和软件资源、有效地组织多道程序运行的程序集合，是用户与计算机之间的接口。

操作系统是配置在计算机硬件上的第一层软件，也称操作平台，是计算机系统中最基本、最核心的系统软件。操作系统的主要功能是将各种资源管理得井井有条，按计算机系统资源来划分，操作系统的功能分为：处理机管理功能、存储器管理功能、设备管理功能和文件管理功能。

扫一扫

拓展阅读：
认识windows 7

由于计算机硬件技术的发展以及对计算机的应用要求不同，操作系统种类繁多，很难用单一标准分类。常见的典型操作系统有 DOS、UNIX、Linux、Netware、Mac Os 及 Windows 系列等。其中 Windows 系列由于其友好的界面、出色的性能获得了计算机操作系统市场最大的份额，是广受欢迎的操作系统。

2. Windows 7 概述

Windows 7 中文版由微软公司开发，是绿色、节能、具有革命性变化的操作系统。该系统让人们的日常计算机操作更加简单和快捷，为人们提供高效易行的工作环境。

Windows 7 的安装方法有多种，一般分为：光盘安装法、模拟光驱安装法、硬盘安装法、U 盘安装法、软件引导安装法、VHD 安装法等。安装系统之前，准备必要的应急盘和旧系统的备份。Windows 7 具有完善的安装向导，用户可根据向导提示一步一步完成系统安装，在此不再赘述。

3. 启动和关闭 Windows 7 系统

1）启动 Windows 7

打开计算机电源，系统进入自检状态。计算机通过自检后，自动进入 Windows 7 操作系统，计算机将显示欢迎界面或者启动用户登录界面。用户登录界面需要选择用户和输入密码

[用户名和密码是在管理权限范围内创建的新用户。如果用户没有创建新用户，用户名和密码是系统安装时的计算机管理员用户（Administrator）]，即可进入 Windows 7 的工作桌面，如图 2-2 所示。

图2-2　Windows 7启动桌面

2）关闭 Windows 7

停止使用计算机时，需要使用正确的退出方法，以免造成正在运行的程序和未保存文件遭到破坏和丢失，确保下次能够正常启动操作系统。关闭计算机包括正常关闭计算机和在死机等意外情况下关闭计算机两种情况。

（1）正常关闭计算机。单击"开始"按钮，在弹出的"开始"菜单中单击"关机"按钮，计算机将退出 Windows 7 操作系统且关闭计算机。在退出 Windows 7 的过程中，系统会保存内存中的信息。

单击"关机"按钮右侧的下拉按钮█，在弹出的菜单中可以选择"切换用户""注销""锁定""重新启动""睡眠""休眠"菜单选项。

●切换用户。一个系统如果有多个创建的用户，可以通过切换用户模式在不重启计算机的情况下登录到另一个用户的工作界面。

●注销。注销是指向系统发出清除现在登录用户的请求，清除后即可使用另一个新用户名和密码重新登录 Windows 7 操作系统，注销不可以代替重新启动，只可以清空当前用户的缓存空间和注册表信息。

●锁定。锁定是指不关闭当前用户的程序，直接锁定当前用户，使用前需要解锁。注销后的计算机，其他用户都可登录，而锁定计算机后只有输入正确的用户名和密码才能登录。

●重新启动。处于开机状态时，选择该项相当于执行"关闭"操作后系统自动开机，系统保留用户本次开机的有关设置。一般当系统出现故障、无法正常运行时，采用重新启动的方法。

●睡眠。睡眠是计算机处于待机状态下的一种模式。当用户短时间离开计算机时，选择该项可以节约电能，省去烦琐的开机过程，使用户快速继续工作，并且能够增加计算机的使用寿命。

●休眠。休眠主要是为便携式计算机设计的电源节能状态。在此状态下关机，首先会将内存中的所有内容全部存储在硬盘上，重新启动计算机时，桌面将精确恢复到用户离开时的状态。如果工作过程中较长时间离开计算机时，应当使用休眠状态来节省电能，因为休眠使用的电量是最少的。

> 提示：正常关闭计算机前最好先关闭所有打开的窗口。

（2）在死机等意外情况下关闭计算机。在"死机"（使用计算机过程中突然鼠标不动了，且不能进行任何操作）等意外情况下不能关闭计算机时，可以先按住主机电源（按住 Power 按钮持续几秒钟），待主机自动关闭后再关显示器的电源。

二、Windows 7 桌面的使用

1. 桌面图标

Windows 7 桌面包括桌面图标、桌面主题、"开始"按钮、任务栏。计算机操作系统基本都提供了图形用户界面，界面中每个图标都代表一项计算机任务或命令。用户使用鼠标或者其他输入设备（键盘）来选择桌面上的图标或执行菜单命令。

1）桌面图标介绍

图标是计算机系统中的软件标识。它是相应程序、文件或设备的形象化标识，可以代表一个常用的应用程序（快捷图标）、文件、文件夹或打印机等，每个图标由图形和名称两部分组成。在系统默认状态下，Windows 7 安装完成后桌面上只有回收站图标。若想添加其他系统图标，操作步骤如下。

（1）右击桌面空白处，在弹出的快捷菜单中选择"个性化"命令。

（2）在弹出的设置窗口中单击左侧的"更改桌面图标"链接，如图 2-3 所示，打开"桌面图标设置"对话框。

（3）在"桌面图标设置"对话框中选中"计算机""用户的文件""网络"等复选框，如图 2-4 所示，单击"确定"按钮，这时用户在桌面上就可以看到系统默认的图标。

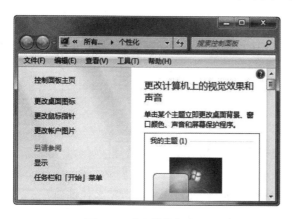

图2-3　"个性化"窗口

图2-4　"桌面图标设置"对话框

2）桌面图标说明

桌面图标可以分为系统图标、快捷方式图标、文件图标和文件夹图标 4 类。双击图标可以

打开相应的窗口。

（1）系统图标。系统图标是在 Windows 7 安装后自动创建的。Windows 7 只有 5 个系统固定桌面图标，其余都是用户自己定义的。

●计算机。"计算机"代表用户计算机内置的所有资源，如磁盘驱动器、文件和文件夹、打印机等所有硬件设备和软件资源，并可以对它们进行管理和使用。

●用户的文件。它是用来存放当前用户文件（文本、图像、音乐或者视频）的文件夹，如同人们实际工作中用的文件夹一样，该文件夹存放着各种文件和数据。

●回收站。用于存放暂时从计算机中删除的文件或文件夹。在回收站没有清空以前，用户可以把删除的某个文件或全部资料还原到原来位置，而一旦"清空回收站"，全部资料将彻底从计算机中删除。

●网络。提供对网络上计算机和设备的便捷访问。用户可以在"网络"文件夹中查看计算机中的内容，并查找共享文件和文件夹，还可以查看并安装网络设备。

●控制面板。用于更改 Windows 的设置，包括 Windows 外观和工作方式的所有设置，使计算机更适合用户需要。

（2）快捷方式图标。它是一个表示与某个项目链接的图标，而不是项目本身。在安装应用程序时系统会自动在桌面创建一个快捷方式图标，当然用户也可以自己创建。在"开始"菜单中选中需要创建的应用程序项，按住鼠标左键不放并将其拖动到桌面上，其图标显示为左下有箭头标记。

（3）文件图标。将文件直接移动、复制到桌面，或在桌面上新建文件所形成的图标，不同应用程序创建的文件图标是不同的。

（4）文件夹图标。将文件夹直接移动、复制到桌面中，或在桌面中新建文件夹所形成的图标。

3）创建桌面图标

桌面上的图标实质上就是打开各种程序和文件的快捷方式，用户可以在桌面上创建自己经常使用的程序或文件的图标，使用时直接在桌面上双击即可快速启动该项目。创建桌面图标的操作步骤如下。

（1）右击桌面空白处，在弹出的快捷菜单中选择"新建"命令。

（2）在"新建"命令下的子菜单中，用户可以创建各种形式的图标，比如文件夹、快捷方式、文本文档等。

（3）当用户选择了所要创建的选项后，在桌面上会出现相应的图标，用户可以为其命名，以便于识别。

4）图标的排列

（1）排列方式设置。当用户在桌面上创建了多个图标时，如果不进行排列，会显得非常凌乱，影响使用和美观，用户可以使用排列图标命令对桌面上的图标位置进行调整。操作方法：右击桌面空白处，在弹出的快捷菜单中选择"排列方式"命令，即可弹出包含了多种排列方式的子菜单，用户可以选择按"名称""大小""项目类型""修改时间"4 种方式来排列图标，如图 2-5 所示。

（2）图标大小设置。右击桌面空白处，在弹出的快捷菜单中选择"查看"命令，可以对桌面上图标的大小进行调整，系统提供了"大图标""中等图标""小图标"3 种方式，如

图 2-6 所示。当用户选择"自动排列图标"命令，图标会显示在桌面左上角并将其锁定在此位置，若取消此项选择，则可以将图标拖动到桌面任意位置。当选择"将图标与网格对齐"命令后，调整图标的位置时，它们总是成行成列地排列。当用户取消选择"显示桌面图标"命令后，桌面上将不再显示任何图标。

图2-5　"排列图标"命令

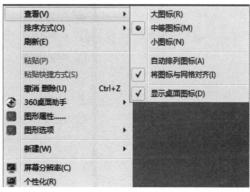

图2-6　"查看"命令

5）图标的重命名与删除

重命名图标的方法有很多，这里介绍选择快捷菜单命令的操作方法，操作步骤如下。

（1）右击该图标，在弹出的快捷菜单中选择"重命名"命令。

（2）当图标的文字说明位置呈反色显示时，用户可以输入新名称，然后在桌面任意位置单击，或按【Enter】键，即可完成对图标的重命名。

当桌面的图标失去使用价值时，可以删除。在所需要删除的图标上右击，在弹出的快捷菜单中执行"删除"命令即可。用户也可以选中图标后，直接按【Delete】键（将所选图标移入回收站）或【Shift+Delete】组合键（彻底删除）删除。

提示：删除桌面系统图标和快捷方式图标只是删除了系统和应用程序的链接，而不是删除该程序。如果有需要时，可以再次创建。

2."开始"菜单

Windows 7 操作系统提供了全新的"两列示"风格菜单。全新的菜单不仅在形式上更加美观，而且功能更加的实用。"开始"菜单包含了 Windows 系统提供的全部命令，集成了所有 Windows 7 的功能，因此，几乎所有的操作都可以从"开始"菜单上进行。

单击"开始"按钮，系统将弹出"开始"菜单，如图 2-7 所示。

1）"开始"菜单的组成

"开始"菜单主要由两列 6 个部分组成，详细内容可扫描二维码查看。

2）"开始"菜单的使用

从"开始"菜单可以进行任何操作，这里只做简单介绍。

（1）启动应用程序。用户在启动某应用程序时，可以通过桌面上的快捷方式图标启动，也可以使用"开始"菜单进行启动。操作方法：单击"开始"按钮，在打开的"开始"菜单中将鼠标指针指向"所有程序"选项，这时在菜单左侧会出现"所有程序"的菜单，在

扫一扫

拓展阅读："开始"菜单详解

菜单中选择对应的命令，即可启动此应用程序。

图2-7　Windows 7"开始"菜单

（2）搜索内容。有时用户需要在计算机中查找一些文件或文件夹的存放位置，如果手动进行查找会浪费很多时间，使用"搜索程序和文件"命令可以帮助用户快速找到所需内容。除了文件和文件夹，还可以查找图片、音乐及网络上的计算机和通讯簿中的人等。

（3）运行命令。在"开始"菜单中选择"运行"命令，可以打开"运行"对话框，如图 2-8 所示。利用这个对话框，用户能打开程序、文件夹、文档或者网站，使用时需要在"打开"文本框中输入完整的程序或文件路径及相应的网站地址。

当用户不清楚程序或文件路径时，也可以单击"浏览"按钮，在打开的"浏览"窗口中找到要运行的可执行文件，然后单击"打开"按钮，即可打开相应的窗口。

图2-8　"运行"对话框

"运行"对话框具有记忆性输入的功能，它可以自动存储用户曾经输入过的程序或文件路径，当用户再次使用时，只要在"打开"文本框中输入开头的一个字母，在其下拉列表中即可显示以这个字母开头的所有程序或文件的名称，用户可以从中进行选择，从而节省时间，提高工作效率。

（4）帮助和支持。当用户在"开始"菜单中选择"帮助和支持"命令后，即可打开"帮助和支持中心"窗口，在这个窗口中会为用户提供搜索帮助、基本 Windows 基础知识链接、网站的详细介绍和其他支持服务。Windows 7 的帮助系统更加的人性化，以超链接的形式打开相关的主题，与以往的 Windows 版本相比，结构层次更少，索引却更全面，每个选项都有相关主题的链接，这样用户可以很方便地找到自己所需要的内容。

3．任务栏

任务栏是桌面的一个区域，位于桌面底部。Windows是一个多任务操作系统，允许用户同时运行多个程序，每个打开的窗口都有一个最小化图标放在任务栏上，因此，利用任务栏能够迅速在多个窗口之间进行切换。

1）任务栏的组成

任务栏的组成如图2-9所示，它包括4个部分："开始"按钮、"快速启动"栏、"应用程序"栏和"通知区域"。

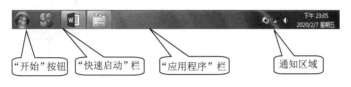

图2-9　任务栏

（1）"开始"按钮。它是用户使用和管理计算机的起点。单击该按钮，可以弹出"开始"菜单。

（2）"快速启动"栏。用于快速启动应用程序，单击这些按钮即可打开相应的应用程序；用户可以在其中添加一些常用的程序，方便日常的操作。

（3）"应用程序"栏。用于放置已经打开窗口的最小化图标。其中，代表当前窗口的按钮会呈现出被选中的状态。如果用户要激活其他窗口，只需用单击相应窗口的最小化图标即可。

（4）通知区域。在该区域中显示时间指示器、输入法指示器、音量控制指示器和系统运行时常驻内存的应用程序按钮。如果要调整某些设置，如改变音量、选择输入法、修改当前日期和时间，可以单击或双击相应的按钮。

2）任务栏上工具栏的使用

在任务栏中使用不同的工具栏，可以方便而快捷地完成一般的任务。除"语言栏"是系统默认显示的之外，用户还可以根据需要添加或者新建工具栏。

用户可以根据需要在任务栏中添加工具。右击任务栏的空白处，在弹出的快捷菜单中选择"工具栏"菜单，可以看到在其子菜单中列出的常用工具选项，如图2-10所示。当选择其中一项时，任务栏上会出现相应的工具栏。

图2-10　工具栏的子菜单

（1）地址工具栏。用户可以在文本框内输入文件的路径，然后按【Enter】键确认，这样就会快速找到指定的文件。如果用户的计算机已连入Internet，可以在此输入网址，系统便会自动打开IE浏览器。另外，还可以直接输入文件夹名、磁盘驱动器名等打开窗口。

（2）链接工具栏。使用该工具栏上的快捷方式可以快速打开网站，其中包含用户常用的选项，单击这些链接图标，用户可以直接进入相应的链接内容界面。

（3）Tablet PC 输入面板。这是 Windows 7 人性化功能，是指手写输入系统。它拥有的触摸屏允许用户通过鼠标、触控笔或数字笔来进行书写，包括手写与键盘输入两种方式，如图 2-11 所示。

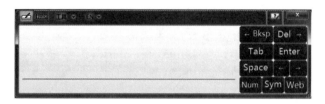

图2-11　"Tablet PC输入"对话框

（4）桌面。工具栏中列出了当前桌面上的图标，当用户需要启动桌面上的程序或者文件时，可以直接在任务栏上启动。

（5）语言栏。在此显示当前的输入法，用户可以根据需要在此完成输入法的查看与切换。

（6）新建工具栏。如果需要经常用到某些程序或者文件，可以在任务栏上创建工具栏，它的作用相当于在桌面上创建快捷方式。

三、Windows 7 用户界面的基本操作

1. 鼠标的使用

在 Windows 7 的图形操作界面下，用鼠标操作要比用键盘更快、更方便一些。鼠标的基本操作主要有以下几种。

（1）指向。在桌面上移动鼠标指针，使鼠标指针移动到目标位置。

（2）单击。快速地按下并释放鼠标按键。有单击左键和单击右键两种情况，通常单击鼠标指的是单击左键，用于在屏幕上选中一个对象，而单击右键常用于在桌面上弹出一个快捷菜单。

（3）双击。连续快速地单击两次鼠标左键。双击通常用于选择一个对象并执行某种操作。

（4）拖动。按住鼠标左键不放并移动鼠标。拖动通常用于将选中的对象移动到目标位置。

在不同的工作环境下，鼠标的指针有不同的形状，代表着不同的含义。常见的鼠标指针形状及含义如表 2-1 所示。

表2-1　鼠标指针含义

鼠标指针	指针形状	鼠标指针	指针形状
指向	↖	超链接	👆
忙、等待	○	插入文字	I
后台运行	↖○	垂直调整	↕
精确定位	＋	水平调整	↔
不可用	⊘	对角线调整	↘ ↗
手写笔	✎	移动	✥

2. 窗口及其操作

Windows 的含义就是"窗口"，窗口是系统提供给用户与计算机交互的界面，用户使用的所有应用程序和文档通常都是以窗口形式出现在桌面上，用户所有的操作几乎都是在窗口这个友好的界面中进行的，通过窗口可以很容易地对程序和文档进行操作。

1）窗口的组成

Windows 7 中虽然依旧沿用了 Windows 窗体式设计，但是窗体的结构设计发生了很大的变化，其功能也更加的强大。Windows 7 将 Windows XP 中的资源管理器有机融合在窗口中，在任何窗口中都可以方便快速地管理和搜索文件。

Windows 7 的窗口可分应用程序窗口、文档窗口和文件夹窗口，虽然它们各自显示的内容与功能不同，但基本组成元素相同。例如，双击桌面上的"计算机"图标，打开图 2-12 所示的"计算机"窗口。下面就以"计算机"窗口为例来认识窗口的结构和相应的功能。

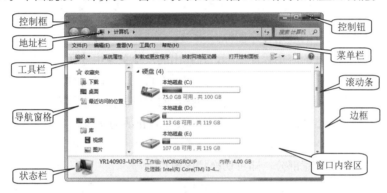

图2-12　"计算机"窗口

（1）控制栏。窗口第一行为控制栏，右上角是"最小化""最大化／还原""关闭"按钮。

● 单击"最小化"按钮，将窗口变成图标放到任务栏上，以便为其他应用程序留出更多的桌面空间，但此应用程序仍在运行。

● 单击"最大化"按钮，使窗口充满整个屏幕。此时，"最大化"按钮变成"还原"按钮。单击还原按钮，使窗口恢复到最大化之前的大小。

● 单击"关闭"按钮，可以关闭窗口。

（2）地址栏。窗口第二行左上角是"后退""前进"按钮，旁边的下拉按钮给出了用户浏览的历史记录。按钮右侧是地址栏，显示当前的目录位置，在地址栏中输入文件夹路径，单击"转到"按钮将打开该文件夹。如果计算机已经连接到 Internet，在地址栏中输入网站地址后，单击"转到"按钮或按【Enter】键，系统将启动 Internet Explorer，并打开相应的网页。再往右侧是"搜索计算机"文本框输入按钮，用户可以在这里输入需要查询的搜索项。

（3）菜单栏。菜单栏列出了该窗口的可用菜单命令。菜单栏中提供了对应用程序访问的途径，其中最常见的菜单命令有"文件""编辑""查看""工具""帮助"。根据窗口完成操作的不同，菜单中的内容也会发生一些变化。

（4）工具栏。Windows 7 的设计更加的人性化，用于快速完成相应的操作。工具栏上包括"组织""系统属性""卸载或更改程序""映射网络驱动器""打开控制面板"项，用来进行相应的设置与操作，不同的窗口工具不同，右侧还有"更改您的视图""显示预览窗格""帮助"工具按钮，便于用户使用和提供相应的帮助信息。

（5）导航窗格。以树状的目录列表表示，单击图标左边的下拉按钮，目录可以折叠或展开。单击目录列表中的某一项，右边窗格则显示该项中的全部内容。

（6）边框。当鼠标指针指向边框时，鼠标指针就变成一个双向箭头，向着箭头所指的方向拖动鼠标就可以改变窗口的大小。

另外，把指针指向窗口的右下角（或其他三个角），当指针变成双向箭头时，可以在对角线的方向同比例地缩放窗口。

（7）状态栏。状态栏用来显示当前窗口主体对象的状态，包括名称、属性、大小、已用和可用空间等。

2）Windows 7 的窗口操作

（1）打开窗口。在 Windows 7 操作系统的桌面上，用鼠标打开应用程序窗口的操作有以下两种方法。

方法一：双击准备打开的应用程序图标。

方法二：右击准备打开的应用程序图标，在弹出的快捷菜单中选择"打开"命令。

（2）切换窗口。Windows 7 是一个多任务的操作系统，可以同时处理多项任务，即可以同时打开多个窗口。在 Windows 7 中，当前正在操作的窗口被称为当前窗口或活动窗口，其标题栏是深蓝色。而已被打开但当前未被操作的窗口被称为非活动窗口，其标题栏是浅蓝色。切换窗口的操作方法如下。

方法一：单击窗口的任意部分，即可切换到该窗口。

方法二：在任务栏中单击代表窗口的最小化图标，即可将相应的窗口切换为当前窗口。

方法三：按【Alt+Tab】组合键，操作时，按住【Alt】键不放，而对【Tab】键则一按一放，即可在已打开的应用程序窗口之间切换。

方法四：按【Alt+Esc】组合键，即可在已打开的应用程序窗口之间切换。

（3）移动窗口。将鼠标指针移动到窗口的控制栏上，按住鼠标左键并拖动窗口至目标位置处后再释放鼠标即可。当然，要移动的窗口不能处于最大化状态。

（4）排列窗口。同时打开多个窗口时，多个窗口会互相覆盖，这时可以在任务栏上右击，然后在弹出的快捷菜单中选择这些窗口的排列方式，其中包括层叠窗口、堆叠显示窗口和并排显示窗口。

（5）更改窗口图标显示。

方法一：单击窗口工具栏上的"更改您的视图"按钮，在弹出的下拉菜单中选择"超大图标""大图标""中等图标""小图标""列表""详细信息"等选项，可以改变视图的效果。

方法二：右击"窗口工作区"空白处，在弹出的快捷菜单中选择"查看"命令的下级菜单，也可改变视图效果。

（6）关闭窗口。如果用户打开了多个窗口，可能会造成系统变慢甚至死机，所以用户应注意随时将不再使用的窗口关闭，关闭窗口可使用以下几种方法。

方法一：使用【Alt+F4】组合键。

方法二：单击程序窗口右上角的"关闭"按钮。

方法三：双击窗口的"控制栏"空白处。

方法四：右击任务栏上的窗口，在弹出的快捷菜单中选择"关闭窗口"命令。

方法五：单击"文件"|"关闭"命令。

> 提示：窗口最小化和关闭窗口的性质完成不同。应用程序窗口最小化后，应用程序仍然在运行，占据系统资源；而关闭窗口则表示应用程序结束运行，退出内存。

3. 菜单及其操作

菜单是 Windows 7 提供和执行命令信息的重要途径。Windows 7 窗口的菜单栏通常由多个下拉式菜单组成，每个菜单中又有若干菜单项。虽然各个应用程序的菜单结构不完全相同，但是选择和执行菜单命令的方法相同。

1）下拉菜单操作

选择 Windows 7 窗口的菜单时，只需单击菜单栏上的菜单项，即可打开该菜单的下拉菜单，将鼠标指针移动到所需的命令处并单击，即可执行所选命令。

2）快捷菜单的操作

快捷菜单中提供了常用的命令，执行它们可以完成一些常用的任务。先用鼠标指针指向一个屏幕对象，再右击，即可打开一个针对该屏幕对象的快捷菜单。

> 注意：针对不同的屏幕对象，所打开快捷菜单的命令是不同的。

3）菜单不同形态

出现在菜单中的菜单项具有不同的形态，这些形态有不同的含义。下面对图 2-13 所示的菜单进行介绍。

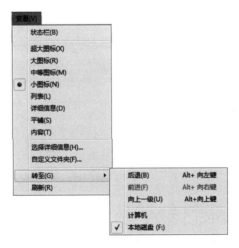

图2-13 菜单的形态

（1）右端带省略号（…）。表示选中该菜单项时，将弹出一个对话框。

（2）右端带向右箭头（▶）。表示该命令选项还有下级菜单，即第二级菜单。

（3）左侧带圆点（●）。表示单选菜单项，也就是说在这几项菜单中，只能选一项。单击要选的菜单项，该菜单项前面出现一个小圆点，表示被选中，其功能被激活；同时，原先曾经被选中的菜单项前面的圆点消失，功能被禁用。

（4）左侧带对勾（√）。表示是复选菜单项，也就是说，对于这类菜单可以同时选中一项或多项。被选中的菜单项前面出现一个"√"标记，表示该项菜单功能可以应用；如果再次单击带"√"标记的选项，则"√"标记消失，表示该项菜单功能禁用。

（5）呈灰色显示。有时我们会看到某些菜单项是灰色的，这表示该项菜单在当前环境下无法执行，即无效状态。例如，如果剪切或复制文字，没有选中任何文字的情况下，单击"编辑"菜单时，"剪切""复制"菜单是灰色的无效状态；若选中一段要剪切或复制的文字，再次单击"编辑"菜单时，"剪切""复制"菜单项都变成深色有效的状态。

（6）菜单名后的英文字母。表示快捷键，熟练使用可以提高操作速度。

4. 对话框及其操作

除了窗口以外，Windows 还使用了大量的对话框，对话框实际上也是人机交流的窗口。但对话框是一种特殊的窗口，它与应用程序窗口不同，通常单击后面带"…"符号的菜单命令就可以打开一个对话框，每个对话框的大小、形式、外观等各不相同，对话框的大小不能随意改变。在对话框中，会有许多不同的选项供用户完成相应的设置。典型的 Windows 对话框如图 2-14 所示。

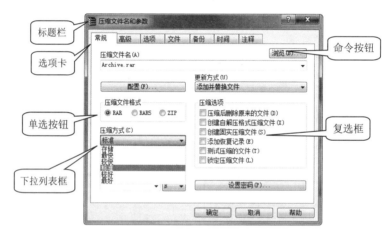

图2-14　Windows 7对话框

（1）标题栏。标题栏位于对话框最上方，显示对话框的名称。

（2）选项卡。当对话框中的内容很多时，通常采用选项卡的方式来分页，将相关联的内容归类到一个选项卡中，多张选项卡合并在一个对话框中。单击某个选项卡，对话框就显示该选项卡对应的选项。

（3）命令按钮。在对话框中有许多命令按钮，单击这些命令按钮后将执行相应的操作。当命令按钮上有"…"符号时，表示单击该命令按钮还会打开一个对话框。

（4）单选按钮。单选按钮在一组相关的选项中，只能选取其中某一项，不能多选，也不能不选。单击想要选择的选项，选项前面圆框内会出现一个圆点，表示该选项被选中，同时其他选项的选择被取消。

（5）复选框。复选项是一组互不排斥的选项，每个选项前面有一个方框，称为复选框。当选中某个选项时，复选框中会出现一个"√"符号，表示该选项已被选中，再次单击该复选框时，会取消对该复选框的选择。用户可以同时选中多个复选框，也可以不选。

（6）下拉列表框。下拉列表框的作用与列表框的作用基本相同，所不同的是下拉列表框是通过单击选项右侧带箭头"▼"的下拉按钮来打开。

（7）文本框。文本框是一个可以输入信息的空白区域，单击该区域会在文本框中出现一个插入光标，然后就可以在其中输入相关的文字信息，如图 2-15 所示。有时文本框中会出现系统提供的默认项，可以直接保留使用。

（8）列表框。列表框是以列表形式显示有效选项的框，在列表框种列出了选项列表，用户可以在其中选择所需的选项。如果列表内容超出框的显示大小，会出现滚动条，用户可以通过拖动滚动条查看其他选项，如图 2-15 所示。

图2-15　对话框中的文本框和列表框

思考：对话框与窗口有哪些区别？

5. 剪切板的使用

剪贴板是 Windows 内存中的一块临时存储区，它是一个在程序和文件之间传递信息的临时内存缓冲区。剪贴板将用户选定的文字、声音、图像等各种信息先"复制"或"剪切"到这个临时存储区，然后将信息"粘贴"到目标位置。

有时需要将计算机的屏幕做成图片，这时就可以使用剪贴板来捕获屏幕，然后将这些图像粘贴到一个程序中，再存储为图片文件。

（1）按【PrintScreen】键捕获整个屏幕。在文档中单击"粘贴"按钮，将剪贴板上的内容副本粘贴到文档中。

（2）按【Alt+PrintScreen】组合键捕获屏幕上的活动窗口。在文档中单击"粘贴"按钮，将剪贴板上的内容副本粘贴到文档中。

注意：在捕获活动窗口之前，单击该项窗口的标题栏来确定想要捕获的窗口是活动的。

6. 应用程序的启动与退出

1）应用程序的启动

在 Windows 7 中，启动应用程序的方法很多，下面介绍几种常用应用程序的启动方法。

（1）使用"开始"菜单启动应用程序。单击"开始"按钮，在"开始"菜单中指向"所有程序"菜单项，出现级联菜单。然后从"所有程序"的级联菜单中单击要启动的应用程序。

（2）使用"运行"命令启动应用程序。如果需要运行的应用程序没有列在"所有程序"菜单中，可使用"开始"菜单中的"运行"命令来启动它。在"运行"对话框中输入程序名，若不知道程序的名称及其准确位置时，可单击"浏览"按钮，在"浏览"对话框中查找所需运行的文件，双击文件名后返回到"运行"对话框中。单击"确定"按钮就启动了应用程序。

（3）从文档启动应用程序。Windows 具有以文档为对象的处理方式，在文档与应用程序之间建立起默认的关联关系，即只需找到需要的文档，而不必去考虑是用哪个应用程序创建的，Windows 会自动将该文档与创建该文档所对应的应用程序建立联系，使该文档打开的同时启动该应用程序。操作方法是：找到要处理的文档，双击文件图标，与之相关的应用程序自动启动，同时自动装载这个文件并进入使用或编辑方式。

（4）以快捷方式启动应用程序。用户可以为经常要使用的应用程序创建快捷方式图标，放在桌面上，这样只要双击桌面快捷图标就可直接启动应用程序。

2）应用程序的退出

在 Windows 中有多种方法退出应用程序，下面介绍常用的 4 种方法。

（1）单击应用程序窗口右上角的"关闭"按钮。

（2）在应用程序窗口菜单中选择"文件"|"退出"命令。

（3）右击任务栏上打开的应用程序窗口，在弹出的快捷菜单中选择"关闭窗口"命令。

（4）使用【Alt+F4】组合键。

提示：当某个应用程序由于不可预知的原因，造成其不再响应用户操作，这时可按【Ctrl+Alt+Del】组合键，在弹出的 Window 7 切换界面上，可以选择启动任务管理器结束当前任务，也可进行注销清除用户请求，重新返回系统。

7. 使用帮助系统

Windows 7 有一套完整的帮助系统，可以帮助用户找到解决的办法，详细介绍请扫描二维码查看。

● 扫一扫

拓展阅读：
详解使用帮
助系统

案例演练

一、认识桌面常见图标

（1）双击桌面上的每一个图标，观察运行结果。

（2）分别双击"计算机""Administrator""回收站""网络"图标，观察打开的窗口。

二、"开始"菜单的使用

（1）启动"画图"程序。单击"开始"按钮，在打开的"开始"菜单中选择"所有程序"|"附件"|"画图"命令，即可启动"画图"程序。

（2）打开"控制面板"和"帮助和支持中心"窗口观察其内容。

三、任务栏的使用

在任务栏上添加地址工具栏、锁定任务栏、桌面工具栏。

四、窗口的操作

（1）打开"计算机""回收站""Administrator""网络"四个窗口。

（2）切换窗口

方法一：使用任务栏分别将四个窗口切换为当前窗口。

方法二：采用【Alt+Tab】组合键分别将四个窗口切换为当前窗口。

（3）将"计算机"窗口移动到屏幕右下方。

（4）排列窗口。按层叠窗口、堆叠显示窗口和并排显示窗口三种方式排列四个窗口。

五、使用剪贴板将"计算器"程序窗口粘贴到画图程序中

步骤一：单击"计算器"窗口的标题栏，按下【Alt+PrintScreen】组合键将窗口复制到剪贴板上。

步骤二：在"画图"窗口中，选择"编辑"|"粘贴"命令，将剪贴板上的"计算器"窗口粘贴到"画图"窗口中。

扫一扫

实训提示

拓展实训

练习桌面上的系统图标显示与隐藏；图标的创建、重命名与删除；应用"运行"命令打开记事本；更改任务栏中声音，语言栏和日期。

小　　结

①了解 Windows 7 的启动、退出的使用和死机的处理方法。②熟悉所使用计算机的桌面图标、"开始"菜单的设置可以提高工作效率。③任务栏的熟练使用可以简化日常工作。④窗口、菜单、对话框的操作是使用计算机最基本的操作，应熟练掌握、灵活运用。⑤应掌握两种以上打开和关闭应用程序的方法，尤其是要学会当某个应用程序不再响应用户操作时，按【Ctrl+Alt+Del】组合键"结束任务"的方法。

案例二　管理文件和文件夹

案例展示

某公司员工整理计算机文件，做好各类电子文件的存档工作，并熟练地对文件与文件夹进行操作。建立文件和文件夹的结构如图 2-16 所示。

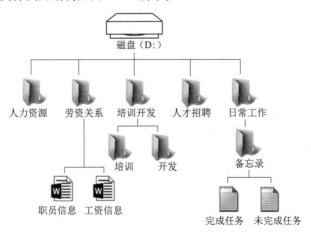

图2-16　文件与文件夹的操作

案例分析

在日常工作中，经常发生因文件存放不合理而找不到文件的现象，所以建立合理的文件管理结构并及时地对各种文件进行归类整理是非常重要的工作。

知识要点

- 文件和文件夹的概念。
- 资源管理器的使用。
- 文件与文件夹的基本操作。

技能目标

- 能理解文件和文件夹的概念、命名、属性。
- 能掌握 Windows 7 资源管理器的功能和使用方法。
- 能掌握文件与文件夹的基本操作。

知识建构

一、文件与文件夹

1. 文件与文件夹的基本概念

1）文件的基本概念

文件是具有一定名称的一组相关数据的集合。计算机所处理的信息都是以文件的形式存放在硬盘等存储介质上的，文件是最小的数据组织单位。文件名称的组成方式为"文件名.扩展名"。

（1）文件名最多可使用 255 个字符，不区分大小写，文件名可以是字母、汉字、数字和一些符号，但不能使用? */\<\>、等特殊的字符，可以有空格。

（2）扩展名决定文件的类型，扩展名一般由 3 个英文字符组成。

（3）在同一存储位置，不能有相同的文件名称。

2）文件夹的基本概念

文件夹是用于存放文件的目录。一个文件夹下可以有多个子文件夹，而一个子文件夹中又可以存放多个文件和下一级的子文件夹，从而构成一种树状结构。文件夹可以没有扩展名，命名规则与文件命名规则相同。同一个文件夹中，不能有相同名称的文件夹。

3）文件与文件夹的属性

定义文件和文件夹的属性可帮助查找和整理文件，将文件分为不同类型的文件，以便存放和传输，它定义了文件和文件夹自身特有的独特性质。常见的文件属性有只读、存档和隐藏。

（1）只读。表示只能读取，不能修改，也不能储存。

（2）存档。表示备份软件在备份时候，只会去备份带有存档属性的文件，备份软件备份后会把存档属性取消。

（3）隐藏。表示文件隐藏，不显示在计算机和 Windows 资源管理器里。

2. Windows 资源管理器

"计算机"和"资源管理器"都可以用来管理计算机资源。Windows 7 将 Windows XP 中的资源管理器有机融合在窗口中，因此"计算机"窗口与"资源管理器"窗口结构基本类似，如

图 2-17 所示。

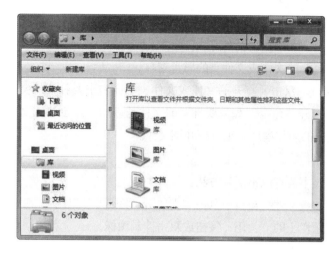

图2-17 "资源管理器"窗口

打开"资源管理器"常用的方法有以下两种。

● 选择"开始"|"所有程序"|"附件"|"Windows 资源管理器"命令。

● 右击"开始"按钮，在弹出的快捷菜单中选择"打开 Windows 资源管理器"命令。

"Windows 资源管理器"窗口左侧的导航窗格，采用层次结构对计算机的资源进行管理。包括收藏夹、库、计算机和网络等项目。库是 Windows 7 中最大的亮点之一，它彻底改变了文件管理的方式，从传统的文件夹存储方式改变为库方式，提供了一种更加快捷的管理方式。库包含子库或文件，但库不保存文件本身，而是保存文件快捷方式，也称文件快照。

（1）添加库文件。右击需要添加的目标文件，在弹出的快捷菜单中选择"包含到库中"命令，并在下级子菜单中选择相同的库保存即可。

（2）增加库中类型。用户需要增加库中的新类型，可以在"库"根目录下，右击空白区域，在弹出的快捷菜单中选择"新建"|"库"命令，如图 2-18 所示，输入库名称。

图2-18 新建库中类型

二、文件与文件夹的基本操作

1．打开文件或文件夹

打开文件或文件夹主要有以下两种方法：

（1）双击包含要打开的文件或文件夹的磁盘窗口。

（2）在该磁盘窗口中双击要打开的文件或文件夹，或右击要打开的文件或文件夹，在弹出的快捷菜单中选择"打开"命令。如果要打开的文件是应用程序创建的文件，选中该文件并按下鼠标左键拖动到相应的应用程序中也可打开该文件。

2．关闭文件或文件夹

关闭文件或文件夹主要有以下两种方法：

（1）在打开的文件或文件夹窗口中单击"文件"|"关闭"（"退出"）命令。

（2）单击窗口标题栏上的"关闭"按钮或双击控制图标。

在打开的文件夹窗口中单击"返回"按钮，可返回到上一级文件夹，同时关闭当前文件夹。

3．查看文件或文件夹

1）查看文件或文件夹的操作

（1）打开要查看的文件或文件夹。

（2）单击"查看"选项，出现查看菜单，或单击工具栏上"更改您的视图"按钮 右边的下拉按钮，弹出下拉菜单如图2-19所示。

（3）在下拉菜单中可根据需要选择"平铺""列表""详细信息"，以及各种不同大小的图标形式进行查看。

图2-19　"更改您的视图"快捷菜单

2）排列图标

还可以通过按不同方式排列图标进行文件或文件夹的查看。桌面右击空白处，在弹出的快捷菜单中选择"排列方式"命令，在其级联菜单中，可按"名称""大小""项目类型""修改时间"选项对活动文件夹中的对象进行排序。

4．选择文件和文件夹

在对文件和文件夹进行操作时，首先必须确定操作对象，即选择文件或文件夹。

（1）选择单个文件或文件夹。单击要选择的文件，即可选定。如果是单击一个文件夹，则它的子文件夹和文件都将被选定。

（2）选择多个文件或文件夹。

①选择多个连续文件的操作方法是：先单击第一个文件，然后按住【Shift】键再单击最后一个要选择的文件。选择结果如图2-20所示。

②选择不连续的多个文件的操作方法是：先按住【Ctrl】键，再依次单击要选择的项。选择结果如图2-21所示。

（3）选择文件夹下的所有文件或文件夹。单击窗口中的"编辑"|"全选"命令或按【Ctrl+A】组合键，即可选定文件夹下的所有文件或文件夹。选择"编辑"|"反向选定"命令，结果取消了原来的选择，而原来未被选取的都被选择。

图2-20　选择多个连续文件夹　　　　　　　图2-21　选择多个不连续文件夹

（4）撤销选择。在已选择了多项文件和文件夹时，如果取消一项选择，则按住【Ctrl】键，单击要取消的项。如果全部取消，则单击选择项以外的区域即可取消所有选择。

> **提示**：一次选择多个文件和文件夹，还可按住鼠标左键拖动产生一个蓝色区域，释放鼠标后将选定区域中的所有文件和文件夹。

5. 新建文件和文件夹

在 Windows 中可以采取多种方法方便地创建文件或文件夹，在文件夹中还可以创建子文件夹。

1）创建文件

方法一：在应用程序窗口中，单击"文件"|"新建"命令，在下级子菜单中选择某一种文件类型的菜单项，例如"日记本文档""Microsoft Word 文档"等不同的文件类型，然后输入新文件命名即可。

方法二：启动应用程序，编辑文件，在对文件进行存盘时完成文件的新建。比如，打开"记事本"输入一段文字，然后单击应用程序窗口里的"文件"菜单，在弹出的下拉菜单中选择"保存"或"另存为"命令，在"另存为"对话框中选择要存盘的地址并输入文件的名字，单击"保存"，完成文件的建立。

方法三：使用快捷菜单创建文件。

2）创建文件夹

方法一：使用窗口中的"文件"菜单创建文件夹。

方法二：使用快捷菜单创建文件夹，如图 2-22 所示。

6. 重命名文件和文件夹

方法一：右击文件或文件夹，在弹出的快捷菜单中选择"重命名"命令。

方法二：在需要重命名的文件或文件夹名称上不连续地单击两次。

方法三：在需要重命名的文件或文件夹窗口，选择"文件"|"重命名"命令。

7. 移动、复制文件和文件夹

一般情况下，在整理文件和文件夹时使用移动操作，在备份文件和文件夹时使用复制操作。要复制或移动文件或文件夹时可采用以下任意一种方法。

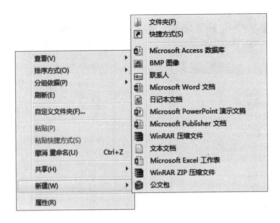

图2-22 新建文件夹菜单

方法一：通过快捷键复制或移动文件或文件夹。

（1）打开需要复制或移动的文件或文件夹所在的文件夹窗口，选中需要复制或移动的对象。

（2）如果要复制对象，则按【Ctrl+C】组合键；如果要移动对象，则按【Ctrl+X】组合键。

（3）打开目标文件或文件夹窗口，按【Ctrl+V】组合键，则要复制或移动的文件或文件夹就会被复制或移动到目标文件夹中。

方法二：通过窗口中的菜单命令复制或移动文件或文件夹。

方法三：通过鼠标拖动复制或移动文件或文件夹。通过鼠标拖动来复制或移动文件或文件夹时，需要先分别打开想要复制或移动的对象所在的文件夹窗口和目标文件夹窗口。

（1）在同一磁盘驱动器内。

①复制对象，可在按下【Ctrl】键的同时将对象拖动到目标文件夹窗口中。

②移动对象，可直接用鼠标将对象拖动到目标文件夹窗口中。

（2）在不同的磁盘驱动器内。

①复制对象，可直接将对象拖动到目标文件夹窗口中完成复制操作。

②移动对象，可在按下【Shift】键的同时将对象拖动到目标文件夹窗口中。

拖动还有一种更简便的方法，直接把移动对象"装"进该窗口去。例如，要把一个文件或文件夹移动到一个目标文件夹中，可以不打开目标文件夹，直接用鼠标拖动源文件或文件夹，当把源文件或文件夹拖动到目标文件夹上面时，松开鼠标按键，源文件或文件夹就被"装"进了目标文件夹中。

方法四：发送文件或文件夹。发送文件或文件夹也是一种复制形式，是把文件或文件夹复制到别的地方，操作方法：右击要发送的文件或文件夹，弹出快捷菜单，选择"发送到"命令，弹出级联菜单，如图2-23所示，根据需要选择一个选项，文件或文件夹就复制到了目标位置上。

图2-23 "发送到"快捷菜单

思考："复制"与"剪切"有什么区别？

8．删除与恢复文件和文件夹

计算机中的文件系统管理有序，有时为了节省磁盘空间，需要经常删除一些没有用的或损坏的文件和文件夹。

1）删除文件和文件夹

方法一：选中要删除的对象并右击，在弹出的快捷菜单中选择"删除"命令，弹出对话框如图 2-24 所示。如果单击"是"按钮，文件或文件夹就从当前位置删除并放入回收站。

方法二：选中要删除的对象，按住鼠标左键不放将其拖动到桌面上的"回收站"图标里。

方法三：选中要删除的对象，在窗口中，单击"文件"|"删除"命令。

方法四：按下【Delete】键。

以上 4 种方法是将被删除的文件和文件夹暂时放到"回收站"中，以后可以根据需要从"回收站"中恢复。

如果要从计算机中永久删除，可按【Shift+Delete】组合键，弹出图 2-25 所示"删除文件夹"对话框，单击"是"按钮即可。使用此方法删除的文件和文件夹不能恢复。

图2-24　"删除文件夹"对话框

图2-25　"删除文件夹"对话框

2）恢复被删除的文件或文件夹

（1）双击"回收站"图标，打开"回收站"窗口。

（2）如果全部还原，在回收站窗口工具栏上单击"还原所有项目"按钮；如果只还原某个文件或文件夹，右击选中该文件或文件夹，在弹出的快捷菜单中选择"还原"命令，如图 2-26 所示，文件或文件夹将还原到原来的位置。或者先选中该对象，选择"文件"|"还原"命令。

图2-26　"回收站"窗口

3）清空回收站

被删除的资料放在回收站里面，实际上仍然占用磁盘空间，如果确认资料不需要恢复，就可以清空回收站。操作步骤如下。

（1）打开"回收站"窗口。

（2）如果全部清空回收站的资料，在"回收站"窗口工具栏上单击"清空回收站"按钮。或者使用"文件"|"清空回收站"命令清空；如果只是删除某个对象，右击要删除的对象，在弹出的快捷菜单中选择"删除"命令，该对象被永久删除。

> 提示：从网络位置删除的对象、从可移动存储器删除的对象或超过"回收站"存储容量的对象将不被放到"回收站"中，而被彻底删除，不能还原。

9．设置文件和文件夹的显示方式和属性

（1）设置文件或文件夹显示方式。选择"工具"|"文件夹选项"命令，弹出图 2-27 所示的"文件夹选项"对话框，其中有"常规""查看""搜索" 3 个选项卡。

①"常规"选项卡。用来设置文件夹的常规属性。"浏览文件夹"设置文件夹的浏览方式；"打开项目的方式"设置文件夹通过单击还是双击打开项目。

②"查看"选项卡。设置文件夹的显示方式。在"高级设置"列表框中显示了有关文件和文件夹的一些高级设置，如"不显示隐藏的文件和文件夹""隐藏已知文件类型的扩展名"等。

③"搜索"选项卡。设置文件或文件夹的搜索内容和搜索方式等。

> 思考：如何将自己保密的数据文件隐藏起来，不被别的用户看到？

（2）设置文件或文件夹的属性。文件或文件夹的属性共包含 3 种：只读、存档和隐藏。用户可以按以下步骤设置文件或文件夹的属性。

①选定要设置属性的文件或文件夹。

②选择"文件"|"属性"命令，或右击该文件或文件夹，从弹出的快捷菜单中选择"属性"命令，在弹出的"文件（夹）属性"对话框中，用户可以查看该文件的类型、位置、大小、占用空间、创建时间、包含文件（夹）的个数和属性等，如图 2-28 所示。

图2-27　"文件夹选项"对话框

图2-28　"文件夹属性"对话框

③在"常规"选项卡中，选中或清除"属性"复选框就可以更改文件的属性。

④单击"确定"按钮。

10．创建快捷方式和设置快捷键

（1）创建快捷方式。为了快速启动应用程序和打开文件或文件夹，可以为其创建快捷方式，还可以将常用程序或工具的快捷方式放在桌面上，以方便用户使用。创建快捷方式的操作步骤如下。

①选定需要创建快捷方式的文件或文件夹。

②选择"文件"|"创建快捷方式"命令；或右击对象，在弹出的快捷菜单中选择"创建快捷方式"命令，如图 2-29 所示，即会在当前位置出现左下角带有"↰"的快捷方式图标。

③如果要将快捷方式放到桌面上，可在对象上右击，在弹出的快捷菜单中选择"发送到"|"桌面快捷方式"命令，即可在桌面上出现快捷方式图标。

提示：将文件夹快捷方式里面的文件删除，则创建快捷方式原来位置的文件夹也被删除。

（2）设置快捷键。在创建了桌面快捷方式后，用户还可以为其设置快捷键，用户直接按快捷键就可以快速打开文件或文件夹。操作步骤如下。

①右击要设置快捷键的对象，在弹出的快捷菜单中选择"属性"命令，弹出"属性"对话框。

②选择"快捷方式"选项卡，如图 2-30 所示。

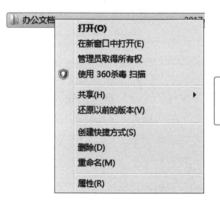
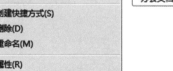

图2-29　创建快捷方式

图2-30　设置快捷键

③将光标移到"快捷键"文本框中，直接在键盘上按下所要设置的快捷键字符，即可产生【Ctrl+Alt+ 字符】的快捷键。如按下【5】，即可产生快捷键【Ctrl+Alt+5】。

④设置完毕后，单击"应用"按钮和"确定"按钮即可。

注意：快捷方式和快捷键并不能改变应用程序、文件、文件夹、打印机或网络中计算机的位置。它不是副本，而是一个指针，使用它可以更快地打开项目，删除、移动或重命名快捷方式均不会影响原有的对象。同一对象的快捷方式可以创建多个。

11．查找文件和文件夹

用户在使用 Windows 7 的过程中，如果需要快速找到某个不知道路径的文件或文件夹；或者需要查找某个日期范围内建立的文件或文件夹；或者是包含某些字符的文件或文件夹，都可以通过 Windows 7 提供的强大的文件查找工具，能够轻松快速地找到要找的目标。在"开始"菜单中可以在"搜索程序和文件"文本框中输入文件或文件夹的名称，单击"放大镜"按钮，开始搜索。在每个窗口中也有搜索文件和文件夹的按钮。

案例演练

一、创建文件夹

（1）打开 D 盘驱动器，右击窗口空白处，在弹出的快捷菜单中选择"新建"｜"文件夹"命令，输入文件夹的名称"人力资源规划"。按以上方法依次建立文件夹"人才招聘""培训开发""劳资关系""日常工作"。

（2）打开"培训开发"文件夹，单击"文件"｜"新建"｜"文件夹"命令，输入文件夹名"培训"，按【Enter】键。同样的方法创建"开发"子文件夹。

二、在文件夹中创建文件

（1）右击桌面空白处，在弹出的快捷菜单中选择"新建"｜"文件夹"命令，输入文件夹名称"备忘录"，然后双击打开"备忘录"文件夹窗口。

（2）右击"备忘录"文件夹窗口空白处，在弹出的快捷菜单中选择"新建"｜"文本文档"命令，输入文件名"完成任务"；同样，建立文件"未完成任务"。

（3）在导航窗格中选中"劳资关系"文件夹，然后右击窗口空白处，在弹出的快捷菜单中选择"新建"｜"Microsoft Word 文档"命令，输入文件名"职员信息"；同样的方法创建"工资信息"文件。

三、文件夹改名，并设置属性

在左侧的导航窗格中，单击 D 盘驱动器前的箭头，右击"劳资关系"文件夹，在弹出的快捷菜单中选择"重命名"命令，输入"劳资档案"名称，按【Enter】键结束输入。再右击"劳资档案"文件夹，在弹出的快捷菜单中选择"属性"命令，在"属性"对话框中选中"隐藏"复选框，依次单击"应用"和"确定"按钮，即可将此文件夹隐藏起来。

四、文件夹复制

打开 D 盘驱动器，右击"日常工作"文件夹，在弹出的快捷菜单中选择"复制"命令，然后打开 E 盘驱动器，右击 E 盘窗口空白处，在弹出的快捷菜单中选择"粘贴"命令。

五、创建快捷方式，移动文件夹

（1）右击桌面上的"备忘录"文件夹，在弹出的快捷菜单中选择"剪切"命令，然后打开"日常工作"文件夹，按下【Ctrl+V】组合键即可将"备忘录"文件夹移动到"日常工作"文件夹中。

（2）在窗口左侧的导航窗格中右击"日常工作"文件夹，在弹出的快捷菜单中选择"发送到"｜"桌面快捷方式"命令，即可在桌面上出现"日常工作"文件夹的快捷方式图标。

六、文件的删除与恢复

（1）打开桌面上"日常工作"文件夹快捷方式，再双击"备忘录"文件夹，在打开的窗口中选中"完成任务"和"未完成任务"文件，按下【Delete】键删除。

(2)打开"回收站"窗口，右击"未完成任务"文件，在弹出的菜单中选"还原"命令。

拓展实训

练习创建文件夹、记事本文件、画图文件，并利用快捷键完成复制、剪切、粘贴。创建快捷方式，并设置启动的快捷键。

扫一扫

实训提示

小 结

①文件和文件夹的查看、选择、创建、移动和复制操作是日常办公中应用最频繁的操作，方法。②要分清楚"复制"、"剪切"与"粘贴"之间的关系；区别复制与移动的不同之处。③熟练使用【Ctrl+C】、【Ctrl+X】和【Ctrl+V】组合键，能够提高工作效率。④了解"回收站"的属性，使用"回收站"可帮助用户挽回失误。⑤设置文件或文件夹的显示方式和属性，可以保护文件或文件夹，提高数据安全性。⑥为常用项目创建快捷方式可以方便日常工作，应掌握创建快捷方式的多种方法。

案例三 配置计算机和管理程序

案例展示

某公司职员重新整理系统资源，自定义"开始"菜单，更新桌面壁纸，卸载应用程序，如图2-31所示。

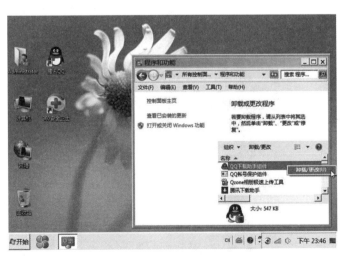

图2-31 桌面和控制面板的应用

案例分析

Windows 7提供了强大的个性化设置功能，用户可以根据个人喜好调整"开始"菜单、任务栏、定制个性化桌面。控制面板提供了丰富的工具，可以帮助用户对计算机的软硬件进行管理和维护，例如，可以轻松地完成添加／删除程序。

知识要点

- 桌面的设置和管理。
- 控制面板的使用方法。
- 磁盘管理和附件小程序的基本操作。

技能目标

- 能够调整"开始"菜单、任务栏、定制个性化桌面等，进行设置和管理。
- 熟练使用控制面板，可以轻松地完成添加／删除程序、安装和设置外围设备、控制用户账户、连接网络等工作。
- 能够通过磁盘管理工具可以对磁盘格式化、清理磁盘、整理磁盘碎片；通过附件小程序可以画画、计算、记备忘录、听音乐。

知识建构

一、个性化环境设置

1. 自定义"开始菜单"

用户可以根据自己的意愿设置"开始"菜单的显示方式、显示内容，并可添加或删除"开始"菜单中的程序。自定义"开始"菜单的操作步骤如下。

（1）右击任务栏的空白处，在弹出的快捷菜单中选择"属性"命令，打开"任务栏和「开始」菜单属性"对话框。

（2）切换到"「开始」菜单"选项卡，用户需要自定义「开始」菜单链接、图标和菜单的外观和行为时，单击右侧的"自定义"按钮，弹出"自定义「开始」菜单"对话框，如图2-32所示。在该对话框中可以调整「开始」菜单上的程序数目；也可以选择显示在"开始"菜单上的程序和显示方式。

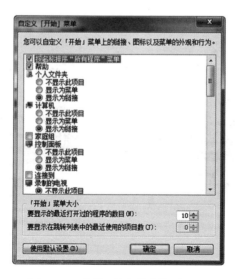

图2-32　"「开始」菜单"对话框

（3）完成以上设置后，单击"确定"按钮，返回到"任务栏和「开始」菜单属性"对话框。

2．自定义任务栏

用户可以根据需要调整任务栏的位置和大小，并可选择是否显示任务栏。

（1）移动任务栏。任务栏的默认位置位于桌面的底部。在取消任务栏锁定状态下，将鼠标指针指向任务栏的任一位置并按下鼠标左键拖动任务栏到屏幕的上下左右位置，即可改变其位置。将鼠标指针放于任务栏的上边框上，当鼠标指针变成上下方向箭头时，拖动鼠标可改变任务栏的大小。

（2）隐藏任务栏。为了能完整地浏览整个屏幕内容，可以将任务栏暂时隐藏起来。

3．自定义桌面

桌面是用户使用计算机工作时第一眼看到的界面，用户可以根据自己的喜好和需要进行个性化的桌面设置，Windows 7 中增强了桌面的自定义功能，使用户对桌面的自定义更加轻松，也使桌面更加个性化。

扫一扫 ●

拓展阅读：
**设置任务栏
隐藏**

1）桌面主题设置

桌面主题是桌面背景、窗口、系统按钮，声音、自定义颜色和字体等元素的集合。用户可以使用不同风格的桌面外观。Windows 7 提供了多种风格的主题，包括 Aero 主题、安装主题、基本和高对比度主题。桌面主题大多是由第三方主题（软件）来实现。用户可以根据需要切换不同的主题，操作步骤如下。

（1）右击桌面空白处，在弹出的快捷菜单中选择"个性化"命令。

（2）打开"个性化"窗口中，在"Aero 主题"区域单击主题选项，桌面主题即更换完成，如图 2-33 所示。

2）桌面背景设置

桌面背景又称壁纸。在 Windows 7 系统中，系统自带多张桌面背景图片，用户也可根据自己的喜好，下载图片更换背景图片，操作步骤如下。

（1）右击桌面空白处，在弹出的快捷菜单中选择"个性化"命令。

（2）在弹出的"个性化"窗口下方单击"桌面背景"图标，弹出"桌面背景"窗口，如图 2-34 所示。

图2-33　"桌面主题"设置

图2-34　"桌面背景"窗口

（3）用户可以在系统自带区域选择图片，单击"保存修改"按钮，完成背景的更换。

（4）用户也可以选择其他图片，单击图片位置后的"浏览"按钮，在弹出的"浏览文件夹"对话框中选择图片存放位置，单击"确定"按钮，返回"桌面背景"窗口，同时可以更改图片时间间隔，即对每多少秒更换一次图片等参数进行设置，设置完成后，单击"保存修改"按钮，完成背景的更换。

3）声音设置

声音主题是应用于 Windows 和程序事件中的一组声音。用户可以使用系统现有方案或使用保存修改后的方案，操作步骤如下。

（1）右击桌面空白处，在弹出的快捷菜单中选择"个性化"命令。

（2）在打开的"个性化"窗口下方单击"声音"图标，弹出"声音"对话框，如图 2-35 所示。

（3）用户单击程序事件列表框中的选项，可以选择系统声音方案，也可单击声音方案后的"另存为"按钮，选择对应的声音文件，单击"确定"按钮，完成声音的设置。

4）屏幕分辨率设置

屏幕分辨率是确定计算机屏幕上显示多少信息的设置，以水平和垂直像素来衡量。屏幕分辨率低，表示在屏幕上显示的像素少，尺寸比较大。屏幕分辨率高，表示在屏幕上显示的像素多，尺寸比较小。用户可以根据需要进行设置，操作步骤如下。

（1）右击桌面空白处，在弹出的快捷菜单中选择"屏幕分辨率"命令。

（2）单击"分辨率"下拉按钮，修改分辨率，如图 2-36 所示。

（3）单击"确定"按钮，完成屏幕分辨率的设置。

图2-35 "声音"对话框

图2-36 "屏幕分辨率"窗口

二、控制面板的使用

1. 控制面板设置

控制面板提供了对 Windows 7 本身和计算机系统进行控制和设置的丰富工具，用户可以使用控制面板更改 Windows 几乎所有的外观和工作方式设置。例如，帮助用户调整 Windows 的操作环境、控制用户账户、添加与删除各种硬件和程序、更改辅助功能选项。

Windows 7 对控制面板中的项目进行了分类，主要分为以下几大类："系统安全""网络和 Internet 连接""硬件和声音""程序""用户账户和家庭安全""外观和个性化""时钟、语言和区域""轻松访问"，每个大类中又包括许多小的设置选项。打开控制面板的操作方法如下。

方法一：在"开始"菜单中，单击"控制面板"菜单项，打开"控制面板"窗口，如图 2-37 所示。

方法二：打开"计算机"窗口，在左侧的导航窗口中选择"控制面板"选项。

方法三：打开"计算机"窗口，在窗口地址栏中输入"控制面板"并按【Enter】键。

"控制面板"窗口有两种显示方式，一种是经典视图窗口，一种是按类别分类的视图方式，以下的操作以经典视图窗口为例。

图2-37　"控制面板"窗口

2. 用户账户设置

在计算机中通过用户账户设置，可以多人共享一台计算机进行工作，每个人都可以使用用户名和密码访问自己的账户，管理和使用自己的文件和文件夹。Windows 7 系统中包括 3 种类型的账户，计算机管理员账户、标准账户和来宾账户。它们有不同的计算机控制级别，计算机管理员账户可以更改计算机所有的设置，标准账户是用户可以更改计算机的基本设置，来宾账户无权更改计算机设置。

1）创建新用户

首先以管理员的身份登录，创建新用户操作步骤如下。

（1）打开"控制面板"窗口，单击"用户账户"链接，再单击"管理其他账户"链接。

（2）打开"管理账户"窗口，单击"创建一个新账户"链接。

（3）在"创建新账户"窗口中，输入账户名称，设置账户类型，单击"创建账户"按钮，完成新账户的创建。

2）更改账户属性

（1）打开"控制面板"窗口，单击"用户账户"链接，再单击"管理其他账户"链接。

（2）打开"管理账户"窗口，选择需要修改账户的图标。

（3）在"更改账户"窗口中，可以更改账户名称、密码、图片、类型和删除账户等设置，单击"更改"按钮，完成更改账户的属性设置。

3. 安装和卸载应用程序

用户根据生活、工作、娱乐等方面的需求，需要在计算机中安装一些应用程序，有时也会因为某些应用程序长时间不用，占用大量计算机空间，影响计算机的运行速度，需要卸载应用程序。Windows 7 提供了卸载或更改程序的功能，便于用户对计算机内的资源进行设置。

1）安装应用程序

（1）下载要安装的应用程序，在安装包中找到扩展名为 .exe 的安装文件（例如 Setup.exe），双击该文件。

（2）根据安装步骤完成应用程序的安装。

2）卸载应用程序

（1）打开"控制面板"窗口，单击"程序和功能"链接。

（2）打开"程序和功能"窗口，在组织列表框中，右击要卸载的应用程序，在弹出的快捷菜单中选择"卸载"命令，如图 2-38 所示，根据卸载提示完成卸载操作。

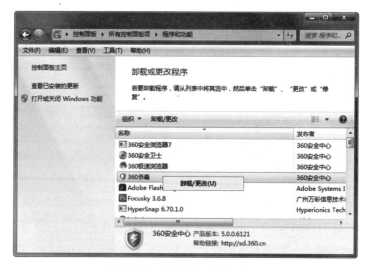

图2-38 "程序和功能"窗口

4．安装打印机

扫一扫

拓展阅读：
添加新的
硬件

安装打印机主要指的是装入打印机驱动程序，以使系统正确识别和管理打印机（如果打印机有 USB 接口，则不需要安装驱动程序）。用户可以通过 Windows 7 提供的"添加打印机向导"程序顺利地完成安装。

在开始安装之前，应了解打印机的生产厂商和类型，并使打印机的数据电缆与计算机相应的端口正确连接，然后接通打印机电源。安装打印机驱动程序的操作步骤如下。

（1）打开"控制面板"窗口，单击"设备和打印机"链接。

（2）打开"设备和打印机"窗口，单击"添加打印机"按钮，根据添加打印机向导完成打印机的安装。

5．添加输入法

输入法是用户使用计算机时用到一种打字方式，Windows 7 系统中有默认的几种输入法，用户也可以添加自己喜欢的输入方式。

1）添加输入法

通过"控制面板"添加新的输入法的操作步骤如下。

（1）打开"控制面板"窗口，单击"区域和语言"链接。

（2）弹出"区域和语言"对话框，选择"键盘和语言"选项卡，单击"更改键盘"按钮。

（3）弹出"文本服务和输入语言"对话框，选择"常规"选项卡，如图 2-39 所示，单击"添加"按钮，选择需要添加的输入法，单击"确定"按钮，完成输入法的添加。

图2-39　"文本服务和输入语言"对话框

扫一扫 ●

拓展阅读:
安装新字体

2）删除输入法

如果需要删除输入法，可以在"文本服务和输入语言"对话框的"常规"选项卡中单击"删除"按钮，完成输入法的删除。

6．设置键盘和鼠标

（1）键盘属性的设置。用户可以进行合理的键盘设置，以提高输入速度。

（2）鼠标属性的设置。Windows 系统提供了设置鼠标功能，包括使用鼠标"左手习惯"或"右手习惯"、鼠标双击速度、鼠标指针形状等。

扫一扫 ●

拓展阅读:
设置系统
时间

三、常用小工具程序

1．格式化磁盘

格式化磁盘就是给磁盘划分存储区域，以便操作系统把数据信息有序地存放在里面。如果新购磁盘在出厂时未格式化，那么必须先对其进行格式化后才能使用。有时因某种原因导致磁盘读写出错，经过格式化可以使磁盘重新正常使用。格式化磁盘将删除磁盘上的所有数据，并能检查磁盘上的坏区。通常格式化之前应先将有用的信息备份。

在格式化磁盘之前，应先关闭磁盘上的所有文件和应用程序。格式化磁盘的具体操作步骤如下。

扫一扫 ●

拓展阅读:
设置键盘
属性

（1）打开"计算机"窗口，右击准备格式化的磁盘驱动器，在弹出的快捷菜单中选择"格式化"命令。

（2）弹出"格式化磁盘"对话框，如图 2-40 所示。在对话框的"容量""文件系统""分配单元大小"列表中选择默认值。

（3）在"卷标"中输入用于识别磁盘内容的标识。

（4）在"格式化选项"选项区中，用户还可以根据需要选择是否"快速格式化"复选框。"快速格式化"一般用于对曾经已经格式化过的磁盘，并且不做磁盘错误检查。

（5）在格式化选项设置完毕后，单击"开始"按钮，系统将弹出如图 2-41 所示的警告对话框，提示格式化操作将删除该磁盘上的所有数据。

扫一扫 ●

拓展阅读:
更改鼠标工
作方式

（6）单击"确定"按钮，系统即开始按照用户的设置对磁盘进行格式化处理，并且在"格式化磁盘"对话框的底部实时地显示格式化磁盘的进度。

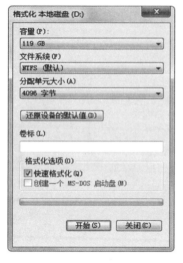

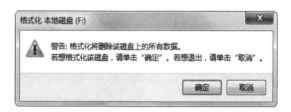

图2-40　"格式化磁盘"对话框　　　　　　　　　　图2-41　警告对话框

提示：C盘不要轻易格式化，否则计算机不能启动。

2. 磁盘驱动器的管理

1）磁盘属性

用户可以通过查看磁盘属性知道磁盘容量、已用空间及所剩的可用空间等信息，其操作步骤如下。

（1）打开"计算机"窗口，选中要检查的磁盘，然后选择"文件"|"属性"命令；或右击要查看的磁盘图标，在弹出的快捷菜单中选择"属性"命令，弹出对应的磁盘属性对话框，如图2-42所示。

（2）在"常规"选项卡中可以查看磁盘的容量、已用空间和可用空间等信息。还可以在"卷标"文本框中输入新的卷标（卷标是磁盘的一种标识）。

（3）在"工具"选项卡中可以检查磁盘卷中的错误，进行磁盘碎片整理和磁盘备份工作。在"硬件"选项卡中可以查看所有磁盘驱动器并对驱动器进行属性设置。在"共享"选项卡中可以进行网络共享和安全等设置。在"配额"选项卡中可以对磁盘驱动器进行"配额"设置。

2）磁盘碎片整理

在磁盘的使用过程中，由于经常进行添加、删除等操作，会使磁盘的空闲扇区分散在不同的物理位置上，从而造成文件在磁盘上不能连续存放的现象，这样，在读写这些文件时，磁头需要在磁盘的多个扇区来回移动，既影响系统读写速度，又造成磁盘利用率降低。所以，整理磁盘是很有必要的。磁盘碎片整理的操作步骤如下。

（1）选择"开始"|"所有程序"|"附件"|"系统工具"|"磁盘碎片整理程序"命令；或在磁盘"属性"对话框的"工具"选项卡中单击"立即进行碎片整理"按钮，打开图2-43所示的"磁盘碎片整理程序"窗口。

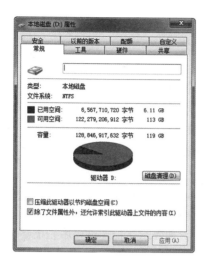

图2-42　"磁盘属性"对话框　　　　　　　　图2-43　"磁盘碎片整理程序"窗口

（2）在进行磁盘碎片整理前，应先对磁盘碎片进行分析，判断该驱动器是否需要整理磁盘碎片，若需要再开始进行整理。单击"磁盘碎片整理"按钮，磁盘碎片整理过程会显示在窗口右下角的"碎片整理显示"显示框中。

（3）磁盘碎片整理完成后，系统将弹出"碎片整理完毕"对话框，单击"确定"按钮即可。

磁盘经过碎片整理以后，运行程序速度加快的程度取决于原始磁盘碎片的数量和分布情况。如果原始磁盘碎片较多，而且碎片比较分散，经过碎片整理后，运行程序的速度将会大大提高。

3）磁盘空间管理

在使用计算机的过程中会产生许多没有用的临时文件和程序，时间一长，这些文件和程序会占据大量磁盘空间，因此需要定期对磁盘进行清理，以释放磁盘空间。操作步骤如下。

（1）选择"开始"|"所有程序"|"附件"|"系统工具"|"磁盘清理"命令，弹出"磁盘清理：驱动器选择"对话框，选择要清理的驱动器，单击"确定"按钮，系统开始计算可以释放的空间，如图 2-44 所示。磁盘清理完成后弹出如图 2-45 所示对话框。

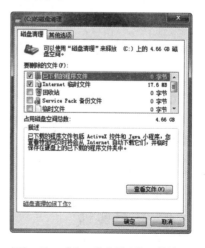

图2-44　"磁盘清理"对话框　　　　　　图2-45　"C：磁盘清理"对话框

（2）在"要删除的文件"列表框中选择要删除的文件类型。

（3）单击"确定"按钮，系统弹出对话框"确实要永久删除这些文件吗?",单击"删除文件"完成操作。

4）磁盘维护

磁盘维护指的是检查磁盘中是否存在错误，并修复磁盘的错误。Windows 7附带的"磁盘扫描程序"可以检测和修复硬盘与可移动磁盘上的错误。操作方法如下。

（1）打开"计算机"窗口，选中要检查的磁盘，单击"文件"|"属性"命令；或右击要查看的磁盘图标，在弹出的快捷菜单中选择"属性"命令，弹出对应的属性对话框。这里以 D 盘为例进行介绍。

扫一扫

拓展阅读：
Windows 7
的常用附件
程序

（2）在"工具"选项卡中，单击"开始检查"按钮，弹出"检查磁盘 本地磁盘（D：）"对话框。选中"自动修复文件系统错误"选项，能够在磁盘检测过程中修复文件系统错误；选中"扫描并试图恢复坏扇区"选项，则表示在检查过程中扫描整个磁盘，如果遇到坏扇区，扫描程序对其自动恢复。

（3）单击"开始"按钮，系统开始检查磁盘中的错误。"检查磁盘"对话框中将显示检查的进度。检查完毕后会自动弹出对话框，提示当前磁盘检查已经完成。

案例演练

一、设置"开始"菜单中程序的显示方式

（1）打开"自定义「开始」菜单"对话框，设置"游戏"的显示方式为菜单。

(2)将"「开始」菜单项目"列表中的"系统管理工具"选项设置为"在'所有程序'菜单和「开始」菜单上显示"。

二、定制任务栏托盘上的图标

打开"任务栏和「开始」菜单属性"对话框，单击"自定义"按钮，弹出"自定义通知"对话框，选择要定义的项目，在"行为"列表框中选择"隐藏"或"显示"即可。

三、设置个性化的桌面

（1）打开"个性化"窗口，单击"桌面背景"图标，更换桌面背景。

（2）打开"个性化"窗口，单击"窗口颜色"图标，更换窗口边框的颜色和字体显示的大小。

（3）打开"个性化"窗口，单击"屏幕保护程序"图标，设置屏幕保护的图形，以及等待时间。

四、卸载原来的旧软件

"程序和功能"窗口中，在"当前安装的程序"列表框中找到要卸载的应用程序，右击，选择快捷菜单中的"卸载"命令。

五、安装新的管理软件

双击安装程序文件，程序自动运行，根据安装向导的提示即可完成安装。

拓展实训

某公司职员重新整理操作系统设置，方便操作计算机。自定义"开始"菜单项；更新桌面壁纸，更改任务栏显示方式，便于操作；安装搜狗拼音输入法；清理计算机长时间使用产生的磁盘碎片，对磁盘空间进行清理和维护。

扫一扫

实训提示

小 结

①熟练将桌面、"开始"菜单、任务栏调整成自己喜欢的风格，提高工作效率。②通过控制面板提供的功能用户可以轻松地添加/删除软件、安装硬件并完成设置。③熟练使用 Windows 7 自带的小工具程序可以方便用户的日常工作。④磁盘管理工具可以帮助用户有效的使用磁盘；附件小程序可以完成一些简单的工作。

测 试 题

一、选择题

1. Windows 7 是一种（　　　）。

　　A. 编译系统　　　　　　　　　　　B. 杀毒软件

　　C. 操作系统　　　　　　　　　　　D. 数据库管理系统

2. 在 Windows 7 环境下，文件名最多可以输入（　　　）个字符。

　　A. 8　　　　　　　　B. 16　　　　　　　　C. 255　　　　　　　　D.355

3. Windows 的"开始"菜单包括了 Windows 系统的（　　　）。

　　A. 主要功能　　　　　　　　　　　B. 没有功能

　　C. 初始化功能　　　　　　　　　　D. 全部功能

4. 下面有关 Windows 7 删除操作的说法中，不正确的是（　　　）。

　　A. 从 U 盘中删除的文件或文件夹不能被恢复

　　B. 从网络硬盘中删除的文件或文件夹不能被恢复

　　C. 直接用鼠标将硬盘中的文件或文件夹拖动到回收站后不能被恢复

　　D. 硬盘中被删除的文件或文件夹超过回收站存储容量的不能被恢复

5. 将当前活动窗口图案复制到"剪贴板"中，可按（　　　）键。

　　A.【PrintScreen】　　　　　　　　B.【Alt+PrintScreen】

　　C.【Shift+PrintScreen】　　　　　　D.【Ctrl+PrintScreen】

6. 下面关于 Windows 窗口的描述中，（　　　）是不正确的。

　　A. 用户可以改变窗口的大小和在屏幕上移动窗口

　　B. 窗口是 Windows 应用程序的用户界面

　　C. Windows 的桌面也是 Windows 窗口

　　D. 窗口主要由边框、标题栏、菜单栏、工作区、状态栏、滚动条等组成

7. 打开 Windows 资源管理器，显示窗口的活动目录是（　　　）。

　　A. 收藏夹　　　　　　B. 库　　　　　　C. 计算机　　　　　　D. 网络

8. 在 Windows 系统中，关于窗口和对话框，下列说法正确的是（　　　）。

　　A. 窗口、对话框都可以改变大小

　　B. 窗口可以改变大小，对话框不可以改变大小

C. 窗口不可以改变大小，对话框可以

D. 窗口、对话框都不可以改变大小

9. 在 Windows 7 中，对"粘贴"操作错误的描述是（　　　）。

    A. "粘贴"是将"剪贴板"中的内容复制到指定的位置

    B. "粘贴"是将"剪贴板"中的内容移动到指定的位置

    C. 经过"剪切"操作后就能"粘贴"

    D. 经过"复制"操作后就能"粘贴"

10. 在 Windows 7 中的"D 盘驱动器"窗口中，如果要一次选择多个不相邻的文件或文件夹，应进行的操作是（　　　）。

    A. 依次单击各个文件

    B. 按住【Ctrl】键，并依次单击各个文件

    C. 按住【Shift】键，并依次单击各个文件

    D. 单击第一个文件，然后右击各个文件

二、填空题

1. 操作系统是计算机系统中的一种_____软件，是控制和管理计算机系统内的各种硬件和软件资源、有效地组织多道程序运行的程序集合，是用户与_____之间的接口。

2. 要安装或删除一个应用程序，必须打开_____窗口，然后使用其中的添加或删除程序功能。

3. 在 Windows 7 的菜单中，如果一个菜单的后面有"..."符号，说明在选择这个菜单项后，会出现一个_____。

4. 在 Windows 7 中，_____用来存放硬盘上被删除的文件或文件夹，需要时还可以通过_____命令将这些文件或文件夹恢复到原来的位置。

5. 在 Windows 7 中，如果只记得文件的名称而不知道它的具体位置，可以使用"开始"菜单中的_____来找到该文件。

6. 鼠标操作非常重要，_____是指连续快速地单击两次鼠标左键。通常，单击鼠标右键会弹出桌面对象的_____。

7. 在 Windows 7 操作系统中，文件名的类型可以根据_____来识别。文件或文件夹通常有_____、_____、_____三种属性。

三、上机操作题

1. 启动 Windows 7，打开"Administrator"窗口，做以下操作练习：

（1）最小化窗口，最大化窗口，然后再将窗口复原。

（2）适当调整窗口的大小，使滚动条出现，然后滚动窗口中的内容。

2. 定制任务栏，使其自动隐藏。在通知区域显示"地址栏"，然后再恢复原来设置。

3. 分别打开"附件"里的写字板、画图、记事本、计算器程序，做以下练习：

（1）以不同方式排列已打开的窗口（层叠、堆叠、并排显示）。

（2）通过任务栏和快捷键切换当前窗口，并试试看是否还有别的方法可以切换窗口。

4. 打开"资源管理器"窗口，然后进行以下操作。

（1）打开一个包含有子文件夹和文件的文件夹，然后在"查看"菜单中分别选"缩略图""平铺""图标""列表""详细信息"菜单项，观察"资源管理器"右窗格显示内容的变化。

（2）在"查看"→"排列图标"级联菜单中，分别选择"名称""大小""类型""按修改时间""按组排列""自动排列"等方式，观察"资源管理器"右窗格中内容的显示。

5. 在"计算机"或"资源管理器"窗口里完成以下操作：

（1）在 E 盘上新建名为"人事档案"和"考核记录"的文件夹。

（2）在"人事档案"里创建文件"财务室 .txt"和"财务室 .bmp"。

（3）给文件夹"人事档案"和文件"财务室 .txt"创建快捷方式。

（4）将"财务室 .txt"和"财务室 .bmp"复制到文件夹"考核记录"里。

（5）在"考核记录"文件夹里，将"财务室 .txt"改名为"财务人事 .txt"。

（6）删除文件夹"人事档案"。

（7）给文件夹"考核记录"创建桌面快捷方式。

（8）将"考核记录"文件夹移动到 D 盘上。

（9）查看"考核记录"文件夹的属性。

（10）从回收站中还原文件夹"考核记录"。

6. 用画图程序新建一个文件，自己制作一幅图画后命名为"Pic.bmp"，并把它设置为桌面背景。

扫一扫 ●

拓展阅读：
Windows 10

模块三

制作文档表格

单元导读

    Microsoft 公司推出的办公自动化套件充分利用 Windows 图形界面的优势，不但具有强大的文字处理功能，还具有表格处理、图形处理、图文混排等功能，它可以编辑文档、书写信函、撰写报告和论文等，它可以产生像书籍、报纸等一样的专业排版效果；它可以处理各种表格与图片，是目前办公环境中普遍使用的文字处理软件。

案例一　创建"篮球比赛海报"

案例展示

运用 Word 模板为学院的篮球比赛制作海报，如图 3-1 所示。

扫一扫

案例一视频

图3-1　"篮球比赛海报"样文

案例分析

运用 Word 模板制作海报，需要在 Word 中新建文档、选择合适模板，切换页面视图，在固定位置录入文本内容，最后保存文档。

知识要点

- Word 2010 启动与退出。
- Word 2010 工作界面（重点）。
- Word 2010 视图模式。
- Word 2010 文档操作（难点）。

技能目标

- 能自定义 Word 2010 工作环境。
- 能切换 Word 2010 视图。
- 能运用 Word 2010 模板创建文档。
- 能熟练操作 Word 2010 文档。

知识建构

一、启动和退出 Word 2010

1. Word 2010 的启动

启动 Word 2010 有多种方法，常用的方法有以下两种：

方法一：使用开始菜单方式启动。

单击"开始"|"程序"|"Microsoft Office"|"Microsoft Office Word 2010"，即可启动 Word 2010 工作窗口。

方法二：使用快捷方式启动。

在 Windows 桌面上如果有 2010 快捷方式图标，可直接双击该图标，如果在 Windows 桌面上没有该快捷方式图标，用户可建立该快捷方式，然后双击该图标即可启动。

2. Word 2010 的退出

退出 Word 时，系统首先关闭所有的文档，然后退出 Word。未被保存过或修改后未保存的文档，系统将提示是否保存该文档，用户根据需要，在屏幕显示的信息提示框中选择"是"或"否"。退出 Word 的方法常用的主要有以下几种：

方法一：单击"文件"|"退出"命令。

方法二：单击标题栏上的"关闭"按钮 。

方法三：使用【Alt+F4】组合键退出 Word。

二、认识 Word 2010

启动 Word 2010 后，屏幕出现图 3-2 所示的窗口。Word 窗口由标题栏、功能区、快速访问工具栏、编辑区、滚动条、状态栏、标尺等组成。

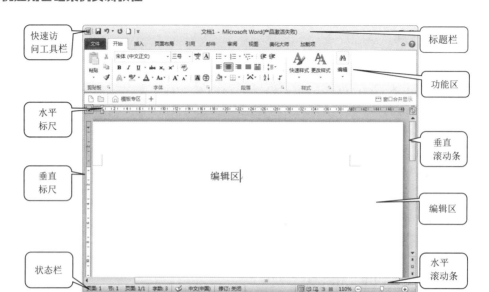

图3-2　Word 2010工作窗口

1．标题栏

标题栏位于窗口的最上方，显示了当前文档名、程序名，标题栏右边提供了"最小化""还原／最大化""关闭"按钮。标题栏左边是快速访问工具栏。

> 提示：双击标题栏可以将文档最大化，如果将窗口还原，移动鼠标指针到窗口边界，出现左右箭头时可以改变窗口大小，当窗口小时可以单击标题栏拖动窗口。

2．快速访问工具栏

快速访问工具栏位于标题栏左部，主要放置一些在编辑文档时使用频率较高的命令，如保存、撤销、恢复等。单击右侧的自定义工具按钮，可打开一个下拉菜单，选中其中的选项，可将其快捷方式添加到快速访问工具栏中。

3．功能区

功能区相当于 Word 2003 中的菜单栏，它以不同功能面板的形式提供了各种工具，即将大部分功能命令分类放置在功能区各个选项卡中，如"文件""开始""插入""页面布局""引用""邮件""审阅""视图"等选项卡，在每个选项卡中，命令又被分成了若干个组，如图 3-3 所示，要选择某项命令，可先单击命令所在选项卡的标签，切换到该选项卡，然后单击需要的命令按钮即可。

图3-3　功能区

4. 编辑区

编辑区即文档的编排区，用于录入文字、插入图像和表格等，在编辑区右下角有一个不停闪烁的光标，称为插入符，用于指示当前的编辑位置。

5. 状态栏

位于 Word 窗口下方的是状态栏，显示当前文档的总页码、当前页码、总字数、语言、视图方式等。通过"状态栏"最右侧工具条可快速调整页面的显示比例，如图 3-4 所示。

图3-4 状态栏

> 提示：①单击"状态栏"中的"插入"，就会变成"改写"，这时在光标处输入文字就会覆盖光标后面的文字，利用键盘上的【Insert】键也可以完成相应的操作。②按【Ctrl】键同时滚动鼠标轮可以调整显示比例。

6. 标尺

标尺分为水平标尺和垂直标尺。标尺上划有刻度和数字，用于调整左右页边距、设置段落缩进、改变栏宽以及设置制表位等。在页面视图中，编辑区的左侧还会出现垂直标尺，用于调整上下页边距、设置表格的行高等。显示或隐藏标尺，可以单击"视图"选项卡，标记或清除"标尺"菜单左侧的"√"记号。

7. 滚动条

滚动条分为水平滚动条和垂直滚动条，可以通过滚动条滚动文档，以便查看文档。可以拖动滚动条上的滑块、单击滚动箭头或单击空白区域，快速移到文档中的不同位置。

三、设置文档视图模式

屏幕上显示文档的方式称为视图。Word 2010 提供了五种不同的视图方式，分别为"页面视图""阅读版式视图""Web 版式视图""大纲视图""草稿视图"。不同的视图方式分别从不同的角度、按不同的方式显示文档，并适应不同的工作特点，以适应不同工作场合的需要。

视图切换的方法有两种，分别为：

方法一：通过"视图"选项卡左侧"文档视图"组中按钮进行切换，如图 3-5 所示。

方法二：通过窗口底部状态栏右边按钮切换，如图 3-6 所示。

图3-5 视图切换方式（视图选项卡）

图3-6 视图切换方式（状态栏）

下面介绍不同视图方式下的视图效果、特点及其用途。

1. 页面视图

页面视图是 Word 中最常用的视图之一，它按照文档的打印效果显示文档，具有"所见即所得"的效果。在页面视图方式下，可直接看到文档的外观以及图形、文字、页眉和页脚、脚注的和尾注的精确位置，用户在屏幕上就可以很直观地看到文档打印在纸上的样子。

2. 阅读版式视图

此视图主要用于用户阅读文档，而不是编辑文档。所以，在此视图方式下，"文件"按钮、功能区等窗口元素都被隐藏。文档则会以全屏分页的样式显示出来。在阅读版式视图下，用户可通过按键盘的方向键翻页，也可通过左上角的相关按钮，如为文档添加批注等方便阅读，此外，用户也可通过右侧"工具"按钮对阅读版面进行适当调整。

3. Web 版式视图

Web 版式视图主要用于编辑 Web 页和发送电子邮件。如选择 Web 版式视图，则编辑窗口将显示文档的 Web 布局视图。也就是说，页面将不再分页，所以也不会包含页眉和页脚。此时显示视图与使用浏览器打开该文档时的画面一样。

4. 大纲视图

此视图方式是以大纲的形式来显示视图。此时将以不同的大纲级别为基础来分级显示文档内容，可以隐藏或展开子级别的内容。此模式可便于了解文档结构，从而便于快速组织文档，所以广泛应用于长文档的快速浏览和设置。

> 提示：在大纲视图下，图片等将自动隐藏。

5. 草稿视图

在此视图下，将不显示图片、分栏和页眉页脚，仅显示文本内容，并以横向虚线的方式分页。此视图的原始目的是为了节省计算资源，提高系统的运行效率，可以理解为这是一种简化的页面视图方式。

四、Word 2010 文档操作

1. 创建新文档

无论用户希望编辑的是一篇文章、一个报告还是一个通知，在 Word 中都称为文档。

方法一：当启动 Word 2010 时，将自动创建一个名为"文档 1"的空白文档。

方法二：创建 Word 文档，可以单击"文件"|"新建"命令，在弹出的"新建文档"窗格中，单击"空白文档"，最后单击"创建"按钮即可，也可以双击"空白文档"。

方法三：单击文档标题选项卡右侧的加号，选择"空白文档"。

方法四：单击文档标题选项卡左侧的"新建"按钮。

方法五：按【Ctrl+N】组合健可快速创建一个空白文档。

方法六：使用模板新建文档。

Word 中的模板是一种特殊的文档，通过模板可以快速制作出相应的文档，基于同一模板生成的文档具有相同的样式设置、页面设置、分节设置等排版格式。Word 2010 的"模板"功能可以帮助用户轻松、快速地建立规范化的文档。

（1）创建模板。打开 Word 2010 文档窗口，单击"文件"｜"另存为"命令，打开"另存为"对话框，在"保存位置"列表框中选择"受信任模板"选项，在"文件名"文本框中输入模板名称，在"保存类型"下拉列表中选择"Word 模板（*.dotx）选项"，单击"保存"按钮即可。

（2）使用模板创建文档。除了用户自定义模板，在 Word 2010 中内置有多种模板，可以根据需要选择模板新建 Word 文档。方法如下：单击"文件"｜"新建"命令，在界面右侧打开新建文档的选项。在"可用模板"列表框中选择"我的模板"或"样本模板"，在打开的"新建"对话框中选择模板，在"新建"单选按钮组中选中"文档"单选按钮。

扫一扫 ●
拓展阅读：
打开文档

2. 保存文档

输入和编辑的文档只有保存在存储介质上才能长时间的存在，如果不保存，一旦断电、死机或系统发生意外而非正常退出 Word，最后一次输入的信息就会丢失。

（1）保存文档。保存文档的操作方法有三种。

方法一：单击"文件"｜"保存"命令。

方法二：单击快速访问工具栏上的"保存"按钮。

方法三：按【Ctrl+S】组合键。

弹出"另存为"对话框，确定文档的保存位置，为文档命名，单击"确定"按钮即可。文档保存时默认类型为 Word 文档，即扩展名为 .docx。

（2）另存为。"另存为"即"更名保存"。操作方法是：单击"文件"｜"另存为"命令，弹出"另存为"对话框，重命名后单击"保存"按钮即可。

提示：将 Word 文档另存为 PDF 格式，这是一种版权保护的思维。

案例演练

1. 新建文件

启动 Word 2010，单击"文件"｜"新建"命令，在"Office.com 模板"中搜索"海报"，双击"高校篮球热身赛海报"。（也可以打开 https://office.com 模板和主题网页，查看所有类别，找到"高校篮球热身赛海报"，单击下载之后双击打开即可。）

扫一扫 ●

拓展阅读：
自动保存

2. 录入文字

在"页面视图"中，调整合适的显示比例，在文档中相应的位置双击，录入图 3-1 所示的文字。也可以将状态由"插入"设置为"改写"，光标放在文字的前面，充分发挥自己的创意录入文字内容。

3. 保存文档

单击"文件"｜"保存"命令，文件名为"比赛海报"，保存在以自己名字命名的文件夹中。

拓展实训

运用 Office 在线模板，撰写一封求职信，如图 3-7 所示。

扫一扫

实训提示

扫一扫

实训视频

图3-7　"求职信"样文

小　结

①Word 2010可以轻松完成文字录入、编辑与排版工作，生成专业水平的公文文书，比较适合办公需要。②在编辑过程中，插入点的位置不可忽略，很多操作都与之密切相关。③在编辑过程中，注意改写和插入状态的区别。④中英文输入法切换的组合键为【Ctrl+ Space】；在多种输入法之间切换的组合键为【Ctrl+Shift】。

案例二　编辑"商品售后卡"

扫一扫

案例二视频

案例展示

在Word 2010中录入并编辑"商品售后卡"文本内容，如图3-8所示。

案例分析

运行Word 2010新建文档，录入文本、插入符号和编号，在录入过程中同时进行移动、复制、替换、繁简转换、翻译、删除、撤销、恢复等编辑操作，最后保存文档。

知识要点

● 文本录入方法（重点）。

● 文本选定方法。

图3-8 "商品售后卡"样文

- 文本编辑方法（难点）。

- 能熟练录入文字、符号、公式等各种文本。
- 能准确快速选定文本。
- 能熟练编辑文本内容。

知识建构

一、文本录入

文本是文字、符号、特殊字符和图形等内容的总称。启动 Word 后，在编辑区可以直接输入文本。

1. 插入状态和改写状态

插入状态和改写状态是输入文本时 Word 的两种工作状态。"插入"和"改写"两种状态可以互相转换，即按【Insert】键或双击状态栏上的"改写"标记。默认的编辑状态为插入状态。

常用键及功能如表 3-1 所示。

表3-1　常用键及其功能

按　键	功　能	按　键	功　能
←	向左移动一个字符	Home	移动到当前行首
→	向右移动一个字符	End	移动到当前行尾
↑	向上移动一行	Page Up	移动到上一屏
↓	向下移动一行	Page Down	移动到下一屏
Ctrl + ←	向左移动一个单词	Ctrl + Home	移动到屏幕顶部
Ctrl + →	向右移动一个单词	Ctrl + End	移动到屏幕底部
Ctrl + ↑	向上移动一个段落	Ctrl + Page Up	移动到上一页的开头
Ctrl + ↓	向下移动一个段落	Ctrl + Page Down	移动到下一页的开头

2. 插入字符

在一个字符前插入其他字符时，先将插入点置于目标处，然后输入字符，插入点以后的字符依次后移。

3. 插入符号或特殊字符

当用户输入一些不能直接从键盘输入的特殊字符时可以使用"软键盘"，但此方法输入的符号不够丰富，此时可以单击"插入"选项卡中"符号"下拉按钮，单击"其他符号"，弹出"符号"对话框，如图 3-9 所示，找到符号单击"插入"按钮或双击符号。

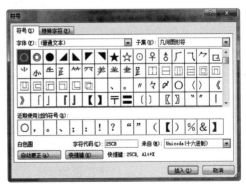

图3-9　"符号"对话框

4. 插入编号

对于不常用的编号可以采用插入编号的方法，具体操作方法是单击"插入"选项卡中"编号"命令,就会弹出对话框,在"编号"文本框中录入要插入的编号序号,用数字123这样的字样录入即可,然后选择相应的编号类型,单击"确定"按钮即可。

5．插入公式

单击"插入"选项卡中"公式"命令可以插入数学、化学中的各类公式。单击"插入"选项卡中"公式"命令,打开"公式"选项卡,如图3-10所示,即可插入公式。

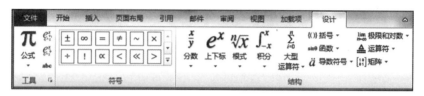

图3-10　公式选项卡

提示:在录入公式时,先选择相应的结构,在录入的同时选择相应的符号。对于一些常用公式,在"公式"下拉列表中都有提供,直接选择插入即可。

6．插入文件

编辑文档时,将另一文件所有内容插入到当前位置,可使用"插入文件"命令完成。步骤如下:单击"插入"选项卡中的"对象"下拉按钮,选择"文件中的文字",弹出"插入文件"对话框,在"文件类型"中选择文件类型,在"文件名"中选择文件的名称,单击"插入"按钮即可。

7．插入当前日期和时间

在文档中可插入日期和时间,步骤如下:单击"插入"选项卡中的"日期和时间"命令,弹出"日期和时间"对话框,选中"自动更新"复选框,可在打印文档时自动更新日期和时间。如果该复选框未选中,那么文档将始终打印插入时的日期或时间。

8．删除文本

用【Backspace】键或【Delete】键逐个删除字符,如果要删除大量的文字,先选定要删除的内容,再进行删除操作。

提示:如果逐个删除字符,【Backspace】键删除光标前面的内容,【Delete】键删除光标后面的内容。

二、文本编辑

1．选定文本

在对文本进行移动、复制或设置格式等操作时,通常需要先选择相应的文本,然后进行后续的操作。选择文本常用的方法是使用鼠标选定文本。将光标移到要选定文本的开始位置,按下鼠标左键,拖动鼠标到要选定的文本的最后位置,放开鼠标左键。此时鼠标拖动经过的文本背景变为蓝色,这就是被选定的文本。还可使用如下方法选择文本。

(1) 选定一个词:双击要选定的词即可。

（2）选定整个句子：按下【Ctrl】键，单击句中任意位置。

（3）选定一行：将鼠标指针移动到该行的左侧选定栏内，当指针变为右箭头时单击。

（4）选定多行：将鼠标指针移动到段落的左侧选定栏内，当指针变为右箭头时，按住鼠标左键向上或向下拖动指针即可选定多行文本。

（5）选定一段：将鼠标指针移动到段落的左侧选定栏内，当指针变为右箭头时，双击，或在段落中任意位置三击。

（6）选定多段：将鼠标指针移动到段落的左侧选定栏内，当鼠标指针变右箭头时，双击并向上或向下拖动鼠标即可。

（7）选定垂直区域：将插入点置于区域的一角，然后按住【Alt】键，拖动鼠标指针到区域的对角，即可选定一个垂直区域文本。

> 提示：此操作可通过【Shift】键配合键盘方向键或【Page Up】、【Page Down】键来完成，例如，按【Shift+→】组合键，选中当前光标所在位置后侧一个字符。

（8）配合【Shift】键选定区域：将插入点置于选定的文本之前，确定要选择文本的初始位置，移动光标到欲选文本末端，按住【Shift】键，单击即可。这种方法往往用于连续大区域文本的选择。

（9）配合【Ctrl】键选定不连续区域：按住【Ctrl】键，按住鼠标左键逐一选择文本即可。

（10）选定整篇文档：将鼠标指针移动到段落的左侧选定栏内，当指针变为右箭头时，三击鼠标左键即可，也可使用【Ctrl+A】组合键。

> 提示：若要取消选中的文本，可用单击文档内的任意位置即可。

2．复制、剪切与粘贴

常见的文本操作主要有移动、复制、粘贴等。对于重复出现的文本，只要复制即可，对放置不当的文本，可快速将其移动到合适位置。移动与复制不仅可以在同一文档中使用，还可以在多个文档之间进行。移动和复制文本常用的方法有三种：第一种是使用鼠标拖动；第二种是使用"开始"选项卡中的复制、剪切、粘贴命令；第三种是使用快捷键。

1）移动文本

在文本的编辑过程中，常常需要将某些文本从一个位置移动到另一个位置。移动文本可以用鼠标，也可以通过剪贴板来实现。

方法一：利用鼠标拖动的方法，适合近距离移动。操作方法如下：选定文本，移动鼠标指针到选定文本上，当指针变右箭头时按住左键拖动到目标位置，松开左键即可。

方法二：利用剪贴板的方法。用"开始"选项卡上使用"剪切"和"粘贴"按钮，通常用在要把所选文本移到较远的位置。操作步骤如下：选定要移动的文本，单击"开始"选项卡上的"剪切"按钮或右击选择"剪切"，此时所选的文本复制到剪贴板上，此文本从文档中删除。把光标移到要目标位置，单击"开始"选项卡上的"粘贴"按钮或右击选择"粘贴"，此时剪贴板上的文本粘贴到当前插入点的位置，完成了移动操作。

方法三：使用组合键【Ctrl+X】是剪切，【Ctrl+V】是粘贴。

提示：Word 2010 提供三种粘贴选项，分别为"保留源格式""合并格式""只保留文本"。其中"保留源格式"是指粘贴后格式不变，"合并格式"是指文本格式自动与当前文本格式一致，"只保留文本"是不带格式的纯文本粘贴。

2）复制文本

文本复制的操作和文本移动的操作很相似。

方法一：在短距离内用鼠标拖动的方法，在移动文本的同时按住【Ctrl】键。

方法二：在较长距离复制文本时，可利用剪贴板来复制更为方便。步骤如下：选定要复制的文本，单击"开始"选项卡上的"复制"按钮，将光标移到目标位置，单击"开始"选项卡上的"粘贴"按钮，此时剪贴板上的文本粘贴到目标位置，即完成复制操作。

方法三：使用组合键【Ctrl+C】复制，【Ctrl+V】粘贴。

3）剪切板

要实现连续多次的、在多个文档之间的复制与粘贴，可利用剪贴板来完成。在"开始"选项卡上单击"剪切板"右侧按钮，即可打开剪贴板。操作方法：单击"剪贴板"任务窗格的"全部粘贴"按钮，Office 剪贴板中的全部内容将被粘贴到插入符所在位置。若只粘贴其中的内容，单击"剪贴板"窗格中相应图标即可。在粘贴操作完成后，粘贴项目右下方出现"粘贴选项"标记，单击其下拉按钮可对剪贴板进行设置。

3．撤销与恢复

如果误删或排版时出现失误，可以单击快速启动工具栏工具栏上的"撤销"按钮，或按【Ctrl+Z】组合键，使文本恢复原来的状态。如果还要取消再前一次的操作，可继续单击"撤销"按钮。单击常用工具栏的"恢复"按钮，或按【Ctrl＋Y】组合键，其功能与"撤销"按钮正好相反，它可以恢复被撤销的一步或若干步操作。

提示：常用组合键有以下几种。

【Ctrl+N】——新建文件	【Ctrl+C】——复制	【Ctrl+Z】——撤销
【Ctrl+O】——打开文件	【Ctrl+V】——粘贴	【Ctrl+Y】——恢复
【Ctrl+S】——保存文件	【Ctrl+X】——剪切	

4．查找和替换

在编辑文本时，如果用手工方法查找（或替换）文字以及符号，工作量大且易出错。Word 为我们提供的"查找和替换"功能，可以对文字甚至有格式的文字以及一些特殊字符进行查找和替换，它能快速准确"查找"或"替换"，使整个文档修改变得迅速有效。

1）查找文本

（1）查找。单击"开始"选项卡"编辑"组"查找"按钮即打开"导航区"，也可按【Ctrl+F】组合键，在其中输入要查找的内容并按【Enter】键，即可在文档中查找文字，查找到的文字显示为黄色背景。

（2）高级查找。单击"开始"选项卡"编辑"组中"查找"按钮右侧的下拉按钮，会弹出下拉菜单，在下拉菜单中单击"高级查找"，可打开"查找和替换"对话框，如图3-11所示，在"查找内容"编辑框中输入要查找的内容，单击"查找下一处"按钮，系统将从插入点开始查找，然后停在下一处出现要查找文字的位置，查找到的内容呈反色显示。

（3）转到。单击"开始"选项卡"编辑"组中"查找"按钮右侧的下拉按钮，会弹出下拉菜单，在下拉菜单中单击"转到"，可打开"查找和替换"对话框的"定位"选项卡，如图3-12所示。

图3-11 "查找和替换"对话框

图3-12 "定位"选项卡

2）替换文本

单击"开始"选项卡"编辑"组中"替换"按钮，弹出"查找和替换"对话框。在"查找内容"文本框中输入要查找的内容，在"替换为"文本框中输入要替换的内容。如果需要将查找到的内容全部替换成"替换为"文本框中的内容，单击"全部替换"按钮即可。如果只需将查找到的内容部分替换，则单击"查找下一处"按钮查找，查找到需要替换的内容后，单击"替换"按钮即可将其替换。

> 提示：进行查找和替换操作时，应注意搜索规则，如搜索范围的设置、是否区分全角半角、是否区分大小写、是否全字匹配、是否使用通配符？和*，是否查找带格式文本等，这些操作均可单击"高级"按钮完成设置。

三、校对

1. 拼写与语法检查

拼写检查具体的操作是单击"审阅"选项卡中"校对"组中"拼写的语法"按钮。英文拼写检查主要有语法和拼写错误检查。中文语法检查包括错别字、非单词错误、语法错误、重字错误、数字输入错误、拼音词组输入错误等。一般拼写错误用红色波浪线提示，语法错误用绿色波浪线提示。

2. 自动关闭拼写语法检查

单击"文件"|"选项"命令，在弹出的"Word选项"对话框中单击"校对"，清除"在Word中更正语法和拼写"下面四个复选框中的对钩，单击"确定"按钮即可，如图3-13所示。

3. 字数统计

用户可以在状态栏中实时查看当前文档字数，要获得更多信息，单击"审阅"选项卡中的"字数统计"按钮，在对话框可以看到页数、字数、段落数等，如图3-14所示。

图3-13 自动关闭拼写语法检查

图3-14 字数统计

案例演练

1. 录入文本

（1）新建 Word 文档，按照图 3-8 样文录入文本内容。

（2）切换输入法，分别输入文中汉字、英文和数字等字符。其中"COMMODITIES PARAMETERS"可运用翻译功能和大小写转换功能。

（3）插入符号键盘上的符号可直接输入，其他符号可运用"插入"选项卡中的"符号"组查找输入。

2. 编辑文本

在输入文本的过程中，同时打开"开始"选项卡中的"剪贴板"，反复出现的文本（符号）可直接在剪贴板上进行复制粘贴，同时灵活运用编辑功能，可提高准确度和速度。

拓展实训

（1）打开"商业计划书素材"，编辑"商业计划书"文本内容，样文如图 3-15 所示。

商业计划书			
项目名称	中小型自走式玉米青贮饲料收获机的开发与推广		
团队形式	□个人 ■工作室	成立时间	2015.5
办公地址	兰州大学 (Lanzhou University)	所处行业	农机设备制造
所处阶段	□创意 □研发 √产品开发 □试运营 □市场拓展		
联系方式	联系人	成珠美	电话	0921-20365987
	传真	0921-20365987	E-Mail	294387747@qq.com
项目摘要	中小型自走式玉米青贮全价饲料收获机是指在收获玉米的过程中，利用拖拉机带动玉米收割、粉碎机械将玉米果穗、秸秆自动粉碎、回收，并进行青贮，作为全价饲料用于养殖业。该产品主要用于广大玉米农户、饲料加工企业和养殖企业收获玉米秸秆加工青贮饲料。本产品的技术创新点在于克服了现有的某些大型玉米联合收获机体型笨重，对行收割、收获玉米时过度倾轧农田且复杂地形无法操作的缺点，并在进行收获作业时改变将玉米秸秆粉碎后撒西在地里的传统做法，而是将玉米果穗和秸秆一同收割、粉碎、青贮，作为一种优质的全价饲料用于养殖业且本产品价格便宜、性价比高，适合西部欠发达地区玉米种植分散、地况复杂的特点以至具具以下几项优势： ①极大地提高了玉米的资源利用率和经济效益； ②大大降低了农民的劳动强度并增加了农民收入； ③增强了农民种植的积极性。 项目目前已试制出样机 2 台，并已投入试用。通过一个多月的收割试用，表明该机适合各种复杂玉米地块，机械性能稳定、收获效率高且已创造了可观的经济效益。项目完成时，产品通过有关部门鉴定、达到批量生产阶段并拥有自主知识产权。		
团队架构	未来团队构架 团队形式：有限责任公司 股东构成：大学生创业团队+民营投资者+天使投资者		

图3-15 "商业计划书"样文

要求：

①切换为"页面视图"。

②删除工作室前的符号"□"，输入"■"；删除产品开发前的"□"，输入"✓"。

③将"開發與推廣"变成简体字。

④在兰州大学后面输入"（Lanzhou University）"。

⑤将全文所有的"青（黄）贮"替换为"青贮"

⑥将"且本产品价格便宜、性价比高，适合西部欠发达地区玉米种植分散、地况复杂的特点"这段文字移动到"优质的全价饲料用于养殖业"和"以下几项优势："中间。

⑦在"极大地提高了玉米的资源利用率和经济效益；"和"大大降低了农民的劳动强度并增加了农民收入，"和"增强了农民种粮的积极性，"前分别录入编号①②③。

（2）输入图 3-16 样文中的符号和公式。

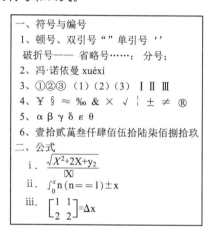

一、符号与编号
1、顿号、双引号""单引号''
破折号—— 省略号……：分号；
2、冯·诺依曼 xuéxí
3、①②③ （1）（2）（3） Ⅰ Ⅱ Ⅲ
4、￥ § ≈ ‰ & × √ ¦ ± ≠ ®
5、α β γ δ ε θ
6、壹拾贰萬叁仟肆佰伍拾陆柒佰捌拾玖
二、公式
ⅰ. $\dfrac{\sqrt{X^2+2X+y_2}}{|X|}$
ⅱ. $\int_0^x n\,(n==1)\pm x$
ⅲ. $\begin{bmatrix} 1 & 1 \\ 2 & 2 \end{bmatrix}=\Delta x$

图3-16　"符号和公式"样文

扫一扫

实训视频

小　　结

① Word 文字输入和编辑知识相对琐碎，如果能熟练应用，对今后的工作会有很大的帮助。②在编辑过程中，如果想提高操作速度，快捷键的使用必不可少，所在学习过程中要有意识地让自己多应用相应的快捷键。

案例三　格式化"个人简历"

案例展示

在 Word 中对"个人简历"进行格式化设置，如图 3-17 所示。

图3-17 格式化"个人简历"样文

扫一扫

案例三视频

案例分析

在 Word 2010 对"个人简历"格式化，需要在 Word 中对不同的文本内容设置相应的字符格式、段落格式和页面布局，使整个页面条理清晰，层次分明，最后保存文档。

知识要点

- 字体格式（重点）。
- 段落格式（难点）。
- 页面布局。

技能目标

- 能根据要求熟练设置各种字符格式。
- 能根据要求熟练设置各种段落格式。
- 能熟练设置页面格式。

知识建构

一、字符格式化

1. 利用"字体"组

在 Word 2010 中设置文本格式主要使用"开始"选项卡的"字体"组，如图 3-18 所示。

设置字体的属性时应先选择文本，然后再进行操作。可以在"字体"选项卡中设置字体、字号、字体颜色、下画线等。具体用法如下：

（1）字体：单击"字体"组中"字体"下拉按钮，在展开的列表中选择所需要的字体。字体有三种，第一种是中文字体，例如宋体、黑体。第二种是英文字体，例如 Arial、Calibri。第三种是符号字体，例如 Wingdings、Webdings。英文字体只对英文起作用，中文字体只对中文起作用。

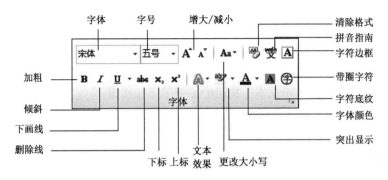

图3-18 字体选项组

（2）字号：单击"字体"组中"字号"下拉列表框右侧的下拉按钮，在展开的列表中选择所需要的字号。字号的表示方法有两种：一种是以"号"为单位，如初号、一号、二号……数值越大，字号越小。另一种是以"磅"为单位，如10、10.5、12、14……数值越大，字号也越大。用户也可直接单击"字号"列表框并输入所需字号的磅值。在"字号"列表框右侧，$\textbf{A}^{\wedge}$为增大一个字号，$\textbf{A}^{\vee}$为减少一个字号。

（3）字形与效果：字形包括加粗、倾斜、下画线。单击相应的按钮可为所选文本设置相应字形。也可利用组合键，【Ctrl+B】为加粗，【Ctrl+I】为倾斜，【Ctrl+U】为加下画线。效果包括删除线、上标、下标、字体颜色。单击按钮可为所选文本设置相应效果。

（4）边框底纹：底纹是字符底纹，即只是针对所选文字设置灰色底纹，同一行中所选文字以外的地方将不设置。边框是字符边框，即对所选文本设置黑色细线边框，如果选中多行文本，则每一行都有上下边框。

（5）其他：还有五种设置，分别是文本效果、以不同颜色突出显示文本、带圈字符、拼音指南、清除格式。

"清除格式"按钮就是清除所选文本设置的所有格式，将其恢复为系统默认格式。

单击"拼单指南"按钮，打开"拼音指南"对话框，默认情况下，系统会自动为选中文本添加拼音，只需要在"对齐方式"下拉列表框中选择拼音对文本的对齐方式，在"偏移量"编辑框中输入拼音距文本的距离，在"字号"下拉列表中选择拼音字号，如图3-19所示，然后单击"确定"按钮即可，效果如图3-20所示。

图3-19 "拼音指南"对话框

sònglíngchè
送 灵 澈

cāngcāngzhúlín sì　yǎoyǎozhōngshēngwǎn
苍 苍 竹 林 寺，杳 杳 钟 声 晚。
hé lì dài xiéyáng　qīngshān dú guī yuǎn
荷 笠 带 斜 阳，青 山 独 归 远。

图3-20 加注拼音效果

注意：为字符添加拼音后，若要删除拼音，可再次选中添加拼音的字符，打开"拼音指南"对话框，单击"清除读音"按钮。

单击"以不同颜色突出显示文本"按钮 右侧的下拉按钮，可在弹出的下拉列表中设置所选文本的背景颜色，从而突出显示文本。

单击"带圈字符"按钮 ，打开"带圈字符"对话框，如图 3-21 所示，在"样式"设置区，选择缩小文字还是增大圈号，在"圈号"列表框中选择圈号的形状，如○形，最后单击"确定"按钮。

图3-21 设置带圈字符

提示：在使用"拼音指南"按钮前可以选中多个文字，而使用"带圈字符"按钮时，只能选择一个汉字或者最多 2 位数数字。

单击"文本效果"按钮，可以选择现有的文本效果，也可以自由设置文本的轮廓、阴影、映像、发光。例如在"轮廓"中可以设置轮廓颜色、线型、粗细，也可设置无轮廓。

2. 利用"字体"对话框

单击"字体"组右下角的对话框启动器，可以打开"字体"对话框，在"字体"选项卡中可以设置字体、字号、字形、效果、字体颜色、下画线线型、下画线颜色、着重号，在预览框中可以看到预览效果；也可选中文本，在文本上右击，选择"字体"；也可使用组合键【Ctrl+D】。单击"字体"对话框中"高级"选项卡，可以设置"缩放""间距""位置"等项目。

二、段落格式化

段落是指两个相邻回车符之间的内容。段落格式主要包括：段落缩进、对齐方式、行间距、段落间距等。设置段落属性时可先选择多个段落，或将插入点移到要设置属性段落中的任意位置，再进行属性设置。

1. 利用"段落"组

在 Word 2010 中，可以通过"开始"选项卡的"段落"组（见图 3-22）对文本段落格式进行设置。

1）段落设置

（1）Word 提供了 5 种段落对齐方式：左对齐、居中对齐、右对齐、两端对齐和分散对齐。

（2）"行和段落间距"按钮 ，主要用于设置段落中的行距和调整段前段后间距。

（3）"减少缩进量"按钮 可减少整个段落的左侧缩进量；"增加缩进量"按钮 可增加整个段落的左侧缩进量。

（4）"排序"按钮 ，用于段落排序，可使所选段落按照每个段落首字拼音或笔画排序。

（5）"显示隐藏标记"按钮 ，用于隐藏或显示编辑标记，如显示分节符、分页符等。

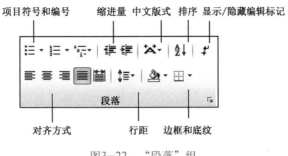

项目符号和编号　缩进量　中文版式　排序　显示/隐藏编辑标记

对齐方式　行距　边框和底纹

图3-22　"段落"组

2）边框

在Word中，给文本添加边框，首先应选定要添加边框的文本。然后对于不常见边框，可展开边框下拉列表，单击"边框和底纹"按钮，在弹出的"边框和底纹"对话框里设置边框，如图3-23所示。对于常用边框，也可在边框下拉列表选择相应的边框。

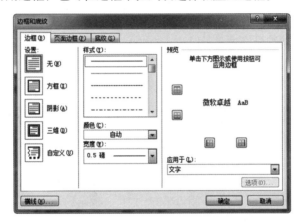

图3-23　"边框的底纹"对话框

提示：在"边框和底纹"对话框中可以设置页面边框，而且页面边框可以设置为艺术型。

3）底纹

在Word中，给文本添加底纹首先要选定要添加底纹的文本。对于用过的底纹，可以直接单击"底纹"按钮，或者单击"底纹"下拉按钮，选择其他颜色，对于其他样式，需要在"边框和底纹"对话框里进行设置。

提示：在边框和底纹的设置中，请注意应用于"文字"和"段落"的区别；在底纹设置中注意填充颜色和图案颜色的应用。

4）项目符号

项目符号和编号是相对于段落而言的，加入项目符号和编号能使文档条理分明、层次清晰，便于阅读和理解。加入项目符号和编号后，如果增加、移动或删除段落，Word将会自动更正或调整编号。

设置项目符号的步骤为：

（1）将光标定位在要设置项目符号的段落中或选定要添加项目符号的段落。

（2）单击"项目符号"按钮将为段落添加"●"这样的符号，如果单击"项目符号"下拉按钮，将出现一个下拉列表，根据需要选择相应的项目符号。

（3）如果需要自己定义项目符号，可以在下拉列表中选择"定义新项目符号"，弹出"定义新项目符号"对话框，可以设置符号、图片、字体、对齐方式，如图3-24所示，根据需要进行相应设置。

（4）单击"确定"按钮即可。

5）项目编号

设置编号的步骤为：

（1）将光标定位在要设置编号的段落中或选定要添加编号的段落。

（2）单击"编号"按钮将段落设置为1、2、3……的编号样式，如果单击"编号"下拉按钮，将出现一个下拉列表，根据需要选择相应的编号。

（3）如果需要定义新编号格式，可以在下拉列表中选择"定义新编号格式"，弹出"定义新编号格式"对话框，可以设置编号样式、编号格式、对齐方式，如图3-25所示，根据需要进行相应设置。

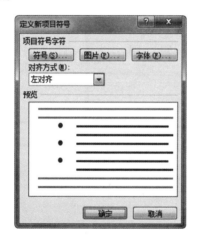 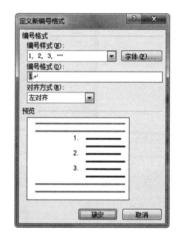

图3-24　"定义新项目符号"对话框　　图3-25　"定义新编号格式"对话框

（4）单击"确定"按钮即可。

设置"多级列表"时，首先为要设置格式的段落选择一种列表级别，然后选中低级别段落，再在此下拉列表中选择"更改列表级别"下的子项进行设置。

提示：如果从设置了项目符号或编号的段落开始一个新的段落，新段落将自动添加项目符号和编号，要取消此设置可按下【Ctrl+Z】组合键。

如何取消 Word 自动添加的项目符号和编号呢？

在编辑文档时，以"1."或"●"等符号开始的段落，输入完毕按【Enter】键，系统会自动添加编号或项目符号。若想将其删除，可单击"开始"选项卡"段落"组中的"编号"下拉按钮或"项目符号"下拉按钮，在下拉列表中选择"无"。

如果不想自动输入编号或项目符号，可以使用以下的方法解决。

（1）单击"文件"按钮，在菜单中单击"选项"按钮，打开"Word选项"对话框。

（2）单击左侧栏的"校对"选项，进入"校对"页，单击其中的"自动更正选项"按钮，打开"自动更正"对话框。

（3）切换至"键入时自动套用格式"选项卡，在"键入时自动应用"复选框组中取消选中"自动项目符号列表"和"自动编号列表"复选框。

（4）单击"确定"按钮，依次返回各级对话框。项目编号和编号的自动更正功能就被取消了。

6）中文版式

在"中文版式"下拉列表中，"纵横混排"按钮用于纵排文字横向（竖向）排列；"合并字符"按钮用于将多个字符（最多6个）合并为一个字符；"双行合一"按钮用于将多行合并为一行；"调整宽度"按钮用于通过调整文字间距的方式调整选中文字的整体宽度；"字符缩放"按钮用于缩放文字横向宽度而高度不变，具体样式如图3-26所示。

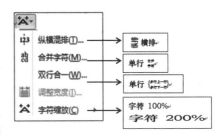

图3-26　中文版式按钮的作用

2．利用"段落"对话框

（1）单击"段落"组右下角的对话框启动器，可以打开"段落"对话框，如图3-27所示，在"缩进和间距"选项卡中可以设置常规、缩进、间距，在预览框中可以看到预览效果；也可选中文本，在文本上右击，选择"段落"。

缩进有以下四种方式：

①左缩进：使整个段落中所有行的左边界向右缩进。

②右缩进：使整个段落中所有行的右边界向左缩进。

③首行缩进：使段落的首行文字相对于其他行向内缩进。

④悬挂缩进：使段落中除首行外的所有行向内缩进。

行距又可以设置以下四种类型。

①单倍行距：这是Word默认的行距方式，也是最常用的方式，该方式下，当文本的字体和字号发生变化时，Word会自动调整行距。

②多倍行距：该方式下行距将在单倍行距的基础上增加指定的倍数。

图3-27　"段落"对话框

③固定值：选择该方式后，可在其后的编辑框中输入固定的行距值，该方式下，行距将不随着字体或字号的变化而变化。

④最小值：选择该方式后，可指定行距的最小值。

（2）设置段落缩进通常用方法。

方法一：单击"开始"选项卡，在"段落"组进行设置。

方法二：单击"段落"组右下角的对话框启动器，或者选中文字右击，选择"段落"，弹出图3-27所示的"段落"对话框。在"缩进和间距"选项卡中，可选择各种缩进方式。

方法三：使用标尺。标尺上面有4种缩进标记：首行缩进、悬挂缩进、左缩进和右缩进。如

图 3-28 所示。

方法四：单击"页面布局"选项卡，在其中的"段落"组进行设置，这一方法只能设置左右缩进、段前段后间距。

3．首字下沉

首字下沉常见于一些杂志或报纸，用于强化渲染的效果，以此吸引人们的注意。设置首字下沉的步骤如下：

（1）将光标移到需要"首字下沉"的段落的任何地方。

（2）单击"插入"选项卡"文本"组中的"首字下沉"按钮，弹出的下拉列表中选择"下沉"或"悬挂"，如需详细设置则选择"首字下沉选项"，弹出"首字下沉"对话框，如图 3-29 所示。

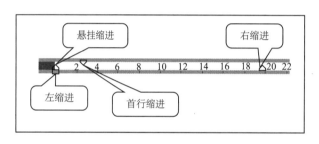

图3-28　标尺上的缩进按钮　　　　　图3-29　"首字下沉"对话框图

（3）选择下沉位置、下沉行数等。单击"确定"按钮即可。

> 提示：首字下沉仅限于段落开头的第一个字或段落开头的若干个字符。"首字下沉"按钮是灰色无法使用时，可以尝试删除首行缩进。

4．使用格式刷

在编辑文档时，若文档中有多处内容要使用相同的格式，可使用"格式刷"工具进行格式的复制，以提高工作效率，具体操作如下：

（1）如果复制段落中部分文本或多个段落，需要选中已设置格式的文本或段落。如果复制某段落的段落格式，只需将插入符置于源段落中。

（2）单击"开始"选项卡上的"格式刷"按钮，鼠标指针变成了形状，用此刷子"刷"过的文字格式将与样本文字的格式一样。

如果要多处复制同一格式，先选中样文，然后双击"格式刷"按钮，这样就可以连续给其他文字、行或者段落复制其格式，再次单击"格式刷"按钮或者按【Esc】键即可恢复正常的编辑状态。

> 提示：在 Word 中，段落格式设置信息被保存在每段后的段落标记中。因此，如果只希望复制字符格式，请不要选中段落标记，如果希望同时复制字符格式和段落格式，则务必选中段落标记。

三、页面格式化

1. 页面布局

在 Word 2010 中，通常可使用"页面布局"选项卡中的"页面设置""稿纸"和"页面背景"组，如图 3-30 所示，来对页面格式进行设置，最常使用"纸张大小"下拉列表，为文档设置合适的纸张。

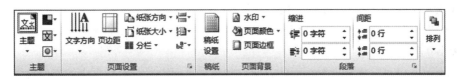

图3-30　用于格式化页面的功能按钮

页面设置主要是指页边距的设置，如上下边距、纸张方向、装订线的位置，如果双面打印还应考虑页边距对称问题；纸张大小的设置；文档网格的设置，如每行的字符数、每页的行数、文字排列的方向等；版式的设置，这些页面内容的设置将直接影响文档的最后打印效果。

1）文字方向

单击"文字方向"按钮，弹出下拉列表，能设置横排或竖排文字，或者设置所选中文字的文字方向。如需详细设置，单击列表下方的"文字方向选项"，弹出对话框如图 3-31 所示。

2）页边距

页边距是指页面中编辑区域四边空白的位置。单击"页边距"按钮，弹出下拉列表，可以设置常用的页边距，如普通、窄、宽型。如需详细设置，可进行如下操作：

（1）选中要设置页边距的文档或段落，若要对整篇文档设置，将插入点置于文档中。

（2）单击"页面设置"选项卡中的"页边距"按钮，在下拉列表中选择"自定义边距"，弹出"页面设置"对话框，如图 3-32 所示。

图3-31　"文字方向"对话框

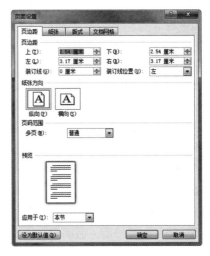

图3-32　"页面设置"对话框

（3）在"上""下""左""右"的框内分别指定页边距的数值。

（4）如果要双面打印文档,在"页码范围"的"多页"下拉列表中选择"对称页边距"选项，可使正反面的内侧边距宽度相等。

（5）在"应用于"列表框中指定当前设置的应用范围。

（6）如果定义装订线位置，可在"装订线位置"选择装订位置，"装订线"框内输入尺寸。

（7）可以选择"纵向"和"横向"设置纸张方向，单击"确定"按钮即可。

3）纸张方向与纸张大小

纸张方向用于设置纸张纵向或横向，单击"纸张方向"按钮，在下拉列表中选择即可。

纸张大小是按照排版或打印输出的需要，设置文档纸张的大小，如常用的 A4 纸、B5 纸。单击"纸张大小"按钮，弹出下拉列表，可以设置常用纸张大小。如需其他设置，可单击"其他页面大小"进行。

实际上，不仅可以任意设置页面的方向，利用"页面设置"对话框中的其他设置选项，如纸张类型、版式、页边距等，都可以类似地对不同页面采用不同的设置。

2．分栏

扫一扫

拓展阅读：
设置纸张

利用 Word 的分栏排版功能，可以在文档中建立不同数量或不同版式的栏。单击"分栏"按钮，弹出下拉列表，可以设置常用分栏如一栏、两栏、三栏、偏左、偏右。如需设置其他参数，如控制栏数、栏宽以及栏间距，可单击"更多分栏"进行设置，操作步骤如下：

（1）选中要进行分栏操作的文字。

（2）单击"分栏"按钮，在下拉列表中选择"更多分栏"，弹出"分栏"对话框，如图 3-33 所示。

（3）在"预设"选项选择使用样式，或在"栏数"设置文档栏数，如图 3-33 所示。

（4）根据需要进行相应的选择，如是否需要"栏宽相等"、是否需要"分隔线"等，单击"确定"按钮即可。

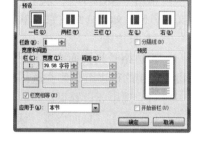

图3-33　"分栏"对话框

3．其他设置

1）分隔符

单击"分隔符"按钮，弹出下拉列表，其主要用于添加"分页符"和"分节符"。其中，"分页符"可理解为将文档分成多个页面，而"分节符"可理解为将文档分成多个"节"。

"分页符"中的三个按钮分别是"分页符""分栏符""自动换行符"。

● 分页符：添加分页符之后，分页符后面的文字，无论是否填满页面都转到下一页。

● 分栏符：添加分栏符之后，不管文字是否填满当前栏，分栏符以后的部分都将转到下一栏。

● 自动换行符：自动换行符即常说的"软回车"，无论文字是否填满整行，都将在"自动换行符"位置处换行。虽然换行，仍然属于一段，本操作相当于按下【Shift+Enter】组合键。

"分节符"中的四个按钮分别是"下一页""连续""偶数页""奇数页"。

● 下一页：添加此符号后，后面的文档内容是一个新节，并且新节自下一页开始。

● 连续：连续表示添加一个新节，但是新节后面的内容并不换页。

● 奇数页：插入一个新节，并在下一个奇数页开始新节。

● 偶数页：插入一个新节，并在下一个偶数页开始新节。

2）行号

可以在每一行的左侧为文本添加行号，单击"行号"按钮，弹出下拉列表，在列表中可以选择连续、每页重编行号、每节重编行号、禁止用于当前的段落。

3）断字

断字用于设置英文单词如何断字、不断字或者自动断字等效果。

4）稿纸设置

稿纸设置用于设置稿纸模式，单击"稿纸设置"按钮，弹出图3-34所示对话框，在对话框中可以设置网格的格式、行列数、网格颜色、页面、页眉页脚、换行等。

4．页面背景

"页面背景"选项组中有"水印""页面颜色""页面边框"三项。

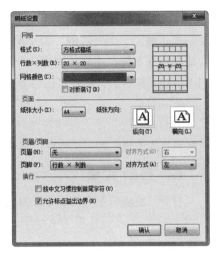

图3-34　"稿纸设置"对话框

1）水印

水印是显示在文本后面的文字或图片，通常用于增加趣味或标识文档状态，例如可以注明文档是"保密"。添加水印背景方法如下：选择"页面布局"选项卡，在"页面背景"组中单击"水印"下拉按钮，在弹出的下拉列表中选择文字及样式，也可选择"自定义水印"命令，在"水印"对话框设置。在"水印"对话框中可以选择"图片水印"作为水印背景，再单击"选择图片"按钮，从计算机中选择需要的图片；也可以选择"文字水印"作为水印背景，在"文字"文本框中输入需要的文字，同时可以为文字设置字体、字号、颜色和显示版式。

2）颜色背景

为背景设置渐变、图案、图片和纹理时，可进行平铺或重复以填充页面，方法如下：

选择"页面布局"选项卡，在"页面背景"组中单击"页面颜色"下拉按钮，在弹出的下拉列表中，可直接选择颜色，也可选择"填充效果"，在弹出的"填充效果"对话框中进行设置。页面底色默认不会被打印，只在视图中可以看到。

3）页面边框

"页面边框"用于为页面添加边框，单击"页面边框"按钮，弹出"边框和底纹"对话框，与文本边框和底纹操作是一致的，只是选择"页面边框"选项卡而已。

案例演练

（1）打开"个人简历"的文本素材文档。

（2）页面格式化：纸张大小 A4，页边距上下为 2.5 厘米，左右为 2 厘米。

（3）字符与段落格式化：

①全文格式：选定全文，字体为宋体 5 号，行间距为 1.5 倍。

②标题行格式：选定标题文本居中对齐，段后 2 行；字体设置为微软雅黑 48 号，文本效果设置为第 4 排第 2 列，轮廓设置为深红色，字符间距为加宽 2 磅。

③小标题行（左侧）格式：选中"个人信息"，字体设置为微软雅黑四号加粗，段前段后 0.5 行，设置黄色底纹，之后利用格式刷工具，将"个人信息"格式分别复制到"联系方式""计算机软件技能""求职意向""人生格言"。

④小标题行（右侧）格式：选中"✘"，将其设置为 2 号、加粗、蓝色，利用格式刷将"✘"格式复制到"▦"、"📖"、"▦"和"★"。之后选中"专业素质"，字体设置为微软雅黑、四号加粗，段前段后 0.5 行，用格式刷将"个人简介"格式复制到"社会实践""教育背景""获得奖励"。利用框线工具中的"横线"在每个小标题行后插入横线。

⑤项目符号：选定"专业素质"中的四行文本，设置项目符号。

⑥分栏：选定除去标题行以外的所有文本，设置分栏。选择"更多分栏"的"两栏"，去掉栏宽相等的设置，第一栏栏宽设置为 16 榜，间距 2.5 榜。效果如图 3-17 所示。

🎧 拓展实训

打开"垃圾分类宣传页"素材文档，进行格式化设置，效果如图 3-35 所示。要求：

图3-35 "垃圾分类宣传页"样文

（1）设置文本格式：第一行文本：字符格式设置为华文行楷、小二、红色；段落格式设置为居中对齐、段前 1 行，段后 0.5 行。第二行文本：设置为楷体、小三、居中对齐。

所有正文格式设置为小四、首行缩进 2 个字符、行距为 22 磅。

（2）设置页边距上下左右均为"2 厘米"，纸张方向为"纵向"，纸张大小为"B5"。

（3）设置"瑞典"格式：开始一行为幼园，小三，段前段后 0.5 行。用格式刷完成"英国"和"德国"开始的两行，设为与"瑞典"开始一行相同的格式。

（4）标题"留学生眼中的外国垃圾分类"加注音，为作者"洛奇"添加方形文字。

（5）设置文章第一段为两行合一，华文中宋，三号。

（6）将"北欧国家瑞典"一段中"北"设置为首字下沉，下沉三行，字体为隶书。

（7）将"就读于英国"一段文本加粗并设为分栏，分三栏，加分隔线。

（8）为"在德国包豪斯大学读博士"这一段加双实线边框、淡黄色底纹。

（9）同时选中"瑞典："英国：""德国："所在三段，设置项目符号为自定义符号。

小　结

①"字体"对话框和"段落"对话框是 Word 中最常的两个对话框，需要熟练掌握。②首行缩进、段落间距、行间距不要使用插入空格、回车设置，使用"段落"设置，会给编辑文档会带来许多方便。③通过"项目符号和编号"，可设置项目符号和编号的位置及文字位置。④"页面布局"选项卡的知识相对繁杂，在学习的过程中建议逐一尝试，加深理解。

案例四　制作"图书订购单"

案例展示

在 Word 中制作"图书订购单"表格，样文如图 3-36 所示。

图书订购单

订购日期：___年___月___日			No：			
订购人资料	□会员 □首次	会员编号	姓　名		联系电话	
	姓　名		电子邮箱			
	联系电话		QQ 号码			
	通信住址					
收货人资料	★指定送货地址或收货人时请填写					
	姓　名		联系电话			
	送货地址	省　　市　　县/区　（□家庭　□单位）				
	备　注	有特殊送货要求时请说明				
订购商品资料	书号	商品名称	单价(元)	数量	金额(元)	
	W111	《Word 2010 案例教程》	50	40	¥2000.00	
	E222	《Excel 2010 案例教程》	52	45	¥2340.00	
	P333	《PowerPoint 2010 案例教程》	55	50	¥2750.00	
	合计总金额：柒仟零玖拾元整　（¥7090.00)					
备注	✧ 请务必详细填写，以便尽快为您配送。					
	✧ 在收到您的订单后，我们的客户服务人员将会与您联系确认。					

图3-36　"图书订购单"表格样文

扫一扫
案例四视频1

扫一扫
案例四视频2

案例分析

制作"图书订购单"，首先需要创建一个适当行、数列数的表格，之后重点是编辑表格，包括单元格的合并拆分，斜线表头、行与列的添加删除、行高列宽等操作，编辑好表格之后输入文字数据，运用公式与函数计算表格中的金额，最后设置单元格对齐方式和表格边框、底纹等格式，美化表格。

知识要点

- 表格的创建和绘制方法。
- 表格、单元格、行与列的选定与编辑方法（重点）。
- 表格中公式与函数的应用（难点）。
- 表格格式的设计与美化。

技能目标

- 能根据要求创建、绘制表格。
- 能熟练编辑表格、行、列和单元格区域。
- 能熟练运用公式对表格数据进行计算。
- 能熟练设置表格的边框底纹等格式。

知识建构

一、创建表格

表格由水平的行和垂直的列组成，行与列交叉形成的方框称为单元格，单击"插入"选项卡中的"表格"按钮，出现下拉列表，列表中显示了创建表格的几种方法。

1. 用网格创建表格

使用网络创建表格适合创建行、列数少，并具有规范的行高和列宽的简单表格，创建方法是单击"插入"选项卡中的"表格"按钮，在出现的列表中移动鼠标指针选择需要的行列，此时将在文档中显示表格的创建效果，最后单击鼠标即可创建表格。

创建表格后，插入符将被定位于表格左上角的单元格中，与此同时，系统会自动打开"表格工具"功能区，如图 3-37 所示，由"布局"和"设计"两个选项卡组成。

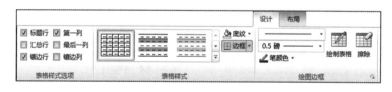

图3-37 "表格工具"功能区

2. 用"插入表格"创建

用"插入表格"对话框创建表格可以不受行数、列数的限制，还可以对表格格式进行简单设置，所以"插入表格"对话框是最常用的创建表格的方法，具体操作如下：

（1）将光标定位到要插入表格的位置。

（2）单击"表格"按钮，在出现的下拉列表中选择"插入表格"，弹出"插入表格"对话框。

（3）在"列数"和"行数"文本框可以分别设置表格的列数和行数，如图 3-38 所示。

（4）在"'自动调整'操作"选项区选择一种定义列宽的方式：选中"固定列宽"并且给列

宽指定一个确切的值,将按指定的列宽来建立表格;选中"固定列宽"并选择"自动",或选中"根据窗口调整表格",则表格的宽度将与正文区宽度相同,列宽等于正文宽度除以列数;选中"根据内容调整表格",表格列宽会随每一列输入的内容多少而自动调整。

（5）选中"为新表格记忆此尺寸"复选框,对话框设置将成为以后新建表格默认值。

（6）单击"确定"按钮,Word 将在插入点建立空表格。

3.绘制表格

使用绘制表格工具可以非常灵活方便地绘制那些行、列宽不规则的复杂表格,或对现有表格进行修改,绘制表格的具体操作如下:

图3-38　"插入表格"对话框

单击"绘制表格"后鼠标指针变为笔状,将鼠标指针移动到要绘制表格的起始位置,拖动鼠标出现可变虚线框,即可画出表格矩形边框。同样沿水平、垂直或斜线方向拖动鼠标可以绘制表格线。绘制完成,双击、按下【Esc】键或单击"表格工具|设计"选项卡上"绘制表格"按钮,可结束绘制。

如果要擦除表格线,可单击"表格工具|设计"选项卡上"删除"按钮,鼠标指针变为橡皮状,在要擦除的线条上拖动鼠标,即可擦除该线条,再次单击"删除"按钮,或双击、按下【Esc】键可退出擦除状态。

在 Word 中,默认表格线条为 0.5 磅的黑色单实线,在"表格工具|设计"选项卡"边框"组中可以调整线型、粗细、笔触颜色。

4.文本转换为表格

在 Word 2010 中,用户可以很容易地将文字转换成表格。其中关键的操作是使用分隔符号将文本合理分隔。Word 能够识别常见的分隔符,例如段落标记（用于创建表格行）、制表符和逗号（用于创建表格列）。例如,对于只有段落标记的多个文本段落,Word 可以将其转换成单列多行的表格。

5.Excel 电子表格

在 Word 2010 文档中,用户可以插入一张拥有全部数据处理功能的 Excel 电子表格,从而间接增强 Word 2010 的数据处理能力。

具体操作方法为:在"插入"选项卡"表格"组中单击"表格"按钮,并在下拉列表中选择"Excel 电子表格"命令。插入空白 Excel 电子表格以后,即可在 Excel 电子表格中进入数据录入、数据计算等数据处理工作。

扫一扫

拓展阅读:
文本转换为表格操作

6.快速表格

使用快速表格可以创建某一样式的表格,操作方法为单击"表格"按钮,在下拉列表中选择"快速表格",然后选择某一样式,最后输入相应的文字即可。

二、编辑表格

表格创建后,选中表格或表格区域,可通过功能区的"表格工具|布局"选项卡中提供的按钮来对表格进行调整,例如插入或删除行或列、合并单元格、拆分单元格、令表格平均分布,或

是设置表格内的文字对齐方式等。

1．选择单元格、行、列、表格

（1）选择单元格。把鼠标指针指向目标单元格左侧，待指针变为➧形状后单击即可选定。用鼠标拖动可选择连续的单元格区域；配合【Ctrl】键单击或拖动鼠标可选择不连续的若干单元格。

（2）选择一整行。把鼠标指针指向该行的左侧边沿处，指针变为➧形状后单击。

（3）选择一整列。把鼠标指针指向该列的顶端，待指针变为➧形状后单击。

（4）选择多行多列。拖动鼠标选择连续行或列；配合【Ctrl】键选择不连续行或列。

（5）选择整个表格。将插入点置于表格中，单击表格左上角⊞标志可选择整个表格。

除以上选择方法外，将光标定位在某单元格中，然后单击"表格工具 | 布局"选项卡上的"表"组中的"选择"按钮，在展开的下拉列表中选择相应的选项，如图3-39所示，可选取光标所在单元格、行、列和整个表格。

提示：①按住【Alt】键同时双击表格内任何位置可选择整个表格；要注意选择表格某行中所有单元格与选择整行意义不同。②对于表格的选择也可右击，在"选择"选项下选择行、列、表格、单元格。

2．行、列与单元格的插入

当需要向已有表格中添加新的记录或数据时，就需要向表格插入行、列，这样的操作在"表格工具 | 布局"选项卡"行和列"组（见图3-40）中设置。"在上方插入"和"在下方插入"针对行，"在左侧插入"和"在右侧插入"针对列，对于单元格插入可单击"行和列"组右下角对话框启动器，在弹出的"插入单元格"对话框中进行设置，如图3-41所示。

3．删除单元格、行、列和整个表格

当需要删除表格中的行、列、单元格、整个表格时，只需选中需要删除的对象，然后单击"表格工具 | 布局"选项卡中的"删除"按钮，在弹出的下拉列表中选择即可。也可右击选择"删除单元格"命令，在弹出的对话框中进行操作。

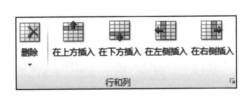

图3-39　选择列表　　　　图3-40　"行和列"组　　　　图3-41　"插入单元格"对话框

提示：在选定单元格、行、列或整个表格后，单击【Delete】键，只能清除其内容，并不能删除其格式，也不能删除单元格或表格。

4．合并与拆分单元格或表格

（1）拆分单元格。拆分单元格就是将选中的一个或多个单元格拆分成等宽的多个小单元格。

将光标置于要拆分的单元格中，然后单击"表格工具|布局"选项卡"合并"组中的"拆分单元格"按钮（或右击，执行"拆分单元格"命令），在打开的"拆分单元格"对话框中设置拆分的行、列数，单击"确定"按钮即可，如图3-42所示。

图3-42　拆分单元格

（2）合并单元格。合并单元格就是将相邻的多个单元格合并成一个单元格。选择要合并的单元格，然后单击"表格工具|布局"选项卡"合并"组中的"合并单元格"按钮，合并后的效果如图3-43所示。

编号	材料名称	数量	存放地点		编号	材料名称	数量	存放地点
1	PVC 管	100	第一仓库		1	PVC 管	100	第一仓库
2	铜管	30	第一仓库		2	铜管	30	
3	钢管	35	第二仓库		3	钢管	35	第二仓库

图3-43　合并单元格

（3）表格的拆分和合并。表格的拆分和单元格拆分不同，表格一经拆分，将形成两个或多个表格。以图3-44为例进行说明。操作步骤如下：将光标定位在要拆分成第二个表格的第一行处，单击"表格工具|布局"选项卡"合并"组中的"拆分表格"按钮即可，效果如图3-44所示。

学号	姓名	性别	年龄		学号	姓名	性别	年龄
001					001			
002					002			
003					003			
004					004			
005					005			

图3-44　拆分表格

> 提示：如果创建的表格超过一页，Word 会自动拆分表格，要使拆分成多页的表格在每一页的每一行都显示标题行，可将光标置于表格标题行的任意位置，然后单击"表格工具|布局"选项卡上的"数据"组中的"重复标题行"按钮。

5．调整行高与列宽

使用表格时，经常需要根据表格中的内容调整表格的行高和列宽。调整表格行高和列宽常用的方法有两种：一种是用鼠标拖动，另一种是用"单元格大小"组进行精细设置。

（1）使用鼠标拖动。要调整行高或列宽，可将鼠标指针置于要调整的行边线或列边线上，当鼠标指针变为"╫"或"╪"形状时，按住鼠标左右上下拖动，在合适的位置释放鼠标即可。

提示：①将鼠标指针移至单元格边线上处，当指针变为"＋＋"或"＋"形状时，双击，可令行高或列宽自动适应文字的宽度。②如果想改变行高或列宽，而临近的表格宽度不受影响，可以拖动标尺上的列标记或当指针变为"＋＋"或"＋"形状时，按【Shift】键的同时拖动。

（2）利用"单元格大小"组。要精确调整行高或列宽，可在表格的任意单元格中选中要调整行或列，在"表格工具|布局"选项卡"单元格大小"组"高度"或"宽度"编辑框中输入数值，然后按【Enter】键。

6. 调整表格中文字的对齐方式

默认情况下，单元格内文本的水平对齐方式为两端对齐，垂直对齐方式为顶端对齐，要调整单元格中文字的对齐方式，可首先选中单元格、行、列或表格，然后单击"表格工具|布局"选项卡"对齐方式"组中的相应按钮（也可右击，在"单元格对齐方式"中选择）。

单击"文字方向"按钮，可令选中的单元格内的文字横排或竖排。

如果单击"单元格边距"按钮，则可在打开的"表格选项"对话框中设置表格内的文字与表格边框线空白的距离，如图3-45所示，此时，若选中"允许调整单元格间距"复选框，并设置一定的间距值，那么单元格的边框将为双线，如图3-46所示。

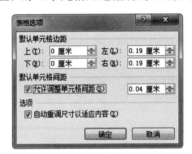

图3-45　单元格边距　　　　　　　图3-46　双线表格设置

提示：调整行高、列宽的方法有以下5种：

方法一：选择需要调整的表格区域，用鼠标拖动水平标尺上的"移动表格列"标记（垂直标尺上的"调整行"标记）即可。

方法二：将鼠标指针移到所需调整的表格线上，拖动表格线到所需位置。

方法三：选择需要调整的表格区域，右击，选择"表格属性"命令，在弹出的"表格属性"对话框中通过"行""列"选项卡可为每个单元格设置行高和列宽。

方法四：使用"表格工具|布局"选项卡"单元格大小"组的"自动调整"命令。

方法五：在"表格工具|布局"选项卡"单元格大小"组的"高度"或"宽度"编辑框中输入数值，并按【Enter】键。

三、美化表格

表格创建和编辑完成后，还可以进一步对表格进行美化操作，而这一操作主要在"表格工具|设计"选项卡中完成。

1．内置表样式

Word 2010 提供了 30 多种预置的表样式，无论新建的空白表格还是已输入数据的表格，都可以通过套用内置表样式来快速美化表格。具体的操作方法如下：

（1）选中表格，或在表格的任意位置单击。

（2）在"设计"选项卡"表格样式选项"组中选择或取消相应的复选框，以决定是否将表格的标题行、第一列等设置为与其他行或列不同。

（3）在"设计"选项卡中选择 Word 提供的任一样式。

如果对已应用的表样式不满意，在表格任意位置单击，然后在"表格样式"组的"其他"下拉列表中执行"修改表格样式"命令，可通过打开的对话框进行表格样式的更改。以同样的方式可以新建表格样式。如果对样式不满意，可以在"其他"下拉列表中选择"清除"命令清除表格样式。

2．表格的边框和底纹

用户可以根据需要为表格添加边框和底纹。操作步骤如下：

（1）选中表格或需要添加边框和底纹的单元格。

（2）单击"设计"选项卡中的"底纹"下拉按钮，在其下拉列表中选择不同的颜色。

（3）单击"设计"选项卡中的"边框"下拉按钮，在其下拉列表中选择不同的边框。要设置边框的线型、颜色、粗细，可在"边框"下拉列表中选择"边框和底纹"，在弹出的对话框中进行设置。

提示：①边框和底纹的设置也可右击，选择"表格属性"，在弹出的对话框的"表格"选项卡中进行设置。②对于边框的设置，还可以先选择好线形、粗细，然后单击"绘制表格"进行绘制。

3．表格的尺寸、对齐方式及文字环绕方式

表格的尺寸是指整个表的大小，而表格的对齐方式是指表格相对于页面的位置，文字环绕方式是指表格与文字之间的环绕关系。其设置方法如下：

（1）将插入点置于表格中任一位置。

（2）右击选择"表格属性"命令，或者单击"布局"选项卡"表"组里的"属性"按钮，弹出"表格属性"对话框。在"表格"选项卡中进行相应设置，如图 3-47 所示。

提示：当表格与表外文字共处一页时，表格与文字是否环绕直接影响表格的操作，对表格进行编辑时最好不要与文字环绕，表格制作完成后可设置环绕方式。

图3-47　表格属性

四、处理表格数据

通过前面的学习，我们对表格有了一定的认识和操作能力，但实际制作表格时可能遇到一些比较特殊的情况，例如对表格中的数据进行排序和计算、表格的批量填充等。

1. 表格的批量填充方法

复制某区域的单元格数据后，选择需要填充数据的单元格，然后粘贴单元格，所有单元格将被重复填充为复制的数据。

如需输入一连串的序数，可选中需要填充的单元格，然后在"开始"选项卡"编号"下拉列表中选择编号样式，即可对所有选中单元格完成数据填充。

2. 表格中数据的排序

在 Word 中，可以按照升序或降序把表格的内容按笔画、数字、拼音以及日期进行排序。将插入点置于要排序的列中，用"布局"选项卡"数据"组中"排序"命令进行排序。操作步骤如下：

（1）将插入点置于要排序的列中，单击"表格工具|布局"选项卡"数据"组中"排序"按钮，弹出"排序"对话框，如图 3-48 所示。

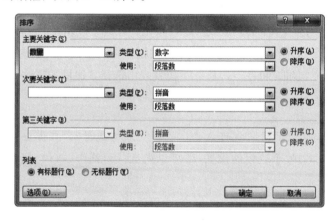

图3-48 "排列"对话框

在"排序"对话框中，排序依据分为主要关键字、次要关键字和第三关键字，共三级。"类型"文本框用于指定排序依据的值的类型，"升序"或"降序"用于选择排序方式。

（2）根据需要进行相应的设置后，单击"确定"按钮即可。

3. 表格中的计算

在表格中，计算是以单元格为单位进行的，表格的列从左至右用字母 A、B、C……表示，表格的行自上而下用正整数 1、2、3……表示，每一个单元格的名字由它所在的列和行的编号组合而成。例如计算每科的总成绩。操作如下：

（1）将插入点移至 B6 单元格中。

（2）单击"表格工具|布局"选项卡中的"公式"按钮，在"公式"对话框的"粘贴函数"框中选择函数 SUM，在"公式"文本框中输入" = SUM(ABOVE)"" = SUM (B2：B5)"或" = SUM (B2，B3，B4，B5)"，如图 3-49 所示。

（3）单击"确定"按钮后，B6 单元格中即得到总成绩，最终结果如图 3-50 所示。

科 目 \ 姓 名	张明	李明	王明	高明
英语	77	88	99	66
语文	65	77	90	100
数学	91	96	66	99
物理	99	76	78	66
总成绩	332	337	333	331

图3-49 "公式"对话框　　　　　　　　图3-50 计算结果

说明：公式中的函数自变量ABOVE表示当前单元格以上的所有数值参加运算，B2：B5表示B2、B3、B4、B5区域参加运算。

案例演练

一、创建"图书订购单"文档并保存

启动Word 2010新建空白文档，单击"保存"按钮，在弹出的"另存为"对话框中输入"文件名"为"图书订购单"，单击"保存"按钮。

二、设置表格标题

(1) 将光标插入点放在首行首列，输入文本"图书订购单"。

(2) 选中文本，选择"开始"选项卡，在"字体"组中设置"字号"为"二号""加粗"；在"段落"组中单击"居中"按钮，设置居中对齐。

三、创建表格

(1) 将光标插入点放在第二行首部。

(2) 选择"插入"选项卡，在"表格"组中单击"表格"下拉按钮，在弹出的下拉列表中选择"插入表格"命令，并弹出"插入表格"对话框。

(3) 在"插入表格"对话框中设置列数为6、行数为16，单击"确定"按钮。

四、参照样文编辑表格

(1) 同时选中第1行的所有单元格，选择"表格工具|布局"选项卡，在"合并"组中单击"合并单元格"按钮，此时6个单元格合并成一个单元格。

(2) 表格第2行至第16行单元格区域的合并方法：

①同时选中第2行至第6行中的第1列单元格进行合并；同时选中第7行至第10行中的第1列单元格进行合并；同时选中第11行至第15行中的第1列单元格进行合并。

②同时选中表格中第2行和第3行中的第2列单元格进行合并，合并之后选中该单元格，单击"表格工具|设计"选项卡"绘图边框"组中的"绘制表格"按钮，在单元格中绘制斜线表头。

③运用相同的单元格合并方法，参照样文，分别选中相应单元格区域进行合并。

(3) 单击"表格工具|设计"选项卡"绘图边框"组中的"擦除"按钮和"绘制表格"按钮，分别绘制11行到15行的单元格框线，并对列宽进行调整。

五、输入文本并设置格式

根据样文输入文本并设置字体格式、单元格式对齐方式、调整行高列宽。

（1）根据样文内容在表格内输入文本（注意：表格中各"金额"数据不要输入）。

（2）选中表格中第2行至第16行第一列文字，选择"表格工具|布局"选项卡，在"对齐方式"组中单击"文字方向"按钮，将选中文字的方向更改为竖向。之后选中整张表格，在"对齐方式"组中设置"中部居中"，完成单元格内文本的对齐方式设置。

（3）选中整张表格，打开"字体"对话框，设置"中文字体"为"宋体"，英文字体为"Times New Roman"，字号为"四号"。选中并设置表格中第1行、第1列、第7行、第15行文字为"加粗"。

（4）根据文本内容，拖动边框线，可适当调整行高与列宽。

六、计算图书金额

（1）将光标插入点放在第6列第12行单元格（名称为F16），选择"表格工具|布局"选项卡，在"数据"组中单击"公式"按钮，弹出"公式"对话框。

（2）将"公式"文本框中的内容删除后输入"=d12*e12"，设置编号格式为"0.00"。

（3）单击"确定"按钮，运算结果放在光标所在的单元格中。

（4）与步骤（1）至步骤（3）相同，分别计算"F13"单元格和"F14"单元格的金额。

（5）将光标插入点放在第2列第15行单元格内，打开"公式"对话框，将"公式"文本框中的内容删除后输入"=f12+f14+f15"，设置编号格式为"0.00"。计算出总金额。之后在计算结果前面复制并粘贴计算出的总金额数字，选择"插入"选项卡"符号"组的"编号"，在下拉列表中选择大写的人民币汉字，将"数字"金额转换为大写的人民币汉字。

七、设置边框底纹

（1）设置表格外侧框线：选中整个表格后，选择"表格工具|设计"选项卡，首先在"绘图边框"中选择相应的"笔样式"和"笔划粗细"，之后在"表格样式"组中展开"边框"下拉列表，单击"外侧框线"。

（2）设置表格内部框线：选中整个表格后，在"绘图边框"中选择相应的"笔样式"和"笔划粗细"，之后在"表格样式"组中展开"边框"下拉列表，单击"内部框线"。

（3）设置底纹：根据样文选择有底纹格式的相应单元格，选择"表格工具|设计"选项卡，在"表格样式"组中展开"底纹"下拉列表，选择"蓝色"即可。最后效果如图3-36所示。

扫一扫

实训提示

拓展实训

制作"腾飞公司采购寻价单"表格，效果如图3-51所示。

腾飞公司采购寻价单

采购申请单号	AB-123	寻价单号	DS—12	商品名称		笔记本
供应厂商		电话	厂家报价（单价）（元）			
			出厂价	批发价	零售价	备注
IBM		010-85634774	8800	9150	9900	缺货
戴尔		010-66557333	7300	7500	8250	现货
惠普		010-86541455	7100	7400	8000	现货
联想		010-86584156	6300	6650	7250	缺货
神舟		010-66583451	5600	5900	6600	现货
		平均价	7020	7320	8000	
采购员		采购员员工号	CGB023	寻价日期	2018年5月10日	

图3-51　"采购寻价单"

小　　结

①利用 Word 2010 可以轻松生成各种表格，并进行简单计算，表格中数据的复杂分析与处理，应使用 Excel 来完成。②美化表格可以使得表格更加美观，但要注意表格应清晰简洁，不宜过分渲染。③表格中行列经合并后，将不能完成平均分布行或列的操作中，此时可以拆分表格，先完成行列平均分布，再合并表格。④制作长表格时，表格会在表中分页，此时要考虑后续面的表格是否重复标题，如需重复就要在制表时将重复内容设计在表头部分。

案例五　制作"梅花节艺术海报"

案例展示

在 Word 中为"梅花艺术节"制作图文混排艺术海报，样文如图 3-52 所示。

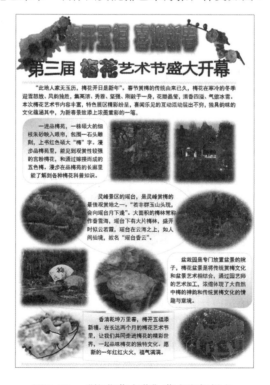

扫一扫

案例五视频1

扫一扫

案例五视频2

图3-52　"梅花艺术节"艺术海报样文

案例分析

一张艺术海报的制作，首先需要收集相关的图片、文字资源，其次要将图片与文字进行合理编辑，实现图文混排，对整个页面进行美化，如插入文本框、图片、艺术字，设置页面背景，使得作品图文并茂，突出主题，特色鲜明，令人赏心悦目。

知识要点

● 各种插图和文本的创建。

● 各种插图和文本的格式、设计和布局设置（重点）。

● 图文混排（难点）。

技能目标

● 能灵活设置各种插图和艺术字格式。

● 能根据主题要求制作图文混排文档。

知识建构

一、图片

在Word中不仅可以输入和编排文本，还可以插入图片和艺术字，或绘制图形和文本框等，并可以为这些元素设置样式、边框、填充和阴影等效果，从而让用户可以轻松地设计出图文并茂、美观大方的文档。

1. 插入图片

（1）插入来自文件的图片：选择"插入"选项卡，在"插图"组中单击"图片"按钮，在弹出的"插入图片"对话框中选择图片完成插入。

（2）插入Word自带的剪贴画：选择"插入"选项卡，在"插图"组中单击"剪贴画"按钮，在文档右侧弹出"剪贴画"窗格，在窗格中选择剪贴画便可插入。

提示：也可以使用复制/粘贴操作将图片插入到Word中。

2. 图片的选择移动

单击即可选中图片，图片边框出现控制点，此时按下左键并拖动鼠标，即可移动图片的位置。拖动改变图片大小的方法是：选中图片，将指针指向图片四角的"⬚"状控制点，按下鼠标左键并拖动，可将图片按照原有比例改变大小；将指针指向图片四边的"⬚"状控制点，按下鼠标左键并拖动，可将图片高度和宽度做调整。

旋转图片的方法是：将指针指向图片上方的绿色"⬚"状控制点，按下鼠标左键并拖动，可将图片按照任意角度旋转。

复制图片的方法是：首选可以采用复制、粘贴按钮；其次可以使用【Ctrl+C】和【Ctrl+V】组合键，也可以在按【Ctrl】键的同时拖动图片。

单击选中图片后，功能区将自动出现"图片工具|格式"选项卡，如图3-53所示，利用该选项卡可以对插入的图片进行调整大小、旋转等各种编辑与美化操作。

图3-53 "格式"选项卡

在"图片工具|格式"选项卡中,"大小"和"排列"组属于编辑图片工具,"图片样式"和"调整"组属于美化图片工具,下面将进行详细说明。

(1)改变图片宽高。改变图片宽高有以下几种方法:

方法一:如上文所述,选中图片,拖动图片四角的控制点,拖动圆点是等比例调整,拖动方点是改变宽度和高度。

方法二:选中图片,在"图片工具|格式"卡"大小"组中的"高度"或"宽度"中设置参数。这一方法用于精确调整图片大小。

方法三:选中图片,右击,在弹出的快捷菜单中输入相应的数值。

方法四:选中图片,右击,在弹出的快捷菜单中单击"大小和位置"(或者单击"图片工具|格式"选项卡"大小"组右下角的对话框启动器),弹出图3-54所示"布局"对话框,然后进行设置。

图3-54 "布局"对话框

(2)裁剪图片。选中图片,单击"图片工具|格式"选项卡"大小"组中的"裁剪"按钮,拖动图片四周的调整控制柄,即可对图片进行剪裁处理。

提示:图片上被裁剪掉的内容并非被删除了,而是被隐藏起来了,要显示被裁剪掉的内容,只需再次单击"裁剪"按钮,将鼠标指针移至相应的控制点上,按住鼠标左键向图片外部拖动鼠标即可。

单击"裁剪"下拉按钮,弹出下拉列表,除了可以选择裁剪之外,还可将图像裁剪为某一形状,为这一形状设置不同的比例,设置填充与调整。

3.图片排列

默认情况下,图片是以嵌入方式插入到文档中的,此时图片的移动范围受到限制,若要自由移动或对齐图片等,需要将图片的文字环绕方式设为非嵌入型。

(1)位置。位置是设置图片水平或竖直的"绝对位置"和"相对位置"(相对于栏或页面等),也可设置图形对象是否允许重叠等。具体设置方法是单击"格式"选项卡"排列"组中的"位置"

按钮，在弹出的下拉列表中选择，也可以选择"其他布局选项"，在弹出的"布局"对话框中进行相应设置。

（2）自动换行。自动换行就是设置图片的文字环绕方式，而文字环绕方式是指图片与文字之间的"贴近"程度及"层次"关系。

Word中有多种文字环绕方式，如"嵌入型""四周型""紧密型"等类型，设置的方法有两种。

方法一：单击"格式"选项卡"排列"组的"自动换行"按钮，在弹出的下拉列表中选择所需的环绕方式。

方法二：单击"自动换行"按钮，在弹出的下拉列表中单击"其他布局选项"，在弹出的"布局"对话框中进行相关的设置，如图3-55所示，最后单击"确定"按钮即可。

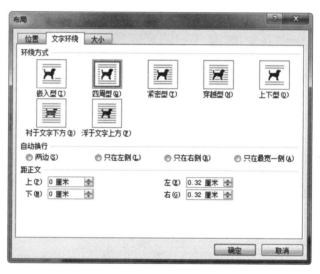

图3-55　"文字环绕"选项卡

将图片的文字环绕方式设置为"紧密环绕"，然后在"自动换行"下拉列表中选择"编辑环绕顶点"，此时图片四周出现红色虚线框，如图3-56（a）所示，拖动线框四周的点可以调整其位置，从而调整文字与图形的关系。按【Enter】键编辑完成，按【Ctrl】键单击环绕点可将其删除，按【Esc】键可以取消编辑状态。调整效果如图3-56（b）所示。

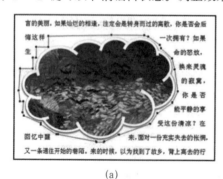

（a）

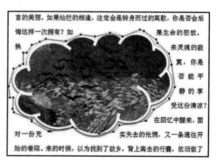

（b）

图3-56　编辑环绕点

提示：右击图片，在快捷菜单中选择"大小和位置"，在弹出的"布局"对话框中也可设置文字环绕方式。

（3）旋转。设置旋转的方法有以下几种：

方法一：选中图片，将指针指向图片上方的绿色控制点，按下鼠标左键拖动。

方法二：选中图片，单击"图片工具|格式"选项卡"排列"组的"旋转"按钮，在下拉列表中设置选项。

方法三：单击"图片工具|格式"选项卡中的"旋转"按钮，在下拉列表中选择"其他旋转选项"，打开"布局"对话框并显示"大小"选项卡，然后调整"旋转"编辑框中的数值。

4．图片样式

在"图片工具|格式"选项卡的"图片样式"组中设置图片的样式，如图 3-57 所示。

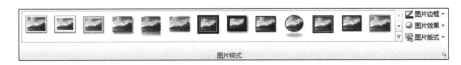

图3-57 "图片样式"组

（1）外观样式：选择图片的总体外观样式，单击下拉按钮，在弹出的下拉列表中选择形状，可使图片按照所选的形状截取。

（2）图片边框：可对选中图片的边框颜色、宽度和线性做设置。

（3）图片效果：对选中图片应用某种视觉效果，包括阴影、映像、发光、柔化边缘、棱台、三维旋转。

单击"图片工具|格式"选项卡"图片样式"组右下角的对话框启动器，弹出"设置图片格式"对话框，如图 3-58 所示，可以对图片进行相应设置。

（4）图片版式：直接设置图片与文本的对应效果，如图 3-59 所示。

图3-58 "设置图片格式"对话框

图3-59 图片版式

5．调整图片

"图片工具|格式"选项卡中的"调整"组，主要调整图像的亮度、对比度和颜色。

1）删除背景

利用"删除背景"工具可以在 Word 中完成抠图工作，单击"删除背景"按钮，进入"删除背景"工作界面，如图 3-60 所示，标记要删除的区域和要保留的区域，然后单击"更改保留"按钮即可完成抠图处理。

2）更改图片

单击"图片工具|格式"选项卡中的"更正"按钮，弹出下拉列表，可以更改图片的锐化和柔化、亮度和对比度。如需更多设置，可以单击下拉列表中的"图片更正选项"，打开"设置图片格式"对话框，可以进行精确设置。

单击"颜色"按钮，弹出下拉列表，可以更改图片的颜色饱和度、色调，可以对图片进行重新着色，可以在其他变体中自选着色颜色，在设置透明色中设置图片某一部分的透明，选择"图片颜色选项"，打开"设置图片格式"对话框，可以进行精确设置。

单击"艺术效果"按钮，弹出下拉列表，可以选择不同滤镜模式下的图片效果。

3）压缩、更改、重设图片

有时图片太大，保存的 Word 文档也会变大，或者发送邮件是也会太大，从而影响工作效率，于是单击"压缩图片"按钮，弹出图 3-61 所示对话框，可以对图片进行压缩。

图3-60　"删除背景"工作界面

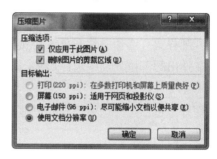

图3-61　"压缩图片"对话框

如果想更改另外一张图片，不需要删除本图片再插入新图片，可以直接单击"更改图片"按钮，可以重新选择一张图片。

对图片进行大小、旋转、高度、对比度、样式、边框和特殊效果等设置后，若觉得不满意，可以选中图片，单击"重设图片"按钮，可以将图片还原为初始状态。

> **提示**：选中图片，右击，也可对图片进行相应操作，例如"另存为图片"可将图片单独保存，还有"更改图片""自动换行""大小和位置""设置图片格式"等。

二、形状

1. 插入形状

选择"插入"选项卡，在"插图"组中单击"形状"下拉按钮，在弹出的下拉列表中选择形状，再在文档中绘制即可。

选中形状，单击"格式"选项卡"插入形状"组的"编辑形状"按钮，展开相应列表，可对不满意的形状进行更改。更改的方法有两种：一是重新选择另一形状，二是编辑顶点调整形状。

提示：①在插入形状时，按【Shift】键拖动鼠标可以绘制规则形状，如绘制椭圆时可绘制正圆，绘制矩形时可绘制正方形，绘制直线时，可绘制此直线与水平线夹角为15°、30°、90°的直线。②在形状列表中选中某一形状之后，单击，可以创建高值均为 2.54 cm 的相应图形。

2. 形状样式

选择"格式"选项卡中的"形状样式"组，如图 3-62 所示。

图3-62　"形状样式"组

（1）外观样式：选择图片的总体外观样式，单击下拉按钮，在下拉列表中选择样式。

（2）形状填充：选中文本框，单击"形状填充"下拉按钮，在弹出的下拉列表中选择颜色、图片、渐变和纹理等填充形状。

（3）形状轮廓：将选中文本框的轮廓颜色、粗细和线性做设置。

（4）形状效果：选中形状，单击"形状效果"下拉按钮，在其下拉列表中选择效果。

（5）阴影效果设置：在"格式"选项卡的"形状样式"组中单击对话框启动器，在弹出的"设置文本效果格式"对话框中选择"阴影"选项卡，在其中可以设置阴影效果。

扫一扫 ●

拓展阅读：
**三维效果
设置**

3. 排列

（1）组合。按住【Shift】键，逐个选择图形对象，单击"排列"组"组合"下拉按钮，在弹出的下拉列表中选择"组合"命令完成组合。此操作是将多个对象组合成一个对象。

提示：组合后的对象还可以取消组合，具体方法是右击组合对象，选择"组合"|"取消组合"命令，也可以选择"组合"下拉列表中的"取消组合"。

（2）层叠。在文档中插入对象时，根据先后顺序，图片在文档中显示的层次是由底到上的顺序，即最先插入的对象在最底层，之后插入的对象会把它遮盖上。调整层叠顺序的方法为：选中要调整层次的对象，单击"上移一层"或"下移一层"下拉按钮，在下拉列表中选择对象的放置层次。

（3）对齐。对齐是指图的对齐方式，若只选中一张图片，"对齐"下拉列表中的对齐选项是基于整体页面，若同时选中多张图片，则是基于所选图片。

三、艺术字

1. 插入艺术字

选择"插入"选项卡，在"文本"组中单击"艺术字"下拉按钮，弹出艺术字样式下拉列表。

在列表中选择所需样式，在"请在此放置您的文字"占位符中输入文本，设置文本的字体、字号和字形后即可完成艺术字的插入。在"艺术字样式"组中可以对艺术字进行设置，如图 3-63 所示。

图3-63　"艺术字样式"组

2．格式设置

（1）编辑文字：在文本框中可对文字内容进行修改，艺术字样式不变。

（2）字符间距：选中艺术字，右击，在弹出的快捷菜单中选择"字体"命令，在弹出的"字体"对话框的"高级"选项卡中可以设置艺术字字符之间的间距。

（3）艺术字竖排文字：选中艺术字，单击"文本"组的"文字方向"下拉按钮，在弹出的下拉菜单中选择"垂直"选项，将艺术字中的文本竖排。

四、文本框

文本框是一个可以在其中放置文本、图片、表格等内容的矩形框。想要在文档中插入空白文本框，首先确定文档中没有任何对象被选中，否则这些选中的对象就会自动移动到新插入的文本框中，或被新插入的文本框取代。

1．插入文本框

选择"插入"选项卡，在"文本"组中单击"文本框"下拉按钮，在弹出的下拉列表中选择文本框的样式，或选择自己绘制文本框。

提示：对于文本框的插入，还可先选中文本，然后单击"插入"选项卡"文本框"下拉按钮，在展开的下拉列表选择"将所选内容保存到文本框"。

2．设置文本框

（1）选择文本框：单击文本框，可使光标插入点放在文本框中的文本中，同时使文本框四周出现控制点，将鼠标指针移动到外框上，当指针变成形状，单击即可选择文本框。

（2）移动文本框：将鼠标指针移动到外框上，当指针变成 形状，单击选中文本框，按住鼠标左键拖动文本框到任意位置。

（3）文本框大小的设置与图片的操作相同。

五、插入 SmartArt 图形

SmartArt 是 Microsoft Office 2007 中新加入的特性，虽然插图和图形比文字更有助于读者理解和回忆信息，但大多数人仍创建仅包含文字的内容。创建具有设计师水准的插图很困难，使用 SmartArt 图形和其他新功能，只需单击几下鼠标，即可创建插图。

插入 SmartArt 图形的操作是：

（1）单击"插入"选项卡上的"SmartArt"按钮，弹出图 3-64 所示对话框，选择图示类型，单击"确定"按钮。

（2）功能区出现"SmartArt 工具 | 设计"选项卡，如图 3-65 所示，用于对 SmartArt 图形的更改和调整。

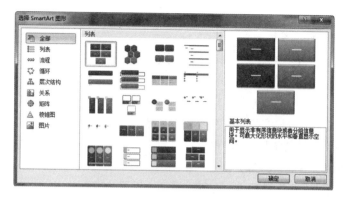

图3-64　图示库

图3-65　"格式"选项卡

 案 例 演 练

一、搜集素材文件

在素材文件夹中找到"梅花节艺术小报"文字和所有图片文件。

二、创建"梅花节艺术小报"文档并保存

启动 Word 2010，打开"梅花节艺术小报文字"文档，单击"文件"|"另存为"命令，在弹出的"另存为"对话框中输入"文件名"为"梅花节艺术小报"，最后单击"保存"按钮。（请不要勾选"保留与 Word 早期版本兼容性"前面的复选框。）

扫一扫 •

拓展阅读：
超链接

三、设置标题"梅开五福 喜迎新春"为艺术字格式

（1）选中"梅开五福　喜迎新春"文字。选择"插入"选项卡，在"文本"组中单击"艺术字"下拉按钮，在下拉列表中选择第 5 行第 3 列"填充－红色，强调文字颜色 2"。

（2）选中"梅开五福　喜迎新春"艺术字文本框，选择"开始"选项卡，在"字体"组中设置字体为"华文琥珀"、字号为"一号"。

（3）选中"梅开五福　喜迎新春"艺术字文本框，选择"绘图工具|格式"选项卡，在"排列"组中单击"自动换行"下拉按钮，选择"四周型"，将艺术字放置在第一行中间位置。

（4）选中"梅开五福　喜迎新春"艺术字文本框，选择"绘图工具|格式"选项卡，在"艺术字样式"组中单击"文本效果"下拉按钮，在下拉菜单中选择"发光"，在级联菜单中选择"发光变体"的第 1 行第 2 列"红色，5pt 发光"；之后选择"棱台"，选择"棱台"的第 1 行第 1 列"圆"；最后选择"转换"，选择"弯曲"的第 2 行第 1 列"倒 V 形"，参照效果图，运用艺术字文本框左上角的红色菱形按钮，适当调整弯曲效果。

四、设置标题行的图片格式

（1）将光标插入点放在首行首列。

（2）选择"插入"选项卡，在"插图"组中单击"图片"按钮，在"插入图片"对话框中选择"1.JPG"，单击"插入"按钮。

（3）选中插入的图片1，选择"图片工具|格式"选项卡，在"排列"组中单击"自动换行"下拉按钮，选择"衬于文字下方"。

（4）选中图片1，选择"图片工具|格式"选项卡，在"调整"组中单击"删除背景"按钮，选择"标记要保留的区域"，根据效果图在图片中选择保留区域，之后单击"保留更改"。

（5）选中图片1，选择"图片工具|格式"选项卡，在"大小"组中单击"裁剪"下拉按钮，选择"裁剪"，裁去图形四周多余部分。之后单击"大小"组中的右下角的对话框启动器，打开"布局"对话框，单击"大小"选项卡，在缩放选项中设置为50%。

（6）运用相同的方法，在标题行右侧插入图片"2.JPG"并设置格式，保存文档。

五、设置"第三届梅花艺术节盛大开幕"标题格式

（1）单击"文件"选项卡中的"新建"按钮，选择"空白文档"单击"创建"按钮。

（2）新建空白文档之后，单击快速访问工具栏的"保存"按钮，保存文档。在弹出的对话框中输入"文件名"为"梅花节开幕式标题"，最后单击"保存"按钮。（请务必勾选"保留与Word早期版本兼容性"前面的复选框。）

（3）在此文档中选择"插入"选项卡，在"文本"组中单击"艺术字"下拉按钮，在弹出的下拉列表中选择第1行第4列"艺术字样式4"命令，并在弹出的"编辑艺术字"对话框中选择宋体32号，并录入"第三届　艺术节盛大开幕"文字，单击确定。

（4）选中"第三届　艺术节盛大开幕"艺术字文本框，选择"格式"选项卡，在"排列"组中单击"自动换行"下拉按钮，选择"四周型"。

（5）选择"插入"选项卡，在"文本"组中单击"艺术字"下拉按钮，在弹出的下拉列表中选择第1行第1列"艺术字样式1"命令，并在弹出的"编辑艺术字"对话框中选择华文琥珀36号，并录入"梅花"文字，之后单击"确定"按钮。运用与上面（4）相同的方法将排列设置为"四周型"。

（6）选中"梅花"艺术字文本框，选择"绘图工具|格式"选项卡，在"艺术字样式"组中单击"形状填充"下拉按钮，选择"图片"，在弹出的"选择图片"对话框中选择素材"梅花.jpg"，单击"插入"按钮，即可将图片填充到艺术字中，之后将排列设置为"四周型"。

（7）参照样文效果将"梅花"二字放入到"第三届　艺术节盛大开幕"的中间的空白处，适当调整位置。之后同时选中，进行组合。保存文档。

（8）选中组合之后的"第三届梅花艺术节盛大开幕"艺术字标题，进行复制。

（9）再次打开"梅花节艺术小报文字"文档，将（8）中复制的"第三届梅花艺术节盛大开幕"艺术字粘贴到相应的位置上。

六、设置正文第一段格式

选中正文第一段文字，选择"开始"选项卡，在"段落"组中打开"边框和底纹"对话框，参照效果图设置段落上边框，应用于段落。

七、设置正文第二段正文格式

（1）选择"插入"选项卡，在"插图"组中单击"形状"下拉按钮，在矩形中选择"圆角矩形"，设置为"四周型"，参照样文调整位置和大小。

（2）首先复制第二段文字内容，之后选中圆角矩形，右击，在快捷菜单中选择"添加文字"，再进行粘贴，可调整圆角矩形的大小以适应文字。

（3）选中圆角矩形文本框，右击，在快捷菜单中选择"设置形状格式"，在弹出的对话左侧选择"文本框"，设置内部边距上、下、左、右都分别为 0 cm。

（4）选中圆角矩形，选择"绘图工具|格式"选项卡，在"形状样式"组中单击"形状填充"下拉按钮，选择"渐变"中的"其他渐变"，在弹出的"设置形状格式"对话框中单击"填充"，选择"渐变填充"。单击选中最左侧的"渐变光圈"停止点 1（位置 0%），设置颜色为"淡紫色"；之后单击选中最右侧的"渐变光圈"停止点 2（位置 1000%），设置颜色为"白色"；打开"方向"下拉按钮，设置为"从左上角辐射"，单击"确定"按钮。

（5）选中圆角矩形，选择"格式"选项卡，在"形状样式"组中单击"形状轮廓"下拉按钮，分别设置颜色为"淡紫色"，粗细为"0.25 磅"，虚线为"方点"。

八、设置正文第二段的图片格式和图文混排效果

（1）将光标插入点放在圆角矩形的右边。选择"插入"选项卡，在"插图"组中单击"图片"按钮，在"插入图片"对话框中选择"3.JPG"，单击"插入"按钮。

（2）选中图片 3，选择"图片工具|格式"选项卡，在"排列"组中单击"自动换行"下拉按钮，选择"四周型"。在"图片样式"下拉列表中选择第 1 行第 6 列"柔化边缘矩形"。

（3）选中图片 3，选择"图片工具|格式"选项卡，单击"大小"组中的右下角的对话框启动器，打开"布局"对话框，单击"大小"选项卡，在缩放选项中设置为 30%（也可参照左侧的圆角矩形调整图片大小）。运用相同的方法，在图片 3 右侧插入图片"4.JPG"并设置格式。

运用相同的方法依次设置正文第三段、第四段图文混排。光标放在最后一行，录入空格并选中，之后打开"边框和底纹"对话框，设置段落下边框。效果如图 3-52 所示。

拓展实训

制作"学院简介"艺术小报，样文效果如图 3-66 所示。

扫一扫

实训提示

扫一扫

实训视频

图 3-66 "学院简介"艺术小报样文

要求：

（1）页面布局：设置"纸张方向"为"横向"，上下页边距均为"2.3 厘米"，左右页边距均为"2.5 厘米"，纸张大小为"A4"。本实训的内容分左右两个部分，可以通过插入表格实现。在页面

上通过"插入表格"创建一个"一行两列"的表格。合理调整表格大小，占满页面。

（2）艺术字：将光标移到左侧单元格，插入艺术字，艺术字样式为"填充 – 蓝色，强调文字颜色 1，塑料棱台，映像"，输入"学院简介"。之后选中"学院简介"，设置字体格式为"黑体、小初、加粗"。调整艺术字位于单元格中间。复制"学院简介"艺术字，将其移动至表格第 2 列单元格上方居中位置，修改文字为"校园风光"。

（3）在艺术字的下方录入学院简介的文字内容，之后设置其格式为"黑体、三号"。

（4）组织结构图：选择"插入"选项卡"插图"组中的"SmartArt"，在弹出的"选择SmartArt 图形"对话框中选择"层次结构"中的"组织结构图"，将组织结构图插入到页面中。选定插入的组织结构图，单击"SmartArt 工具"的"格式"选项卡，设置"文字环绕方式"为"浮于文字上方"。单击"SmartArt 工具 | 格式"选项卡，展开"创建图形"组中的"添加形状"下拉列表，添加前、后、上、下形状，创建出样文中的组织结构图。

（5）图片：在艺术字下方插入素材图片"图书馆"，调整图片的大小为高度为"4.1 厘米"，宽度为"6.1 厘米"，之后设置图片的绕方式为"浮于文字上方"。设置图片样式为"棱台形椭圆，蓝色"。复制并更改图片：在页面上复制"图书馆"图片粘贴两次，将图片更改为另外两张图片。

（6）文本框：在"图书馆"图片的右侧插入文本框，输入文字"学院图书馆"，字体格式设置为"宋体三号"。在页面上复制粘贴"学院图书馆"文本框，根据样文修改文本框的文字和位置。

（7）设置表格边框线：选中表格，单击"表格工具 | 设计"选项卡，在"表格样式"组中单击"边框"，在下拉列表中选择"边框和底纹"，设置"蓝色双波浪线"外边框。

（8）制作图片水印：单击"页面布局"选项卡"页面背景"组的"水印"下拉按钮，在下拉列表中选择"自定义水印"，弹出对话框中选择"图片水印"，之后插入图片素材"水印"，完成图片水印的添加。

小　结

① Word 的图文混排主要用于完成贺卡、报纸、宣传页等的编辑排版工作。②对于宣传册等的排版是需要审美的，所以在日常生活中需要多观察、多体会其中的版式设计、色彩搭配。③艺术字可以逐字插入，效果会更个性化。④可以将设计好的图像作为背景插入，这样设计出来的文档更美观，图像直接打印出来的效果没有插入到 Word 中再打印出来效果好。

案例六　排版"项目调研报告"

案例展示

在 Word 中对长文档"项目调研报告"进行排版，样文如图 3–67 所示。

案例分析

"项目调研报告"是一篇典型的长文档，它的版面构成和排版设置和一般的短文档是不同的。

在本例中，按排版顺序将长文档排版任务分为设置页面、设置正文内容格式、设置标题格式、设置页眉页脚、制作目录等步骤。长文档的排版首先要从页面设置开始，即设置页面纸张的大小、页边距、其次要对长文档进行分节，按节分别设置不同的页面格式，如不同节的页面上放置不同的页眉和页脚等。本文档应该分成 3 个节：封面、目录、正文。长文档排版的关键在于样式的应用。设置格式前应该先设计好各级标题的样式和正文的样式。

扫一扫 ●

案例六视频1

扫一扫 ●

案例六视频2

图3-67　"项目调研报告"排版样文

知识要点

- 样式的概念。
- 样式的设置方法（重点）。
- 页眉和页脚（难点）。

● 目录的制作方法。

技能目标

● 能熟练设置并应用样式。

● 能熟练设置长文档的页眉和页脚。

● 能熟练制作长文档目录。

● 能通过导航窗格定位并查阅长文档。

知识建构

长文档通常提指那些文字内容较多、篇幅相对较长、文档层次结构相对复杂的文档。例如调查报告、项目合同、技术手册、工作总结、图书论文等都是典型的长文档。通常，一篇长文档版面是由封面、目录、正文（正文要有不同级别的标题）、页眉页脚等构成的。如果没有这些版面设置，长文档的定位和查阅是一件费时费力的事情。

一、插入页

1. 封面

通过使用插入封面功能，用户可以借助 Word 2010 提供的多种封面样式为 Word 文档插入风格各异的封面。并且无论当前插入点光标在什么位置，插入的封面总是位于 Word 文档的第 1 页。具体操作方法是在"插入"选项卡，在"页"组中单击"封面"按钮，在打开的"封面"样式库中选择合适的封面样式即可。

2. 空白页和分页

分页相当于光标位置插入分页符标记。它的效果与"页面布局"选项卡中的"分隔符"下拉列表中的"分页"是一致的。

插入空白页是光标位置插入分页符标记的同时，在中间插入一个空白页面。

二、样式

1. 定义样式

1）样式的概念

样式是指一组已经定义好的字符格式和段落格式的集合。定义好的样式可以被多次应用，如果修改了样式，那么应用了样式的段落或文字会自动被修改。使用样式可以使文档的格式更容易统一，还可构筑文档的大纲，使文档更有条理，编辑和修改更简单。

2）字符样式和段落样式

字符样式仅适用于选定的字符，可以提供字符的字体、字号、字符间距和特殊效果等格式设置。段落样式可适用于一个段落，可以提供包括字体、制表位、边框、段落格式等设置效果。

3）内置样式和自定义样式

Word 2010 本身自带了许多样式，称为内置样式。如果这些样式不能满足用户的全部要求，也可以创建新的样式，称为自定义样式。内置样式和自定义样式在使用和修改时没有任何区别，但是用户可以删除自定义样式，却不能删除内置样式。

2. 应用样式

1）应用现有的样式

将光标定位于文档中要应用样式的段落或选中相应字符，选择"开始"选项卡，在"样式"组中单击快速样式列表框中任意样式，可将该样式应用于当前段落或所选字符。

2）修改样式

如果现有样式不符合要求，可以修改样式使之符合个性化要求。例如，在"企业宣传册"文档中一级标题使用的样式是自定义样式"我的一级标题"，要使该样式的字符颜色改为深红色、字体为华文行楷、小一号、段落居中，有如下两种方法。

方法一：选择"开始"选项卡，在"样式"组的快速样式库中右击"我的一级标题"样式按钮，在其快捷菜单中选择"修改"命令，打开"修改样式"对话框，如图3-68所示。通过该对话框，将字符颜色改为深红色，字体改为华文行楷，字号改为小一号，段落对齐方式为居中。如果对字体格式、段落格式等有进一步修改需求，可以单击"格式"下拉按钮，在弹出的下拉列表中选择相应命令，进入对应的对话框中进行格式修改，修改完成后单击"确定"按钮，返回"修改样式"对话框，再单击"确定"按钮返回文档编辑状态。此时可以看到所有使用了"我的一级标题"样式的段落格式都进行了相应的更改。

图3-68　"修改样式"对话框

方法二：不需要打开"修改样式"对话框，直接对"样式"进行修改样式。

选中任意一个应用了"我的一级标题"样式的段落，通过常规方法设置字符颜色为深红，字体为华文行楷、小一号，段落对齐方式为居中。在"开始"选项卡的"样式"组中单击右下角的对话框启动器，打开"样式"任务窗格，其中，"我的一级标题"样式下出现了更新后的样式名"我的一级标题＋华文行楷"。但是在文档窗口拖动滚动条，发现其他一级标题的外观仍然维持着原状，并没有改变。为了使所有应用了"我的一标题"的段落样式有变化，要先选中修改好格式的这个段落，然后右击"样式"下拉列表中的"我的一级标题"样式名，在其快捷菜单中选择"更新'我的一级标题'以匹配所选内容"命令，将使所有原来使用"我的一级标题"样式的段落都应用了新的设置，新增的样式名也随即消失，新增的格式参数也被添加到了"我的一级标题"样式中。

3）清除样式

如果要清除已经应用的样式，可以选中要清除样式的文本，选择"开始"选项卡，单击"样式"组的对话框启动器，在打开的"样式"任务窗格中选择"全部清除"命令即可。

4）删除样式

要删除已定义的样式，可以在"样式"任务窗格中右击样式名称，在弹出的快捷菜单中选择"删除"命令。需要注意的是，系统内置样式不能被删除。

三、页眉页脚

页眉和页脚是文档中的注释性信息，如文章的章节标题、作者、日期时间、文件名或单位名称等。页眉在正文的顶部，页脚在正文的底部。Word 2010 中页眉、页脚和页码在"插入"选项卡的"页眉和页脚"组中设置。

1．插入页眉和页脚

（1）在"页眉和页脚"组中单击"页眉"下拉按钮，选择页眉样式。此时在页面顶部出现页眉编辑区，自动打开"页眉和页脚工具|设计"选项卡，如图 3-69 所示，可以对页眉和页脚进行设置。

图3-69　"设计"选项卡

（2）在页眉编辑区输入需要显示的文本，同时可以插入日期和时间、图片、剪贴画、文本部件（包括自动图文集和域）。

（3）在"页眉和页脚工具|设计"选项卡的"导航"组中单击"转至页脚"按钮。此时在页面底部出现页脚编辑区。

（4）在页脚编辑区输入需要显示的文本。

（5）输入完成后，单击"设计"选项卡的"关闭"组中的"关闭页眉和页脚"按钮，或在文档任意位置双击即可退出设置。

2．修改页眉和页脚

在"页眉和页脚"组中单击"页眉"下拉按钮，在其下拉列表中选择"编辑页眉"命令，或者双击页眉区，均可编辑页眉和页脚。

在"页眉和页脚"组中单击"页码"下拉按钮，在下拉列表中选择页码显示位置和页码的式，如图 3-70 所示。如果修改页码样式，双击页码进入页码编辑状态重新设置即可。

图3-70　"页码"下拉列表

四、题注、脚注与尾注

1．插入题注

题注是一种可以添加到图表、表格、公式等其他对象中的编号标签。

2．插入脚注和尾注

脚注和尾注用于对文档中的文本提供解释、批注以及相关的参考资料。通常用脚注对文档内容进行注释说明，显示在文档每一页的末尾，而用尾注说明引用的文献，显示在文档的末尾。

五、目录与索引

1．自动生成目录

Word 具有自动创建目录的功能，但在创建目录之前，需要为要提取为目录的标题设置标题级别（不能设置为正文级别），并且为文档添加页码，在 Word 中主要有三种设置标题级别的方法：①利用大纲视图设置；②应用系统内置标题样式；③在"段落"对话框的"大纲级别"下拉列表中选择。

标题级别设置好之后，光标置于文档中放置目录的位置，单击"引用"选项卡上的"目录"组中的"目录"下拉按钮，在展开的下拉列表中选择一种目录样式。

若单击"目录"下拉列表底部的"插入目录"选项，可打开图 3-71 所示"目录"对话框，在其中可自定义目录样式。

扫一扫

拓展阅读：
插入题注的操作

扫一扫

拓展阅读：
插入脚注和尾注的操作

图3-71　"目录"对话框

如果文档的内容在目录生成后又进行了调整，如部分页码发生了改变，此时要更新目录，使之与正文相匹配，那么只需在目录区域中右击，在弹出的快捷菜单中选择"更新域"命令，在弹出的"更新目录"对话框中选中"更新整个目录"单选按钮即可。

目录生成后，可以利用目录和正文的关联对文档进行跟踪和跳转，按住【Ctrl】键单击目录中的某个标题，就能跳转到正文相应的位置。

> 提示：目录是以"域"的形式插入到文档中的，当把目录移动或复制到其他文档时，由于 Word 不能找到目录相应的内容，因此在更新目录时，会显示"未找到目录项"。因此，在将生成的目录移动或复制到其他文档时，应首选选中目录，然后按【Ctrl+Shift+F9】组合键，将其转换为普通文字。

2. 索引

索引的主要作用是列出文档的重要信息及其所在页码，方便读者快速查找。创建索引就是将文档中出现的重点词汇提取出来，按笔画或拼音顺序分类，并为每个词汇标记它在文档中的页码。这样，当我们想要查找某个词汇时，就可以根据索引查到它出现的位置。

六、批注和修订

某些文档会在相关人员之间进行传阅、修改。为此，Word 2010 提供了审阅文档的功能，它主要包括两个方面：一是文档审阅者可通过为文档添加批注的方式，对文档的某些内容提供自己的想法和建议，而文档原作者可据此决定是否修改文档；二是文档审阅者在文档修订模式下修改原文，而文档作者可决定是拒绝还是接受修订。

1. 为文档添加批注

利用批注功能，审阅者可以方便地在文档中插入对某些内容的说明或建议，同时，Word 2010 还可以不同的底纹颜色和用户名称对不同审阅者的批注加以区别，为文档添加批注的方法是单击"批注"按钮。

2. 修订文档

使用文档修订功能可以突出显示审阅者对于文档所做的修改，而文档创建者可以选择是拒绝还是接受修订。具体操作方法是单击"修订"组中的"修订"下拉按钮，在展开的下拉列表中选择"修订"，进入修订状态，即可修改原文。修订结束后，可再次单击"修订"按钮，退出修订状态。

打开修订后的文档，可以切换到"审阅"选项卡，在"更改"组中单击"上一条"或"下一条"查看，如果接受修订，可单击"更改"组中的"接受"按钮。如果拒绝修订，可单击"更改"组中的"拒绝"按钮。

七、打印

当文档编辑、排版完成后，就可以打印输出了。打印前，可以利用"打印预览"功能先查看一下排版是否理想。如果满意则打印，否则可继续修改。文档打印操作可以使用"文件"→"打印"命令实现。

🗣 案例演练

一、排版要求

（1）纸张：A4；普通页边距。

（2）正文内容格式：

- 字体：中文宋体；英文为新罗马体（Times New Roman）。
- 字号：全文小四号。
- 段落：首行缩进 2 字符，行间距 1.5 倍。

（3）各级标题：

- 一级标题：四号黑体，段前后各 1 行，居中，大纲级别一级。
- 二级标题：小四号黑体，段前后各 0.5 行，左对齐，大纲级别二级。
- 三级标题：小四号黑体，左对齐，大纲级别三级。

（4）页眉和页脚：

● 页眉：从"前言"开始，页面左侧方显示"项目调研报告"，右侧为项目图标。

● 页脚：从"前言"开始，页面下方正中间显示页码。

（5）制作目录：显示各章三级标题及每章起始页码。

（6）运用导航窗格查阅论文。

二、创建"项目调研报告"文档并保存

启动 Word 2010，打开"项目调研报告原文"素材文档，单击"文件"选项卡中的"另存为"按钮，在弹出的"另存为"对话框中输入文件名"项目调研报告"，单击"保存"按钮。

三、页面设置

选择"页面布局"选项卡，在"页面设置"组中单击"页边距"下拉按钮，在其下拉列表中选择"普通"命令。在"纸张大小"下拉列表框中选择"A4"纸型。

四、为正文内容设置并应用样式

（1）新建样式：选择"开始"选项卡，单击"样式"组右下角的对话框启动器，在弹出的"样式"窗格中单击左下角的"新建样式"图标按钮。在弹出的"根据格式创建新样式"对话框中，在名称文本框中输入"正文样式"（其他选项不用设置）。

（2）设置样式：之后单击对话框左下角的"格式"按钮，在弹出的下拉列表中选择"字体"，在"字体"对话框中根据要求设置字体：中文宋体；英文新罗马体（Times New Roman），字号为小四号。单击"确定"按钮。单击对话框左下角的"格式"按钮，在弹出的下拉列表中选择"段落"命令，弹出"段落"对话框，设置"首行缩进 2 字符，行间距 1.5 倍"。单击"确定"按钮。在对话框中选中"自动更新"复选框。

（3）应用样式：选中所有的正文内容，之后打开"样式"组中的样式下拉列表，选择刚刚新建的"正文样式"，此时所有的正文内容全部应用了"正文样式"。

五、为各级标题设置样式

（1）运用相同的方法，按要求分别为各级标题新建、设置和应用"一级标题样式"、"二级标题样式"和"三级标题样式"。需要注意的是，在设置"一级标题样式"的"段落"格式中，大纲级别为"一级"，"二级标题样式"的大纲级别为"二级"，"三级标题样式"的大纲级别为"三级"。

（2）在为各级标题应用标题样式的过程中，可以打开"视图"选项卡"显示"组中的"导航窗格"，各级标题会显示在窗格中，单击标题会快速定位正文内容。

六、设置页眉页码

（1）插入分节符：根据要求从"前言"开始显示页眉和页码，所以将文档分成两节。选择"视图"选项卡，单击"文档视图"组中的"大纲视图"。将光标放置在"前言"上方空行的最左侧。选择"页面布局"选项卡，在"页面设置"组中单击"分隔符"下拉按钮，选择"分节符"中的"下一页"命令，此时看到在"前言"上方有"分节符"标记。

（2）单击"视图"选项卡"文档视图"组中的"页面视图"，在刚才插入的空白页中输入"目录"，并应用"一级标题"的样式。

（3）将光标放置在"前言"一页的顶端，选择"插入"选项卡，在"页眉和页脚"组中单击

"页眉"下拉按钮，选择内置"空白"，进入页眉编辑状态。

（4）选择"页眉和页脚工具|设计"选项卡，可以看到"导航"组中"链接到前一条页眉"默认是选中的状态，单击"链接到前一条页眉"取消其选中状态。

（5）根据要求在页眉行左侧输入文本"项目调研报告"，在页眉行右侧插入"荷香雅居标识图片"，并对其格式大小进行相应调整。设置好后退出页眉编辑状态。

（6）选择"插入"选项卡，在"页眉和页脚"组中单击"页码"下拉按钮，选择"设置页码格式"命令，在"页码格式"对话框中"页码编号"中，取消"续前节"的选中状态，之后选中"起始页码"并设置为"1"。

（7）将光标放置在"前言"一页的底端，选择"插入"选项卡，在"页眉和页脚"组中单击"页码"下拉按钮，选择"页面底端"的"普通数字2"，进入页脚编辑状态，在页脚处输入页码"1"。

（8）退出页眉页码编辑状态后，可观察后续页的页眉页码全部按要求已自动设置。

七、制作目录

（1）将光标置于目录页"目录"行的下一行最左侧。

（2）选择"引用"选项卡，在"目录"组中单击"目录"下拉按钮，选择"插入目录"，弹出"目录"对话框，在对话框中单击"目录"选项卡，勾选"显示页码"和"页码右对齐"复选框，显示级别设置为"3级"，取消选择"使用超链接而不使用页码"。

拓展实训

按照排版要求对素材长文档"毕业论文"进行排版。

要求：

（1）页面设置：纸张 A4，自定义页边距为左右各 3 cm、上下各 2.5 cm。

（2）正文内容格式：

- 中文宋体，英文新罗马体（Times New Roman），字号五号。
- 段落：首行缩进 2 字符，行间距为 1.5 倍。

（3）标题格式：

- 一级标题：四号黑体，段前后各 1 行，居中，大纲级别一级。
- 二级标题：小四号宋体加粗，段前后各 0.5 行，居左，大纲级别二级。
- 三级标题：五号宋体加粗，居左，大纲级别三级。

（4）页眉页脚：从"概述"开始设置页眉。

- 奇偶页不同：奇数页页眉为论文题目，偶数页页眉为一级标题。
- 页脚：页面右下角显示页码。

（5）制作目录：显示各章三级标题及起始页码。

（6）根据本次论文排版后的经验，做一论文模板，以备自己以后使用。

扫一扫

实训提示

小　结

①对文档进行页面设置时，经常会有某部分格式与其他面不同，此种情况下就要用到分

节，插入分节符后可单独设置该节格式。如文档中某一页需纸张横向、不同的页眉页脚设置等。
②在排版长文档时视图方式很重要，如大纲视图中进行大纲编辑及格式化，在大纲视图中会看
到分节符，而在页面视图中无法看到。③页眉页脚设置时，在"页眉页脚"组中有"链接到前
一条页眉"选项，可用来设置与上一节不同的页眉页脚。

案例七　批量制作"准考证"

案例展示

在 Word 2010 中通过邮件合并批量制作准考证，样文如图 3-72 所示。

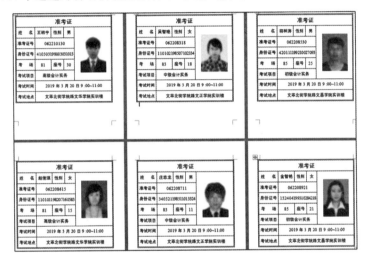

图3-72　"准考证"样文

案例分析

　　每张准考证格式一致，但每位考生的姓名、准考证号等数据都不同。需创建主文档，反映
准考证的固定格式，将考生信息存放在 Excel 表格中，通过 Word 提供的邮件合并功能，自动将
数据添加到主文档中，批量完成准考证制作。

知识要点

主文档、数据源的含义（重点）。
邮件合并的方法和步骤（难点）。
宏的功能。

技能目标

能熟练应用邮件合并制作批量文档。
能熟练操作邮件合并中的"合并域"。
能熟练录制宏。

知识建构

一、邮件合并

Word 2010 的“邮件合并”功能能够在任何需要大量制作模板化文档的场合中使用中，用户可以借助它批量处理信函、信封、标签、电子邮件。比如日常生活或工作中常见的工资条、通知书、邀请函、明信片、准考证、成绩单、毕业证书等。

把每份邮件中都重复的内容与区分不同邮件的数据合并起来。前者称为“主文档”，后者称为“数据源”。实际上是在文档中插入了一些域，域相当于程序设计中的变量，这些变量在邮件合并中可以用值来代替，能够根据一批收信人的信息，自动成批生成相应的邮件。所以完整使用“邮件合并”功能通常需要三个步骤：一是准备数据源，二是制作主文档，三是“邮件合并”生成新文档。

1. 创建数据源

“数据源”可以是 Excel 工作表、Word 表格，也可以是其他类型的数据库文件，但数据源必须是标准的数据列表。将数据源保存为“成绩单数据源 .xlsx”

2. 创建主文档

在 Word 2010 中新建空白文档，输入并排版，效果如图 3-73 所示，并保存为“成绩单.docx”。

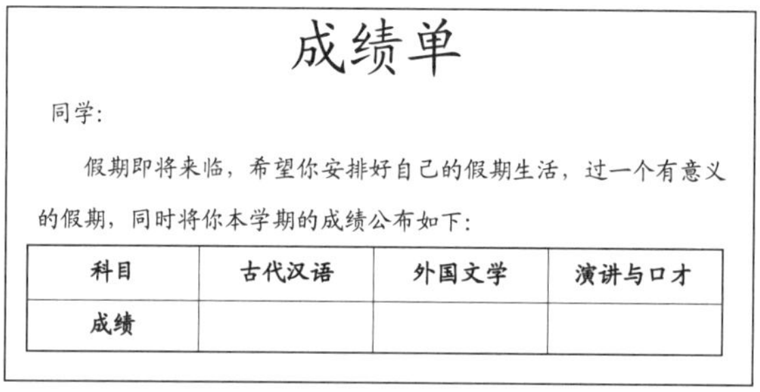
成绩单

同学:

假期即将来临，希望你安排好自己的假期生活，过一个有意义的假期，同时将你本学期的成绩公布如下:

科目	古代汉语	外国文学	演讲与口才
成绩			

图3-73　主文档

3. 邮件合并

邮件合并主要有三个步骤：选择文档类型、链接数据源、插入合并域合并文档。

1）选择文档类型

打开文档“成绩单 .docx”，单击“邮件”选项卡“开始邮件合并”组中的“开始邮件合并”按钮，在弹出的下拉列表中选择“普通 Word 文档”。

2）链接数据源

单击“邮件”选项卡中的“开始邮件合并”组中的“选择收件人”按钮，在弹出的下拉列表中选择“使用现有列表”，在弹出的“选取数据源”对话框中选择数据源“成绩单数据源 .xlsx”。单击“打开”按钮，打开“选择表格”对话框，选择数据所在的工作表，此例是在“sheet1”工作表中，如图 3-74 所示。“邮件”选项卡的多个按钮已激活。

3）插入合并或合并文档

将光标定位在插入点（如“同学”前面），单击“编写和插入域”组的“插入合并域”按钮，打开“插入合并域”对话框，分别选择“域”列表中的“姓名”项，如图 3-75 所示，单击“插入”按钮。

图3-74　选择数据源

图3-75　插入域

数据源"成绩单数据源.xlsx"中有五个字段,分别是"姓名""古代汉语""外国文学""演讲与口才""总成绩",所以可以在主文档组中插入相应的域(只插入相关的域,不相关的域如"总成绩"不用插入)。插入合并域后,可以单击"预览结果"组中的"预览结果"按钮,查看合并结果,如图3-76所示。

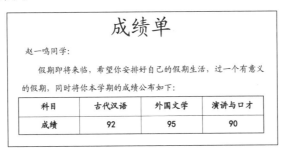

图3-76　合并结果

单击"完成并合并"按钮,在下拉列表中选择"编辑单个文档",打开"合并到新文档"对话框,单击"全部"按钮,最后单击"确定"按钮。这时,Word即会生成一个合并后的新文档,在新文档的标题栏通常显示为"信函N"(N为阿拉伯数字),保存合并后的新文档。

二、宏

每次在Word中执行频繁的任务时,如果必须进行一大串鼠标点击或击键操作,则执行该任务会让人心生厌烦。宏可以绑定一个命令集合,并指示Word仅需一次点击或击键即可启动它们。

1. 启用宏

单击"文件"菜单,在列表中选择"选项",在左侧选择"信任中心"后,单击"信任中心设置"按钮,弹出对话框,如图3-77所示。

单击"ActiveX设置"后,选择"无限启用所有控件并且不进行提示"单选按钮,取消"安全模式"的选择。单击"宏设置",选择"启用所有宏"单选按钮,选中"信任对VBA工程对象模型的访问"复选框。

2. 录制宏

(1)单击"视图"选项卡"宏"组中的"宏"按钮,在下拉列表中选择"录制宏",出现"录制宏"对话框,如图3-78所示,设置宏名,将宏指定到按钮或键盘,并分别进设置,最后单击"确定"按钮,接下来进行相应的操作就可以了。

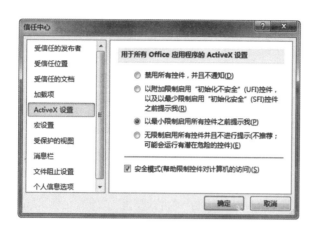

图3-77 "信任中心"对话框

图3-78 "录制宏"对话框

（2）再次单击"宏"按钮，在下拉列表中选择"暂停录制"，就完成了宏的录制工作。

（3）单击"宏"按钮，在下拉列表中选择"查看宏"，可以看到宏代码，如果对于代码比较了解，可以进行更改调整。

（4）单击"宏"按钮，单击"执行"按钮，即可执行宏。

案例演练

1．保存数据源文件、主文档和图片文件

由于有大量的图片文件，首先需要完成的就是将数据源文件、主文档和图片文件置于同一文件夹中，如图3-79所示。

2．在Word中制作主文档

在Word中根据准考证格式制作主文档，如图3-80所示，与照片保存在同一目录下，命名为"主文档.docx"。

图3-79 文件存放方式

准考证			
姓　　名		性别	
准考证号			
身份证号			
考　　场		座号	
考试项目			
考试时间			
考试地点			

图3-80 主文档

3．在Excel中制作数据源

在Excel中，根据准考证格式输入字段名，之后输入人员相关数据，需要注意的是，要多一个名为"照片名"的字段，其中的数据是图片的命名，统一采用"序号"＋"."＋"图片格式"的命名方法，所以本列中数据就如"1.JPG"，如图3-81所示。

序号	姓名	性别	准考证号	身份证号	考场	座位	考试科目	考试时间	考试地点	照片
1	王列宁	男	062210130	41050319800303	81	30	高级会计实务	2019年3月20日 9 :00~11:00	文萃北街学院路文华学院实训楼	1.jpg
2	吴智艳	女	062208318	11010219850710	83	18	中级会计实务	2019年3月20日 9 :00~11:00	文萃北街学院路文正学院实训楼	2.jpg
3	胡林涛	男	062208530	42011119921002	85	25	初级会计实务	2019年3月20日 9 :00~11:00	文萃北街学院路文昌学院实训楼	3.jpg
4	赵佳萍	女	062208615	11010119820716	81	15	高级会计实务	2019年3月20日 9 :00~11:00	文萃北街学院路文华学院实训楼	4.jpg
5	庄志龙	男	062208711	34052119851101	83	11	中级会计实务	2019年3月20日 9 :00~11:00	文萃北街学院路文正学院实训楼	5.jpg
6	金智艳	女	062208921	13240419931028	85	21	初级会计实务	2019年3月20日 9 :00~11:00	文萃北街学院路文昌学院实训楼	6.jpg

图3-81 数据源

4. 邮件合并

（1）单击"邮件"选项卡中的"开始邮件合并"组中的"开始邮件合并"按钮，在弹出的下拉列表中选择"信函"，将文档类型设置为信函。

（2）单击"开始邮件合并"组中的"选择收件人"按钮，在弹出的下拉列表中选择"使用现有列表"，在"选取数据源"对话框中选择"数据源 .xlsx"，单击"打开"按钮打开"选择表格"对话框，选择数据所在工作表，例中是"Sheet1"工作表，单击"确定"按钮。

（3）光标定位在相应的单元格内，单击"插入合并域"按钮，选择相应字段，分别插入合并域"姓名""性别""准考证号""身份证号""考场""座号""考试项目""考试时间""考试地点"。

（4）光标定位在图片单元格内，单击"插入"选项卡上的"文本"组中的"文档部件"按钮，在列表中选择"域"。打开"域"对话框，在对话框中，"类别"选择"链接和引用"，"域名"选择"IncludePicture"，如图 3-82 所示。

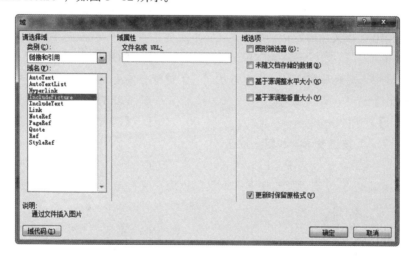

图3-82 "域"对话框

（5）照片域插入后提示"错误! 未指定文件名"，则右击域名，在打开的列表中选择"切换域代码"。将光标置于"IncludePicture"之后，单击"插入合并域"按钮选择"照片"字段。

（6）单击"完成合并"按钮，在下拉列表中选择"编辑单个文档"。在弹出的"全部到新文档"对话框中选择"全部"，单击"确定"按钮，这时生成了一个新文档。

（7）按【Ctrl+A】组合键全选文档，按【F9】键更新域即可。

拓展实训

某公司员工在完成项目期间，每建一个文档都有这样的重复性工作：插入项目

扫一扫

实训提示

logo，在页面右上角，自动插入当天日期，设置字体为小四号，楷体，设置间距为 1.5 倍行距，首行缩进 2 个字符。请制作宏，帮其简化工作。

小　　结

①邮件合并和宏都能批量完成文档的操作，使操作便捷，简化工作过程。②邮件合并中的难点是图像的插入，其实对于图像域的插入还有简单的方法，就是用 Word 表格，将图像插入到 Word 表格中，然后直接插入域即可。③宏一般用户使用较少，但是如果能熟练使用，对文档的编辑有很大帮助。

测　试　题

一、选择题

1. Word 是 Microsoft 公司提供的一个（　　　）。

　　A. 操作系统　　　　　　　　　　　　　B. 表格处理软件

　　C. 文字处理软件　　　　　　　　　　　D. 数据库管理系统

2. Word 2010 文档文件的默认扩展名是（　　　）。

　　A. TXT　　　　　　B. EXE　　　　　　C. DOCX　　　　　D. DOC

3. 在 Word 中选定矩形区域时，鼠标与（　　　）键配合使用。

　　A.【Ctrl】　　　　　　　　　　　　　　B.【Shift】

　　C.【Alt】　　　　　　　　　　　　　　D.【CapsLock】

4. 下列（　　　）按钮表示"加粗"按钮。

　　A. B　　　　　　　　B. I　　　　　　　C. U　　　　　　　D. A

5. 将插入点定位于句子"飞流直下三千尺"中的"直"与"下"之间，按一下【Delete】键，则该句子（　　　）。

　　A. 变为"飞流下三千尺"　　　　　　　B. 变为"飞流直三千尺"

　　C. 整句被删除　　　　　　　　　　　　D. 不变

6. 在 Word 2010 中，编辑一个名为 ABC.DOCX 的文件，当另存为该文件为 XYZ.DOCX 时，当前打开的是（　　　）。

　　A. 关闭文档窗口　　　　　　　　　　　B. 两个文档均被打开

　　C. XYZ.DOCX　　　　　　　　　　　　D. ABC.DOCX

7. 在 Word 2010 表格中，文字在单元格中的对齐方式共有（　　　）种。

　　A. 3　　　　　　B. 6　　　　　　　　C. 9　　　　　　　　D. 12

8. 在 Word 中，关闭当前文件的快捷键是（　　　）。

　　A.【Ctrl+F6】　　　　　　　　　　　　B.【Ctrl+F4】

　　C.【Alt+F6】　　　　　　　　　　　　D.【Alt+F4】

9. 在 Word 中默认情况下，输入了错误的英语单词时，会（   ）。
    A. 系统铃响，提示出错
    B. 在单词下有绿色下画波浪线
    C. 在单词下有红色下画波浪线
    D. 自动更正

10. 在 Word 中可用于大量制作模板化文档的功能是（   ）。
    A. 页面布局
    B. 邮件合并
    C. 段落
    D. 表格

11. 在 Word 中，【Ctrl+A】组合键的作用等效于用鼠标在文档选定区内（   ）。
    A. 单击一下
    B. 连击两下
    C. 连击三下
    D. 连击四下

12. 在 Word 中，按照文档的打印效果显示文档的视图方式是（   ）。
    A. 页面视图
    B. Web 版式视图
    C. 大纲视图
    D. 草稿视图

13. 在 Word 中，"开始"选项卡中的"字体"组不包括的功能有（   ）。
    A. 字号
    B. 字型
    C. 清除格式
    D. 对齐方式

14. 在 Word 2010 中，不能创建表格的方法有（   ）。
    A. 用网格创建
    B. 用插入表格对话框创建
    C. 绘制表格工具
    D. 图片转换

15. 在 Word 2010 中，插入组织结构图应该选择（   ）按钮。
    A. 形状
    B. 图片
    C. SmartArt
    D. 图表

二、填空题

1. 当输入的文本满一行时会自动换行。如果要开始一个新的段落，需要按_____键。

2. Word 有两种编辑状态，分别是_____状态和_____状态，可按_____键进行切换。

3. 利用_____工具可以对文档进行快速的格式化。

4. 利用 Word 提供的_____功能，可以方便地将文本分成几栏放置在文档页面中。

5. 使用首字下沉的命令是单击_____选项卡中的_____按钮。

6. 在 Word 中文本框是可以在其中放置_____、_____、_____等内容的矩形框。

7. 当需要对文本进行移动、复制或设置字体、字号等操作时，都需要先_____。

8. 单击"插入"选项卡中的_____可以截取屏幕图像。

9. 双击格式刷工具可以实现_____功能。

10. Word 提供了 3 种粘贴项供选择，分别为_____、_____和只保留文本。

11. 在 Word 中，一组已经定义好字符格式和段落格式的集合称为_____。

12. 在 Word 中创建目录之前，需要为要提取目录的标题设置_____。

13. 在 Word 中，"段落"对话框中可以设置的缩进方式有_____、_____、_____、_____。

14. 把每份邮件中都重复的内容与区分不同邮件的数据合并起来，前者称为_____，后者称为_____。

三、判断题

1. 在 Word 中，使用【Delete】键可清除表格中的数据。 （　　）

2. 在 Word 中，用户只能新建样式，不能修改样式。 （　　）

3. Word 软件只能编辑文字和表格，不能处理图片。 （　　）

4. 在 Word 中，"文档视图"方式和"显示比例"可以在状态栏右下角进行设置。 （　　）

5. 在 Word 中，操作被撤销以后就不能再恢复了。 （　　）

6. 在 Word 中，不但能插入封面、脚注，而且可以制作文档目录。 （　　）

7. 在 Word 中，可以插入并编辑页眉和页脚。 （　　）

8. 在 Word 中的文档部件中可以插入域。 （　　）

9. 在 Word 中，不能自定义水印。 （　　）

10. 在 Word 中，单击"重设图片"不能将图片还原为初始状态。 （　　）

11. 在 Word 中，邮件合并的功能实际上是在文档中插入了一些域。 （　　）

12. 在 Word 中，长文档通常提指文字内容较多、篇幅较长、层次结构相对复杂的文档。 （　　）

13. 在 Word 中，不能通过"段落"对话框的"大纲级别"下拉列表选择标题级别。（　　）

14. 在 Word 中，合并单元格就是将任意多个单元格合并成一个小单元格。 （　　）

15. 在 Word 中，图片上被裁剪掉的内容并非被删除了，而是被隐藏起来。 （　　）

四、简答题

1. 在 Word 中，利用"段落"对话框可以设置的段落格式有哪些？

2. 在 Word 中，利用"字体"对话框可以设置的格式有哪些？

3. 在 Word 文档中如何新建样式？

4. 论述运用 Word 排版长文档的主要步骤和方法。

5. 论述运用 Word 邮件合并的主要步骤和方法。

● 扫一扫

拓展阅读：
Word 2016
新功能特性

模块四

处理分析表格数据

单元导读

Excel 2010 是微软公司 Microsoft Office 办公软件中的重要组成部分，Excel 功能强大、易于操作，可用于制作电子表格，输入数据、公式、函数及图像对象，实现数据高效管理、计算和分析，生成直观的图形、专业的图表等。Excel 被广泛地应用于办公文秘、财务管理、市场营销、行政管理和协同办公等事务。在 Excel 2010 中，用户可以通过更多的方式分析、管理和共享信息，从而做出更明智的业务决策，新数据分析和可视化工具能帮助用户跟踪和亮显重要的数据趋势。要想 Excel 2010 能够更好地协同我们完成日常的工作，首先就需要认识 Excel 2010 的操作环境，了解 Excel 2010 工作界面及构成要素，以便能熟练应用该软件。

案例一　创建"员工基本信息表"

案例展示

某公司有员工近百人，人力资源部门的工作人员通过员工基本信息表记录该公司的所有员工信息，并及时添加新入职人员信息，以便公司进行人事管理及事务处理。制作完成后的公司员工基本信息表如图 4-1 所示。

员工编号	员工姓名	性别	所属部门	出生年月	学历	职务	身份证号	基本工资	电话号码
H001	庞洪	男	办公室	1988-2-5	大专	职员	630022266654798200	￥1,300.00	13985003211
H002	王艳	女	办公室	1985-3-6	本科	经理	230047992113677700	￥4,000.00	19299467765
H003	张娜	女	财务部	1975-11-9	硕士	经理	410027556433896200	￥3,500.00	17789443261
H004	刘莉	女	财务部	1970-4-20	本科	职员	341120911360067000	￥3,000.00	11167662311
H005	钱华	男	销售部	1981-7-14	大专	职员	312563349004231000	￥3,200.00	18899453321
H006	张晓亮	男	销售部	1990-4-9	本科	经理	453338906653216000	￥4,500.00	13344527786
H007	王继红	男	销售部	1970-3-6	大专	职员	333011155667899000	￥2,800.00	15567443211
H008	张海燕	女	采购部	1989-9-28	硕士	经理	556322189997543000	￥3,200.00	17899543210
H009	强亮	男	采购部	1972-11-24	大专	职员	445384561123985000	￥2,000.00	11886544325
H010	李红玲	女	采购部	1992-7-30	本科	职员	667332199874778000	￥1,800.00	12235674432

图 4-1　员工基本信息表样表

扫一扫

案例一视频

案例分析

知识要点

- Excel 2010 工作界面组成。
- Excel 2010 中的基本概念。
- Excel 2010 基础操作方法。

技能目标

- 熟悉 Excel 2010 工作界面组成。
- 掌握 Excel 2010 的基本操作。

知识建构

一、Excel 2010 概述

启动 Excel 2010 之后，展现在用户面前的是 Excel 2010 的工作窗口，即 Excel 的操作界面，又称为操作环境。Excel 2010 的操作界面由标题栏、快速访问工具栏、功能区等要素构成，如图 4-2 所示。

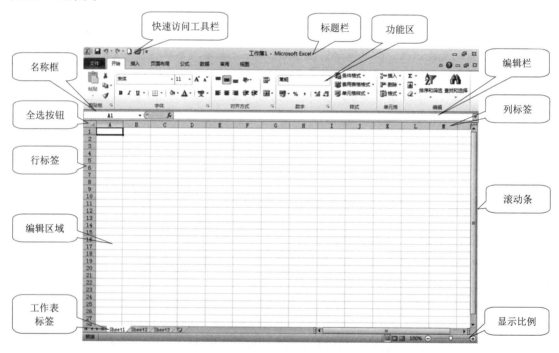

图 4-2　Excel 工作窗口

下面来了解各组成要素的名称及功能。

（1）控制菜单图标。单击可打开窗口控制菜单，可对当前窗口进行移动、调整大小、最大化、最小化及关闭等操作。

（2）快速访问工具栏。该工具栏中集成了多个常用的按钮，例如，"撤销""打印"按钮等，在默认状态下集成了"保存""撤销""恢复""打印"按钮。

（3）标题栏。显示 Excel 的标题，可以查看当前活动状态下工作簿的名称。

（4）窗口控制按钮。最大化、最小化及关闭窗口的控制按钮。

（5）功能区标签。显示各个集成的 Excel 功能区的名称。

（6）功能区。在功能区中包括很多组，并集成了 Excel 的很多功能按钮。

（7）名称框。显示当前正在操作的单元格或单元格区域的名称或者引用。

（8）编辑栏。当向单元格中输入数据时，输入的内容都将显示在此栏中，也可以直接在该栏中对当前单元格的内容进行编辑或输入公式等。

（9）列标签。列标，单击可以选定该列。

（10）行标签。行号，单击可选定该行。

（11）用户编辑区域。由单元格组成，用户可以对任意单元格进行操作。

（12）工作表标签滚动按钮。单击可实现工作表的滚动。

（13）工作表标签。用来识别工作表的名称，当前的活动工作表标签显示为背景区。

（14）滚动条。包含水平和垂直滚动条，用户可以通过拖动滚动条来浏览整个工作表中的内容。

（15）状态栏。用以显示当前文件的信息。

（16）视图按钮。单击其中某一按钮可切换至所需的视图方式下。

（17）显示比例。通过拖动中间的缩放滑块来更改工作表的显示比例。

二、Excel 2010 中的基本概念

Excel 是一个功能非常强大的电子表格处理软件，包含许多概念。其中，工作簿、工作表和活动单元格是 Excel 最基本的概念。

1. 工作簿（Book）

工作簿是 Excel 系统下用于处理表格和数据的文件。可以把它比喻成账簿，一个账簿是由很多内容不同的账页组成的，账簿就相当于工作簿，以 .xlsx 的扩展名保存；每一页账页就相当于一个工作表。一个工作簿可以由多个工作表组成。

2. 工作表（Sheet）

工作表是处理表格和数据的具体页面，由 65 536 行和 256 列组成一个表格。其中行是自上而下以 1、2、3……按阿拉伯数字进行编号，列是从左到右按英文字母 A、B、C……进行编号的。

当前工作的工作表只有一个，称为活动工作表。工作表的名称显示在工作表标签中。在默认情况下，每个工作簿由 3 个工作表组成，其名称分别为 Sheet1、Sheet2 和 Sheet3，如图 4-3 所示，其中，Sheet1 工作表标签为白色，表示它为活动工作表。在实际工作中，用户可以添加更多的工作表。

图 4-3 工作表标签及控制按钮

3. 单元格

单元格是工作表的最小组成单位，工作表中的每个行列交叉处就构成一个单元格，每个单元格用固定的行号和列标来标识，即单元格地址，通常在名称框中显示，例如，C3 就代表第 C 列第 3 行的单元格。单击某个单元格，单元格指针指向该单元格，该单元格的边框变黑加粗，成为活动单元格或当前单元格。

4．单元格区域

单元格区域是指一组被选中的单元格。它们既可以是相邻的，也可以是彼此分离的。对一个单元格区域的操作就是对该区域中的所有单元格进行相同的操作。

三、Excel 2010 的基本操作

1．工作簿的基本操作

使用 Excel 制作的单个文件就是一个单独的工作簿文件，因此，Excel 中最基本的操作也就是对工作簿的相关操作，包括工作簿的新建、工作簿的保存、工作薄的打开等。

（1）新建工作簿。当用户启动 Excel 2010 应用程序时，系统会自动创建一个名为"工作簿1.xlsx"的工作簿文件。在新建工作簿中默认存放 3 张空白工作表 Sheet1、Sheet2、Sheet3。有多种方式新建工作簿，方法同 Word 文档的操作，在这里就不赘述了。

（2）保存工作簿。当用户完成了工作簿的编辑工作后，需要进行保存以便下次打开文件时数据不会丢失。常见的工作簿的保存方式与 Word 一致。

（3）打开工作簿。打开工作簿文档与 Word 文档的打开操作一样，这里就不再赘述。

2．工作表的基本操作

工作簿是由多张工作表组成，数据的输入与编辑都是在工作簿中的一个或多个工作表中进行的。

（1）工作簿与工作表的关系。Excel 工作簿实际上是 Excel 格式的文件，由一个或多个工作表组成。工作表是工作簿的基本组成单位，是用于存储和管理数据的文档。工作簿与工作表的关系就像账簿与账页的关系，工作表不能独立存在，必须存在于工作簿之中。

（2）选择工作表。

①选择一个工作表。单击工作表标签，即可选择工作表，例如，单击 Sheet1，该工作表标签变为白色，即为活动工作表，此时所有操作都在该表中进行。

②选择多个工作表。如果需要同时选择多个工作表，可先按住键盘上的【Ctrl】键，然后单击要选择的工作表标签，被选中的多个工作表标签显示为白色，成为当前编辑窗口，此时的操作能同时改变所选择的多个工作表。同时，Excel 2010 工作簿窗口标题栏中工作簿名称后会自动增加"［工作组］"字样。

提示：如果选择的工作表是相邻工作表，可以按住【Shift】键单击工作表标签。如果选择不相邻的多个工作表，则需要先按住【Ctrl】键，再单击工作表标签。

（3）插入工作表。如果用户使用工作表的数目超出了 Excel 2010 默认的 3 张表，则可直接在工作簿中插入更多数目的工作表以供使用。

①通过"插入工作表"按钮快速插入。在工作簿窗口中直接单击工作表标签右侧的"插入工作表"按钮，系统自动在工作表标签最右侧插入名为"Sheet n"（其中 n 为已有标签数之后的数字）的新工作表。

②通过"开始"选项卡插入工作表。单击插入工作表标签位置，如单击"Sheet2"，在"开始"选项卡"单元格"组中单击"插入"下拉按钮，在弹出的下拉列表中选择"插入工作表"选项。

③通过快捷菜单插入工作表。右击当前工作表标签，在弹出的快捷菜单中选择"插入"选项，弹出"插入"对话框，从中选择"工作表"选项，然后单击"确定"按钮，即可插入新的工作表。注意，新工作表的插入位置为选定工作表的左侧。

（4）重命名工作表。在新建工作簿或插入新工作表时，系统自动以Sheet1、Sheet2、Sheet3等对工作表命名，但在实际工作中，这样的命名不方便用户的管理和记忆，因此我们需要对工作表进行重命名。具体方法如下：

①双击需要重命名的工作表标签，直接输入新工作表名称即可。

②右击需要重命名的工作表标签，在弹出的快捷菜单中选择"重命名"选项，然后输入新工作表名称。

> 提示：双击标题栏可以将文档最大化，如果将窗口还原，移动鼠标指针到窗口边界，指针变为左右箭头时可以改变窗口大小，当窗口小时可以单击标题栏拖动窗口。

（5）移动工作表。在Excel工作簿中可以随意移动工作表、调整工作表的次序，并可以将一个工作簿中的工作表移动到另一个工作簿中，操作如下：

①直接拖制法。在需要移动的工作表标签上按住鼠标左键不放并横向拖动，同时标签的左端显示黑色三角形，拖动时黑色三角形位置即为移动到的位置。释放鼠标，工作表即可被移到指定位置。

②使用对话框移动工作表。在需要移动的工作表标签上右击，然后在弹出的快捷菜单中选择"移动或复制"选项。在弹出的"移动或复制工作表"对话框的"下列选定工作表之前"列表框中选择适当的工作表，单击"确定"按钮。

（6）复制工作表。复制工作表与移动工作表的操作方法基本一致。区别是将工作表从一个位置移到另一个位置，移动后原位置上没有工作表；而复制则是复制后不会影响原来的工作表。

①直接拖制法。按住【Ctrl】键，单击需要复制的工作表标签，横向拖动，同时标签左端显示黑色三角形，拖动到需要的位置后释放鼠标，松开【Ctrl】键，此时系统会自动命名复制后的工作表。

②使用对话框复制工作表。与移动工作表类似，复制工作表也可以通过"移动或复制工作表"对话框实现。在"移动或复制工作表"对话框中选择复制工作表放置的位置，选中"建立副本"复选框，然后单击"确定"按钮，工作表标签即被以副本的形式复制。

> 提示：如果在工作簿之间复制工作表，则需要先将目标工作簿和源工作簿同时打开，按住【Ctrl】键，直接拖动工作表到目标工作簿中指定位置即可。也可使用"移动或复制工作表"对话框实现，在"工作簿"下拉列表框中选择目标工作簿，再选择工作表，选中"建立副本"复选框，单击"确定"按钮完成将工作表复制到另一工作簿的操作。

（7）删除工作表。如不需要工作簿中某一工作表时，可以将它从工作簿中删除，通常有以下两种操作方法。

①通过"开始"选项卡删除工作表。单击要删除的工作表标签，使之成为当前工作表，在"开始"选项卡"单元格"组中单击"删除"下拉按钮，在弹出的下拉列表中选择"删除工作表"选项。

②通过快捷菜单删除。可以直接右击需要删除"工作表标签"，从弹出的快捷菜单中选择"删除"命令，删除当前工作表。

（8）保护工作表。在实际工作中，有时需要将工作簿共享以供其他用户查阅，但如果不希望别人看到某张表中的数据，可以隐藏该工作表，待其他用户查阅完成，自己操作时再显示出来。有时为了保护工作表不被其他用户随意修改，也可以为其设置密码加以保护。

3. 行和列的基本操作

扫一扫

拓展阅读：
隐藏与显示
工作表的操作

扫一扫

拓展阅读：
保护工作表
的操作

行和列是构成工作表的基本单位，在 Excel 2010 中，一张工作表最多可以包含256 列和 65 535 行，与工作表一样，用户也可以对工作表中的行和列进行选择、插入、删除等操作。

（1）选择工作表中的行与列。在进行行或列的其他操作之前，首先需要选择行或列。一次可以选择一行或一列，也可以同时选择多个行区域或列区域。

①选择单个行或列。若只需选择一行或一列，可以直接单击该行的行号或列标即可。

②同时选择多个行区域或列区域。选择连续的多个行区域或列区域，可将鼠标指针指向起始行号或列标，按住鼠标左键并向下或向右拖动即可选择多行多列。也可以利用【Shift】键，先单击起始的行号或列标，然后按下【Shift】键不松开，再单击结束的行号或列标，松开【Shift】键，完成连续区域的选择。

选择不连续的多个行区域或列区域，需要按住【Ctrl】键，然后单击要选择的行号或列标即可。

（2）删除或插入工作表中的行与列。在实际工作中，有时需要在工作表中插入或删除某些行或列，操作步骤如下：

①插入与删除行。

方法一：使用功能区插入与删除行。单击需要插入新行的位置，在"开始"选项卡的"单元格"组中单击"插入"下拉按钮，在弹出的下拉列表中选择"插入工作表行"选项，系统会在所选行或列的上方插入新的行。在"开始"选项卡的"单元格"组中单击"删除"下拉按钮，在弹出的下拉列表中选择"删除工作表行"选项，可以删除选定的行。

方法二：使用快捷菜单插入或删除行。右击需要插入行位置的行号，在弹出的快捷菜单中选择"插入"或"删除"选项。

②插入与删除列。插入与删除列的方法与插入与删除行的方法类似，在这里就不一一说明了。

（3）调整行高与列宽。用户在使用 Excel 过程中，有时需要适当调整 Excel 的行高与列宽。通常可以通过以下方法调整行高与列宽。

①使用对话框设置。单击行标签选择需要调整的行，在"开始"选项卡"单元格"组中单击"格式"下拉按钮，在弹出的下拉列表中选择"行高"选项，然后在弹出的"行高"对话框中输入行高值，单击"确定"按钮。

列宽的操作与行高类似，首先需要选择列标签，然后再进行操作即可。

②直接拖动法。如果只需要调整工作表中某行或列的宽度时，可以将鼠标指针指向需要调整的行标签或列标签，指针变为上下箭头或左右箭头，然后按住鼠标左键不放并向下或向右拖动，即可更改行高或列宽。

③自动调整法。选择需要调整的行高的行或行区域，在"单元格"组中单击"格式"下拉

按钮，在弹出的下拉列表中选择"自动调整行高"选项即可。

（4）隐藏工作表的行或列。除了调整行高和列宽外，用户还可以隐藏工作表的某行或某列。选定需要隐藏的行（列）并右击，在弹出的快捷菜单中选择"隐藏"选项，则选定的行（列）将被隐藏，但可以引用其中单元格的数据，行或列的隐藏处出现一条黑线。选定已隐藏行（列）的相邻行（列）并右击，在弹出的快捷菜单中选择"取消隐藏"选项，即可显示隐藏的行或列。

4．单元格的基本操作

单元格是工作表的最小组成单位。工作表中每个行列交叉处构成了一个单元格，每个单元格由行号和列标来标识。

（1）选择单元格。如要进行单元格的操作，首先要选择该单元格。

①选择单个单元格。单击单元格即可将其选中，选中后的单元格四周会出现粗黑框，利用键盘上的方向键可以重新选择当前活动单元格。也可以直接利用"名称框"定位，在"名称框"中输入要定位的单元格名称，例如，C4 表示第 C 列与第 4 行交汇的单元格。

②选择单元格区域。单击区域左上角的单元格，按住鼠标左键不放并拖动到区域的右下角单元格，则鼠标指针经过的区域全被选中。选择不连续区域，可以利用【Ctrl】键，先选中第一个单元格，按住【Ctrl】键，再依次选择所需的单元格或单元格区域，即可实现不连续区域的选择。若想取消选定，单击工作表中任一单元格即可。

> 提示：利用【F8】键扩展选择单元格区域。选择某一个单元格，按下【F8】键，状态栏显示为扩展状态，再单击另一单元格，两个单元格所选的矩形区域即被选中，再次按【F8】键或【Esc】键结束扩展。利用【Shift】键实现连续区域的选择。先选中第一个单元格，按住【Shift】键，单击区域中最后一个单元格，即可以实现连续区域的选择。

（2）插入单元格。右击需要插入单元格位置处的单元格，在弹出的快捷菜单中选择"插入"选项，弹出"插入"对话框。

①活动单元格右移：插入的空单元格出现在选定单元格的左边。

②活动单元格下移：插入的空单元格出现在选定单元格的上方。

③整行：在选定的单元格上方插入空行。若选定的是单元格区域，则在选定单元格区上方插入与选定单元格区域相同行数的空行。

④整列：在选定的单元格左侧插入空列。若选定的是单元格区域，则在选定单元格区域左侧插入与选定单元格区域相同列数的空列。

（3）删除单元格。选中要删除的单元格或单元格区域，在"开始"选项卡中单击"单元格"组中的"删除"下拉按钮，然后在弹出的下拉列表中选择"删除单元格"选项，弹出"删除"对话框，在此可以进行删除单元格的设置。

①右侧单元格左移：选定的单元格或单元格区域被删除，其右侧的单元格或单元格区域填充到该位置。

②下方单元格上移：选定的单元格或单元格区域被删除，其下方的单元格或单元格区域填充到该位置。

③整行：删除选定的单元格或单元格区域所在行。

④整列：删除选定的单元格或单元格区域所在列。

（4）移动和复制单元格。移动单元格是指将单元格中的数据移到目的单元格中，原有位置留下空白单元格；复制单元格是指将单元格中的数据复制到目的单元格中，原有位置的数据仍然存在。

移动和复制单元格的方法基本相同，首先选定要移动或复制数据的单元格，然后在"开始"选项卡的"剪贴板"组中单击"剪切"按钮或"复制"按钮，再选中目标位置处的单元格，最后单击"剪贴板"组中的"粘贴"按钮，即可将单元格的数据移动或复制到目标单元格中。

> 提示：利用快捷方式复制或移动单元格。选定要移动或复制数据的单元格并右击，在弹出的快捷菜单中选择"剪切"或"复制"选项。或者利用【Ctrl+X】组合键剪切、【Ctrl+C】组合键复制、【Ctrl+V】组合键粘贴，都可以实现单元格的复制或移动。

（5）清除单元格。选中单元格或单元格区域，在"开始"选项卡的"编辑"组中单击"清除"下拉按钮，在弹出的下拉列表中选择相应的选项，可以实现单元格中内容、格式、批注等的清除。

①全部清除：清除单元格中的所有内容。

②清除格式：只清除格式，保留数值、文本或公式。

③清除内容：只清除单元格的内容，保留格式。

④清除批注：清除单元格附加的批注。

⑤清除超链接：清除单元格附加的超链接。

> 提示：使用【Delete】键只能清除单元格中的内容，无法清除单元格的格式。使用"审阅"选项卡"批注"组中的"删除"按钮，也可以删除批注。

5. 数据的输入与编辑

工作表中的单元格是数据的最小容器，用户可以在容器中输入多种数据，如文本、数值、时间、日期、公式、函数等。输入数据时，不同类型的数据在输入过程中的操作方法是不同的。

（1）文本型数据的输入。文本型数据通常是指字符或者数字、空格和字符的组合，如员工的姓名等。输入到单元格中的任何字符，只要不被系统解释成数字、公式、日期、时间或逻辑值，一律将其视为文本数据。所有的文本数据一律左对齐。如果要将数字作为文字显示，只要先加上一个单引号然后输入数字即可。例如，电话号码01012345678的输入方法是"'01012345678"。

（2）日期数据的输入。在工作表中可以输入各种形式的日期型和时间型的数据，这需要进行特殊的格式设置。例如，在"员工基本信息表"中，选中"出生日期"列数据，即E3：E12单元格区域内的数据，在"开始"选项卡的"数字"组中，单击"数字格式"下拉按钮，在弹出的下拉列表中选择"其他数字格式"选项，弹出"设置单元格格式"对话框，在"数字"选项卡的"分类"列表中选择"日期"选项，在右侧的"类型"列表框中选择所需的日期格式，如"1988-2-5"，单击"确定"按钮。

时间型数据的输入与此类似。

> 提示：输入系统当前日期可按【Ctrl+；】组合键，输入系统当前时间可按【Ctrl+Shift+；】组合键。

（3）数值型数据的输入。数值类型的数据是Excel工作表中重要的数据类型之一。

常见的数值型数据有整数形式、小数形式、指数形式、百分比形式、分数形式等。可以通过"设置单元格格式"对话框设置数值型数据的显示格式，如小数位数、是否使用千位分隔符等。

其中，分数形式的数据不能直接输入，需要先选中单元格进行单元格格式设置，即选择某种类型的分数格式，再进行数据的输入。也可以在分数数据前加前导符"0"和空格，如输入"0 1/3"，则单元格中显示分数"1/3"，否则，系统自动将"1/3"识别为日期型数据。

(4)输入符号。在实际工作中处理表格，需要输入各类符号，有些符号可以直接使用键盘输入，还有一些不能通过键盘输入，需要使用"符号"对话框输入。

选择要插入符号的单元格，在"插入"选项卡的"符号"组中单击"符号"按钮，在弹出的"符号"对话框中选择需要使用的符号。

6. 自动填充数据或序列

使用 Excel 2010 中的自动填充功能可以快速在工作表中输入相同或有一定规律的数据，快捷方便地填充到所需的单元格中，减少工作的重复性，提高工作效率。

(1) 用鼠标拖动实现数据的自动填充。选中一个单元格或单元格区域，指向填充柄，当鼠标指针变成黑色十字形状时按住鼠标左键不放，向上、下、左、右 4 个方向拖动，实现数据的填充。另外，按住【Ctrl】键的同时拖动鼠标，也可以实现数据有序填充。

拖动完成后，在结果区域的右下角会有"自动填充选项"按钮，单击此按钮，将弹出下拉菜单，从中可以选择各种填充方式，如图 4-4 所示。

(2) 用"填充序列"对话框实现数据填充。选中一个单元格或单元格区域，在"开始"选项卡的"编辑"组中单击"填充"下拉按钮，在弹出的下拉列表中选择"系列"选项，如图 4-5 所示，弹出"序列"对话框，如图 4-6 所示，设置序列选项，可以生成各种序列数据完成数据填充。

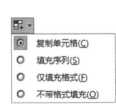

图 4-4　自动填充选项　　图 4-5　"填充"下拉列表　　图 4-6　"序列"对话框

(3) 数字序列的填充。

①快速填充相同的数值。在填充区域的起始单元格中输入序列的起始值，如"1"，再将填充柄拖过填充区域，就可实现相同数值的自动填充。

②快速填充步长值为"1"的等差数列。在填充区域的起始单元格中输入序列的起始值，如"1"，按住【Ctrl】键的同时将填充柄拖过填充区域，即可实现步长值为"1"的等差序列的自动填充。

③快速填充任意的等差数列。在填充区域的起始单元格中输入序列的起始值，如"1"，第二个单元格输入"3"，选中前两个单元格后，用鼠标指针拖动填充柄，经过的区域就可实现任

意步长的等差数列的自动填充。要按升序填充，则从上到下（或从左到右）拖动填充柄；要按降序填充，则从下到上（或从右到左）拖动填充柄。

数字部分和数值型数据的填充方式相同，按等差序列变化，字符部分保持不变。

④日期序列填充。日期序列有 4 种"日期单位"可供选择，分别为"日""工作日""月""年"。图 4-7 所示是采用不同的"日期单位"、步长值为 1 时的日期序列填充效果。

	A	B	C	D
1	按"日"	按"工作日"	按"月"	按"年"
2	2017年2月1日	2017年2月1日	2017年2月1日	2017年2月1日
3	2017年2月2日	2017年2月2日	2017年3月1日	2018年2月1日
4	2017年2月3日	2017年2月3日	2017年4月1日	2019年2月1日
5	2017年2月4日	2017年2月6日	2017年5月1日	2020年2月1日
6	2017年2月5日	2017年2月7日	2017年6月1日	2021年2月1日
7	2017年2月6日	2017年2月8日	2017年7月1日	2022年2月1日
8	2017年2月7日	2017年2月9日	2017年8月1日	2023年2月1日
9	2017年2月8日	2017年2月10日	2017年9月1日	2024年2月1日

图 4-7 日期序列填充效果

⑤时间数据填充。Excel 默认以"小时"为时间单位、步长值为 1 的方式进行数据填充。若要改变默认的填充方式，可以参照数字序列中的快速填充任意的等差数列的方法来完成。

7. 添加批注

扫一扫

拓展阅读：
数据表的查看

有时候需要对表格中的某个数据进行说明，就是为数据添加批注，以增强工作表的可读性，使阅读的人更容易理解。Excel 2010 中，用于创建批注的相关命令按钮集成在"审阅"选项卡中的"批注"组中。具体操作如下：

（1）插入批注。首先选择要插入批注的单元格，在"审阅"选项卡"批注"组中单击"新建批注"按钮，随后系统会在该单元格中插入一个批注框。

（2）查看、显示和隐藏批注。当工作表中插入了多条批注时，可以单击"批注"组中的"下一条"或"上一条"按钮，在批注间移动。如果要显示工作表中所有批注，选择"批注"组中的"显示所有批注"按钮，再次单击取消显示所有批注。

（3）删除批注。当不需要批注时，可以将其从工作表中删除。通常，删除批注的方法有两种：一是选择批注所在单元格，直接单击"批注"框中的"删除"按钮；也可以右击需要上传批注的单元格，从弹出的快捷菜单中选择"删除批注"命令。

案例演练

一、创建新工作簿文件并保存

启动 Excel 2010 后，系统将新建一个空白的工作簿，默认名称"工作簿 1"，单击快速访问工具栏的"保存"按钮，将其以"员工基本信息表 .xlsx"为名保存在桌面上。

二、输入报表标题

单击 A1 单元格，直接输入数据报表的标题内容"员工基本信息表"，按【Enter】键完成。

三、输入数据报表的标题行

数据报表中的标题行是指由报表数据的列标题构成的一行信息，也称为表头行。列标题是数据列的名称，经常参与数据的统计与分析。

参照图 4-1，从 A2 到 J2 单元格依次输入"员工编号""员工姓名""性别""所属部门""出生年月""学历""职务""身份证号""基本工资""电话号码"10 列数据的列标题。

四、输入报表中的各项数据

（1）"员工编号"列数据的输入。"员工编号"列数据的输入以数据的自动填充方式实现。

（2）"员工姓名"列数据的输入。"员工姓名"列数据均为文本数据。单击 B3 单元格，输入"庞洪"，按【Enter】确认并继续输入下一个员工的姓名。

（3）"性别"列、"学历"列和"职务"列数据的输入

①选中 C4 单元格，然后按住【Ctrl】键，再依次选中单元格 C4、C5、C6、C10、C12。

②在最后的单元格中输入"女"，按【Ctrl+Enter】组合键确认，则所有选中单元格均输入"女"。

③依照此方法可以完成"性别"列、"学历"列和"职务"列数据的输入。

（4）"所属部门"列数据的输入。单击选中 D3 单元格，输入"办公室"，向下拖动 D3 单元格的填充柄到 D4 单元格，释放鼠标，则鼠标指针拖过的区域已自动填充了数据。

依照此方法在"部门"列其他单元格中填充数据。

（5）"出生年月"列数据的输入。日期型数据输入的格式一般是用连接符或斜杠分隔年月日的，即"年－月－日"或"年／月／日"。当单元格输入了系统可以识别的日期型数据时，单元格的格式会自动转换成相应的日期格式，并采取右对齐的方式。当系统不能识别单元格内输入的日期型数据时，则输入的内容将自动视为文本，并在单元格中左对齐。

（6）"身份证号"列数据的输入。身份证号由 18 个数字字符构成，在 Excel 中，系统默认数字字符序列为数值型数据，而且超过 11 位将以科学计数法显示。为了使"身份证号"列数据以文本格式输入，采用以英文单引号"'"为前导符，再输入数字字符的方法完成数据的输入。

具体操作方法：选中 H3 单元格，先输入英文单引号，再接着输入对应员工的身份证号码，按【Enter】键确认即可。依照此方法完成所有员工的身份证号码的输入。

（7）"基本工资"列数据的输入。"基本工资"列数据以数值型格式输入。选择 I3 ～ I12 单元格区域，单击"开始"选项卡"数字"组中的"数字格式"下拉按钮，在弹出的下拉列表中选择"数字"选项。

从 I3 单元格开始依次输入员工的"基本工资"数据，系统默认在小数点后设置两位小数。可以通过单击"开始"选项卡"数字"组中的"增加小数位数"按钮🔢或者"减少小数位数"按钮🔢增加或者减少小数位数。

（8）"电话号码"列数据的输入。"电话号码"列数据也是由数字字符构成，为了使其以文本格式输入，可以参照"身份证号"数据的输入方法进行，也可以通过"设置单元格格式"对话框来实现。

选中 J3：J12 单元格区域（单击选中 J3 单元格后，不松开鼠标并拖动鼠标到 J12 单元格），在"开始"选项卡的"数字"组中，单击对话框启动器，打开"设置单元格格式"对话框。在"数字"选项卡的"分类"列表框中选择"文本"选项，再单击"确定"按钮，则所选区域的单元格格式均为文本型。依次在 J3～J12 单元格区域中输入电话号码即可。

五、插入批注

在单元格中插入批注，可以对单元格中的数据进行简要的说明。

选中需要插入批注的单元格 B5，在"审阅"选项卡的"批注"组中单击"新建批注"按钮，此时在所选中的单元格右侧出现了批注框，并以箭头形状与所选单元格连接。批注框中显示了审阅者用户名，在其中输入批注内容"财务主管"，单击其他单元格确认完成操作。

单元格插入批注后，单元格的左上角会有红色的三角标志。当鼠标指针指向该单元格时会弹出批注，指针离开单元格时批注隐藏。

六、修改工作表标签

右击工作表 Sheet1 的标签，在弹出的快捷菜单中选择"重命名"命令，输入工作表的新名称"公司员工基本信息表"，按【Enter】键即可。

至此，公司员工基本信息表创建完成。

拓展实训

在桌面上新建工作簿文件"商务班学生信息表.xlsx"，将 Sheet1 工作表标签修改为"学生信息表"；输入数据，其中，"学号""手机号码"列为文本数据；"入学成绩"列数据要求不保留小数；为 B5 单元格添加批注为"班长"，B10 单元格添加批注为"支书"；最后另存一份为 Excel 2003 版本，效果如图 4-8 所示。

扫一扫

实训提示

	A	B	C	D	E	F	G	H
1	商务班学生信息表							
2	学号	姓名	性别	出生日期	学生来源	入学成绩	现住寝室	手机号码
3	0001	王华	男	1990-4-12	银川	540	2-301	13998881765
4	0002	张品	男	1990-6-20	上海	570	2-404	17789000177
5	0003	李婷	女	1991-1-14	南京	490	4-302	15588899276
6	0004	王菲	女	1991-3-15	南京	497	4-301	14469973791
7	0005	华民	男	1990-12-6	成都	501	2-301	16673819007
8	0006	梁田	男	1991-4-27	成都	520	2-404	13399872991
9	0007	李娜娜	女	1990-8-18	银川	490	4-302	13667899201
10	0008	王婷婷	女	1989-9-23	银川	485	4-301	13899765431

图 4-8　商务班学生信息表

小　结

①单元格操作以及数据的输入与编辑是 Excel 建表的最基本的操作，应熟练掌握。②单元格尤其是活动单元格（包括单元格区域）的操作方法有很多种，用户可尽量按照自己的习惯进行操作。③工作表的操作与管理是进行工作簿管理的基础，多张表可以放在一个工作簿中进行管理。

案例二　美化员工信息表并打印

案例展示

人力资源部现要对案例一中制作的员工基本信息表进行美化修改，以使此表标题醒目、数据清晰，美化效果如图 4-9 所示。并设置分页打印，打印五份员工基本信息表上报。

2017年2月统计

员工基本信息表
2017年2月统

员工编号	员工姓名	性别	所属部门	出生年月	学历	职务	身份证号	基本工资	电话号码
H001	庞洪	男	办公室	1988-2-5	大专	职员	630022266654798200	,300.00	13985003211
H002	王艳	女	办公室	1985-3-6	本科	经理	230047992113677700	4,000.00	19299467765
H003	张娜	女	财务部	1975-11-9	硕士	经理	410027556438962000	4,500.00	17789443261
H004	刘莉	女	财务部	1970-4-20	本科	职员	341120911360067000	.00	11167662311
H005	钱华	男	销售部	1981-7-14	大专	职员	312563349004231000	3,200.00	18899453321
H006	张晓亮	男	销售部	1990-4-9	本科	经理	453338906653216000	4,0.00	13344527786
H007	王继红	男	销售部	1970-3-6	大专	经理	333011155667899000	.00	15567443211
H008	张海燕	女	采购部	1989-9-28	硕士	经理	556322189997543000	3,200.00	17899543210
H009	强亮	男	采购部	1972-11-24	大专	职员	445384561123985000	,000.00	11886544325
H010	李红玲	女	采购部	1992-7-30	本科	职员	667332199874778000	800.00	12235674432

更新时间: 2017-03-12　15:26

图 4-9　表格美化效果图

扫一扫

案例二视频

案例分析

知识要点

为了让工作表美观大方，呈现的数据清晰易读，需要对工作表进行格式设置，即美化工作表。本工作任务要进行单元格格式设置（包括字体格式、单元格边框、单元格底纹、调整行高和列宽等）、使用条件格式、添加页眉和页脚、插入文本框等操作。

具体操作步骤如下。

（1）打开工作簿文件。

（2）设置报表标题格式。

（3）编辑报表中数据的格式，以方便更直观地查看和分析数据。

（4）制作"分隔线"，将表标题和数据主体内容分开，增强报表的层次感。

（5）添加页眉和页脚。

（6）打印标题设置。

技能目标

- 设置工作表格式。
- 为工作表添加边框和底纹。
- 熟练使用单元格演示和表格样式。
- 设置打印标题。

知识建构

一、单元格格式设置

用户在单元格中输入数据时，都是以默认的格式显示，但是用户可以根据需要，重新设置单元格和数据格式，以使整个表格更加美观并具有个性。用户可以通过"设置单元格格式"对话框完成单元格的格式设置。具体操作如下：在"开始"选项卡中单击"字体"组中的"设置单元格格式"按钮，打开"设置单元格格式"对话框，如图4-10所示，从中进行单元格格式设置。

单元格格式的6个选项卡：

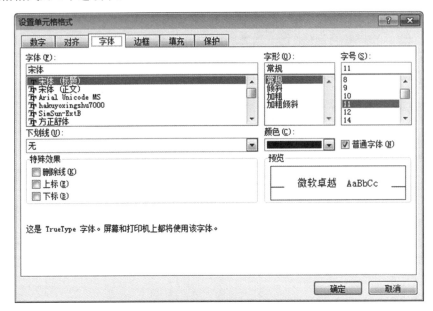

图4-10 "设置单元格格式"对话框

（1）"数字"选项卡：设置单元格中数据的类型。

（2）"对齐"选项卡：可以对选定单元格或单元格区域中的文本和数字进行定位、更改方向，并指定文本控制功能。

（3）"字体"选项卡：可以设置选定单元格或单元格区域中文字的字符格式，包括字体、字号、字形、下画线、颜色和特殊效果等选项。

（4）"边框"选项卡：可以为选定单元格或单元格区域添加边框，还可以设置边框的线条样式、线条粗细和线条颜色。

（5）"填充"选项卡：为选定的单元格或单元格区域设置背景色，其中，使用"图案颜色"和"图案样式"选项可以对单元格背景应用双色图案或底纹，使用"填充效果"选项可以对单元格的背景应用渐变填充。

（6）"保护"选项卡：用来保护工作表数据和公式的设置。

> 提示：打开"设置单元格格式"对话框除了可以通过"字体"组的对话框启动器打开外，还可以通过单击"单元格"组中的"格式"下拉按钮，在弹出的下拉列表中选择"设置单元格格式"选项，打开"设置单元格格式"对话框。也可以在选定单元格或单元格区域后右击，在弹出的快捷菜单中选择"设置单元格格式"选项，打开"设置单元格格式"对话框。

二、页面设置

1. 设置纸张方向

在"页面布局"选项卡的"页面设置"组中单击"纸张方向"下拉按钮，从弹出的下拉列表中可以设置纸张方向。

2．设置纸张大小

在"页面布局"选项卡的"页面设置"组中单击"纸张大小"下拉按钮，从弹出的下拉列表中可以设置纸张的大小。

3．调整页边距

在"页眉布局"选项卡的"页面设置"组中单击"页边距"下拉按钮，在弹出的下拉列表中有3个内置页边距选项可供选择。也可选择"自定义边距"选项，打开"页面设置"对话框自定义页边距。

　　提示：在"页面布局"选项卡中单击"页面设置"组的对话框启动器，也可打开"页面设置"对话框。

三、打印设置

1．设置打印区域和取消打印区域

在工作表上选择需要打印的单元格区域的方法如下：单击"页面布局"选项卡的"页面设置"组中的"打印区域"下拉按钮，在弹出的下拉列表中选择"设置打印区域"选项即可设置打印区域。要取消打印区域，选择"取消打印区域"选项即可。

2．设置打印标题

要打印的表格占多页时，通常只有第1页能打印出表格的标题，这样不利于表格数据的查看，通过设置打印标题，可以使打印的每一页表格都在顶端显示相同的标题。

单击"页面布局"选项卡"页面设置"组中的"打印标题"按钮，打开"页面设置"对话框，选择"工作表"选项卡，在"打印标题"选项组的"顶端标题行"文本框中设置表格标题的单元格区域（本工作任务的表格标题区域为"$1:$4"），此时还可以在"打印区域"文本框中设置打印区域。

四、使用条件格式

条件格式，从字面上可以理解为基于条件更改单元格区域的外观，使用条件格式可以帮助用户直观地查看和分析数据，以发现关键问题及数据的变化趋势等。在 Excel 2010 中，条件格式的功能进一步得到了加强，使用条件格式可以突出显示所关注的单元格区域，强调异常值等（用数据条、颜色刻度和图标集来直观显示数据）。

条件格式的原理是基于条件更改单元格区域的外观。如果条件为 True，则满足条件的单元格区域进行格式设置；如果条件为 False，则不满足条件的单元格区域进行格式设置。

1．使用条件格式突出显示数据

在 Excel 2010 中，可以使用条件格式突出显示数据。比如，突出显示大于、小于或等于某个值的数据，或是突出显示文本中包含某个值的数据，或是突出显示重复值得数据。

具体操作如下：

（1）在数据表中选择数据区域，单击"开始"选项卡"样式"组中的"条件格式"下拉按钮，弹出"条件格式"下拉列表，如图 4-11 所示，从中选择"突出显示单元格规则"选项，再在弹出的次级列表中选择需要突出的相关条件，如图 4-12 所示。

（2）在弹出的设置对话框的文本框中输入值，例如，在"等于"对话框输入"硕士"并设置颜色为"红色"，就可以强调文本为"硕士"的单元格内字体为红色，如图4-13所示。

图4-11　"条件格式"下拉列表框　　　　图4-12　"突出显示单元格规则"菜单

图4-13　"等于"对话框

（3）单击"确定"按钮，返回工作表中，工作表则按照指定格式显示等于"硕士"的数据。

2．使用项目选取规则突出显示数据

对于数值型数据，可以根据数值的大小指定选择的单元格。使用"条件格式"下拉列表的"项目选取规则"选项可以根据指定的截止值查找单元格区域中的最高值和最低值等。

例如，使用"项目选取规则"选项快速选定条件值高于平均值的单元格的操作步骤如下：

（1）选择数据区域，在"样式"组中单击"条件格式"下拉按钮，在弹出的下拉列表中选择"项目选取规则"→"高于平均值"选项，如图4-14所示。

（2）在弹出的"高于平均值"对话框的"针对选定区域，设置为"下拉列表框中选择对应的格式，如图4-15所示。

（3）单击"确定"按钮，返回工作表，突出显示高于平均值的工作表数据。

3．使用数据条分析行或列的数据

数据条可以帮助用户查看某个单元格相对于其他单元格的值，数据条的长度代表单元格中数据的值。数据条越长，代表值越高；反之数据条越短，代表值越低。当需要观察大量数据中的较高值和较低值时，数据条就显得特别有效。

使用"数据条"分析数据。操作如下：

（1）选择需要使用的数据区域，在"样式"组中单击"条件格式"下拉按钮，在弹出的下拉列表中选择"数据条"选项，从下级列表框中选择一种渐变填充效果。

（2）单击"确定"按钮，返回工作表，突出显示高于平均值的工作表数据，可以直观地反应数据。

图 4-14　"项目选取规则"菜单　　　　图 4-15　"高于平均值"对话框

4. 使用色阶分析行或列的数据

颜色刻度作为一种直观的提示，可以帮助用户了解数据的分布和数据的变化。双色刻度使用两种颜色的深浅程度来帮助用户比较某个区域的单元格，通常颜色的深浅表示值的高低。三色颜色刻度用三种颜色的深浅程度来表示高、中、低。

使用色阶显示数据，操作如下：选择需要使用的数据区域，在"样式"组中单击"条件格式"下拉按钮，在弹出的下拉列表中选择"色阶"选项，从下级列表选择第一种颜色刻度，系统自动为较低值、中间值应用相关颜色。

扫一扫 ●

拓展阅读：
高级格式化
条件格式设
置

五、单元格内换行

在使用 Excel 制作表格时，经常会遇到需要在一个单元格输入一行或几行文字的情况，如果输入一行后按【Enter】键就会移到下一单元格，而不是换行。要实现单元格内换行，有以下两种方法。

（1）在选定单元格输入第一行内容后，在换行处按【Alt+Enter】组合键，即可输入第二行内容，再按【Alt+Enter】组合键可输入第三行内容，依此类推。

（2）选定单元格，在"开始"选项卡的"对齐方式"组中单击"自动换行"按钮，则此单元格中的文本内容超出单元格宽度就会自动换行。

> 提示：　"自动换行"功能只对文本格式的内容有效，【Alt+Enter】组合键则对文本和数字都有效，只是数字换行后转换成文本格式。

案例演练

一、打开工作簿文件

启动 Excel 2010，单击"文件"→"打开"命令，在弹出的"打开"对话框中指定"员工

基本信息表 .xlsx"文件,单击"确定"按钮,打开该工作簿文件。

二、设置报表标题格式

(1)设置标题行的行高。选中标题行,在"开始"选项卡的"单元格"组中单击"格式"下拉按钮,在弹出的下拉列表的"单元格大小"选项组中选择"行高"选项,打开"行高"对话框,在"行高"文本框中输入 40。

(2)设置标题文字的字符格式。选中 A1 单元格,在"开始"选项卡的"字体"组中设置字体格式为"隶书、24 磅、加粗、蓝色"。

(3)合并单元格。选中 A1:J1 单元格区域,在"开始"选项卡的"对齐方式"组中单击"合并后居中"按钮 圖▾,将合并单元格区域,并使标题文字在新单元格中居中对齐。

(4)设置标题对齐方式。选中合并后的新单元格 A1,在"对齐方式"组中单击"顶端对齐"按钮 圖,使报表标题在单元格中水平居中,顶端对齐。

三、编辑报表中数据的格式

(1)设置报表列标题(表头行)的格式。选中 A2:J2 单元格区域,在"开始"选项卡的"单元格"组中单击"格式"下拉按钮,在弹出的下拉列表的"保护"选项组中选择"设置单元格格式"选项,打开"设置单元格格式"对话框。在此对话框中选择"字体"选项卡,设置字符格式为"华文行楷、12 磅";切换到"对齐"选项卡,设置文本对齐方式为"水平对齐:居中;垂直对齐:居中",单击"确定"按钮。

(2)为列标题套用单元格样式。为了突出列标题,可以设置与报表其他数据不同的显示格式。此处将为列标题套用系统内置的单元格样式,具体操作如下:

选中 A2:J2 单元格区域(列标题区域),在"开始"选项卡的"样式"组中单击"单元格样式"下拉按钮,打开 Excel 2010 内置的单元格样式库,此时套用"强调文字颜色 1"样式。

(3)设置报表其他数据的格式。选中 A3:J12 单元格区域,在"开始"选项卡的"单元格"组中单击"格式"下拉按钮,在弹出的下拉列表中选择"设置单元格格式"选项,打开"设置单元格格式"对话框,设置字符格式为"楷体、12 磅",文本对齐方式为"水平对齐:居中,垂直对齐:居中"。

(4)为报表其他数据行套用表格样式。在"开始"选项卡的"样式"组中单击"套用表格样式"下拉按钮,打开 Excel 2010 内置的表格样式库,此处套用"表样式浅色 16"。

选择要套用的表格样式后,弹出"套用表格式"对话框。单击"表数据的来源"文本框右侧的 圖 按钮以临时隐藏对话框,然后在工作表中选择需要应用表样式的区域(即 A2:J12),再单击 圖 按钮返回对话框,同时选中"表包含标题"复选框,表示将所选区域的第一行作为表标题,单击"确定"按钮,如图 4-16 所示。

在表格中每个列标题右侧增加筛选按钮,若要隐藏这些筛选按钮,可以进行如下操作。

选中套用了表格格式的单元格区域(或其中的某个单元格),在功能区上将出现"表格工具|设计"选项卡,在"设计"选项卡的"工具"组中单击"转换为区域"按钮,如图 4-17 所示,在弹出的对话框中单击"是"按钮,则可以将表格区域转换为普通单元格区域,同时删除了列标题右侧的筛选按钮。

也可以用下面办法隐藏这些筛选按钮:选中套用了表格格式的单元格区域(或其中的某个单元格),在"开始"选项卡的"编辑"组中单击"排序和筛选"下拉按钮,在弹出的下拉列表中选择"筛选"选项即可。

图 4-16 选择表数据的来源

图 4-17 表格样式套用效果

（5）调整报表的行高。选中 2~12 行并右击，在弹出的快捷菜单中选择"行高"选项，弹出"行高"对话框，设置为 18。

（6）调整报表的列宽。选中 A:J 列区域，在"开始"选项卡的"单元格"组中单击"格式"下拉按钮，在弹出的下拉列表中选择"自动调整列宽"选项，由计算机根据单元格中字符的多少调整列宽。

也可以自行设置数据列的列宽，例如，设置"员工工号""员工姓名""性别""学历""部门""职务"列的列宽一致，操作步骤如下：按住【Ctrl】键的同时依次选中以上 6 列，然后右击，在弹出的快捷菜单中选择"列宽"选项，打开"列宽"对话框，设置列宽为 8，单击"确定"按钮即可。

四、使用条件格式表现数据

（1）利用"突出显示单元格规则"设置"学历"列。选择 F3:F12 单元格区域，在"开始"选项卡的"样式"组中单击"条件格式"下拉按钮，在弹出的下拉列表中选择"突出显示单元格规则"→"等于"选项，弹出"等于"对话框。

在该对话框的"为等于以下值的单元格设置格式"文本框中输入"硕士"，在"设置为"下拉列表框中选择所需要的格式，如果没有满意的格式，则选择"自定义格式"选项，打开"设置单元格格式"对话框，设置字符格式为"深红、加粗、倾斜"。

至此，"学历"数据列中"硕士"单元格均被明显标识出来。

（2）利用"数据条"设置"基本工资"列。选择 I3:I12 单元格区域，在"开始"选项卡的"样式"组中单击"条件格式"下拉按钮，在弹出的下拉列表中选择"数据条"选项，在其子列表中的"实心填充"选项组中选择"紫色数据条"选项。此时，"基本工资"列中的数据值的大小可以用数据列的长短清晰地反映出来，"基本工资"越高，数据条越长。

五、制作"分隔线"

（1）在报表标题与列标题之间插入两个空行。选择第 2、3 行并右击，在弹出的快捷菜单中选择"插入"选项，则在第 2 行上面插入了两个空行。

（2）添加边框。选中 A2:J2 单元格区域并右击，在弹出的快捷菜单中选择"设置单元格格式"选项，打开"设置单元格格式"对话框，切换到"边框"选项卡，在"线条"选项组的"样式"列表框中选择"粗直线"选项，在"边框"选项组中单击"上边框"按钮；再在"线条"选项组的"样式"列表框中选择"细虚线"选项，在"边框"选项组中单击"下边框"按钮，然后单击"确定"按钮返回工作表。则被选中区域的上边框是粗直线、下边框是细虚线。

（3）设置底纹。选中 A2:J2 单元格区域，打开"设置单元格格式"对话框，选择"填充"选项卡，在"背景色"选项组中选择需要的底纹颜色，选择第二行倒数第二列水绿色，单击"确定"按钮。

（4）调整行高。第 2 行设置行高为 3，第 3 行设置行高为 12。

六、插入文本框

（1）插入文本框。在"插入"选项卡的"文本"组中单击"文本框"下拉按钮，在弹出的下拉列表中选择"横排文本框"选项，然后在工作区中拖动鼠标指针画出一个文本框，并输入文字"2017 年 2 月统计"。

（2）设置文本框格式。

①设置文本框字符格式。选中文本框，在"开始"选项卡的"字体"组中设置文本框的字符格式为"华文行楷、16 磅、斜体"。

②取消文本框边框。选中文本框，在功能区上出现"绘图工具 | 格式"选项卡。在"格式"选项卡的"形状样式"组中单击"形状轮廓"下拉按钮，在弹出的下拉列表中选中"无轮廓"复选框，即可取消文本框的边框。

③选中文本框，调整大小及位置。

七、添加页眉和页脚

（1）添加页眉。在"插入"选项卡的"文本"组中单击"页眉和页脚"按钮，功能区中将出现"页眉和页脚工具"上下文选项卡，并进入"页眉页脚"视图。

单击页眉左侧，在编辑区中输入"第 & [页码] 页，共 & [总页数] 页"，其中，"& [页码]"和"& [总页数]"是通过单击"页眉和页脚元素"组中的"页码"按钮和"页数"按钮插入的；单击页眉右侧，在编辑区中输入"2017 年 2 月统计"，如图 4-18 所示。

图 4-18　设置页眉

（2）添加页脚。与插入页眉方法相同，在"设计"选项卡的"导航"组上单击"转至页脚"按钮，即可进行页脚的添加。

在页脚的中间编辑区中输入"更新时间：& [日期] & [时间]"，其中，"& [日期]"和"& [时间]"是通过单击"页眉和页脚元素"组中的"当前日期"按钮和"当前时间"按钮插入的，如图 4-19 所示。

（3）退出页眉页脚视图。在"视图"选项卡的"工作簿视图"组中单击"普通"按钮，即可从页眉页脚视图切换到普通视图。

八、设置打印标题

在"页面布局"选项卡中，单击"打印标题"按钮，设置打印标题，设置第 1、2、3 行为顶端标题行。

> 提示：页面设置好，在打印之前，应对设置好的工作表进行打印预览。

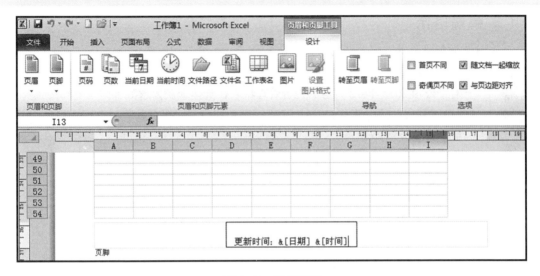

图 4-19 设置页脚

拓展实训

在 Excel 2010 中对上个拓展实训"商务班学生信息表"进行美化操作，要求对表格标题行、列标题行、数据的格式进行设置，并添加页眉页脚，参考效果如图 4-20 所示。

商务专业   第1页-共1页

学号	姓名	性别	出生日期	学生来源	入学成绩	现住寝室	手机号码
0001	王华	男	1990-4-12	银川	540	2-301	13998881765
0002	张品	男	1990-6-20	上海	570	2-404	17789000177
0003	李婷	女	1991-1-14	南京	490	4-302	15588899276
0004	王菲	女	1991-3-15	南京	497	4-301	14469973791
0005	华民	男	1990-12-6	成都	501	2-301	16673819007
0006	梁田	男	1991-4-27	成都	520	2-404	13399872991
0007	李娜娜	女	1990-8-18	银川	490	4-302	13667899201
0008	王婷婷	女	1989-9-23	银川	485	4-301	13899765431

商务班学生期末考试成绩表

班主任：王丽
2017/1/12

图 4-20 电子商务班学生信息表

扫一扫 ●

实训提示

小　结

①办公工作中，表格的格式设置与美化工作是必不可少的，进行表格的单元格格式设置是最基本的操作工作，必须熟练掌握。②工作表是工作簿的重要组成单元，管理好工作表才能有效管理数据及相应的信息。

案例三　制作工资管理报表

案例展示

公司财务部每月负责审查各部门考勤表及考勤卡，根据公司制度审查员工的加班工时或出差费用，计算、编制员工工资表，并对工资表做相应的数据统计工作。

对于公司 2016 年 12 月份的工资管理报表，具体编制要求如下。

（1）2016 年 12 月工作日总计 22 天，满勤的员工才有全勤奖。

（2）奖金级别：

经理：300 元／天。

副经理：200 元／天。

职员：100 元／天。

（3）应发工资 = 基本工资 + 奖金／天 × 出勤天数 + 全勤奖 + 差旅补助。

（4）个人所得税，请按照图 4-21 中的数据输入。

（5）实发工资 = 应发工资 - 个人所得税。

（6）统计工资排序情况、超出平均工资的人数、最高工资和最低工资。

原始的员工工资管理报表如图 4-22 所示，最终完成的员工工资管理报表如图 4-21 所示。

天利公司员工工资管理报表

统计时间：2016年12月

员工编号	员工姓名	职务	基本工资	出勤天数	奖金/天	全勤奖	差旅补贴	应发工资	个人所得税	实发工资	按工资排序
H001	庞洪	职员	¥2,300.00	19	100.00	0.00		¥4,200.00	21.00	¥4,179.00	9
H002	王艳	经理	¥4,000.00	20	300.00	0.00		¥10,000.00	1300.00	¥8,700.00	2
H003	张郷	经理	¥3,500.00	22	300.00	200.00		¥10,300.00	1360.00	¥8,940.00	1
H004	钱华	职员	¥3,000.00	20	100.00	0.00		¥5,000.00	45.00	¥4,955.00	6
H005	刘莉	职员	¥3,200.00	22	100.00	200.00		¥5,600.00	210.00	¥5,390.00	5
H006	张晓亮	副经理	¥4,500.00	21	200.00	0.00	300.00	¥9,000.00	1100.00	¥7,900.00	4
H007	王继红	职员	¥2,800.00	18	100.00	0.00		¥4,600.00	33.00	¥4,567.00	7
H008	张海燕	经理	¥3,200.00	22	300.00	0.00		¥9,200.00	1140.00	¥8,060.00	3
H009	强亮	职员	¥2,000.00	22	100.00	200.00	200.00	¥4,600.00	33.00	¥4,567.00	7
H010	李红玲	职员	¥1,800.00	20	100.00	0.00		¥3,800.00	9.00	¥3,791.00	10
超过平均工资的人数：			4								
最高工资：			¥8,940.00								
最低工资：			¥3,791.00								

图 4-21　某公司员工工资管理报表（样文）

天利公司员工工资管理报表

统计时间：2016年12月

员工编号	员工姓名	职务	基本工资	出勤天数	奖金/天	全勤奖	差旅补贴	应发工资	个人所得税	实发工资	按工资排序
H001	庞洪	职员	¥2,300.00	19							
H002	王艳	经理	¥4,000.00	20							
H003	张郷	经理	¥3,500.00	22							
H004	钱华	职员	¥3,000.00	20							
H005	刘莉	职员	¥3,200.00	22							
H006	张晓亮	经理	¥4,500.00	21			300.00				
H007	王继红	职员	¥2,800.00	18							
H008	张海燕	经理	¥3,200.00	22							
H009	强亮	职员	¥2,000.00	22			200.00				
H010	李红玲	职员	¥1,800.00	20							
超过平均工资的人数：											
最高工资：											
最低工资：											

图 4-22　某公司员工工资管理报表（原始数据）

案例分析

知识要点

在 Excel 2010 中计算、编制员工工资报表的根本方法是正确、合理地使用公式和函数。因此，完成本工作任务需要进行如下工作。

（1）根据员工职务级别，确定"奖金／天"。

（2）计算员工的"应发工资"。

（3）按规定计算员工"个人所得税"。

（4）计算员工的"实发工资"、并对"实发工资"进行排位。

（5）进行工资数据统计："超过平均工资的人数""最高工资""最低工资"。

操作过程中，公式的创建、函数的使用、单元格的引用方式是关键。

技能目标

能熟练使用 Excel 中的公式进行数据运算。

知识建构

一、公式的基础知识

1. 公式的组成

公式是对工作表中的数据进行计算和操作的等式，它一般以等号（=）开始，通常，一个公式中包含的元素有：运算符、单元格引用、值或常量、工作表函数及其参数。

2. 公式中的运算符及优先级

（1）运算符。运算符是用来阐明对运算对象进行了怎样的操作，它对于公式中的数据进行特定类型的运算，通常将运算符分为四种类型：算术运算符、比较运算符、文本运算符和引用运算符。

①算术运算符。主要用于完成对数值型数据进行的加、减、乘（*）、除（/）、乘方（^）、百分比（%）等运算。

②比较运算符。可用来完成两个运算对象的比较，并使公式返回的结果为逻辑值 True（真）或 False（假）。比较运算符包括：>、<、>=、<=、不等于（<>）、等于（=）。

③文本运算符。主要用来加入或连接一个或更多文本字符串，以便产生一串文本。要连几个文本内容，必须使用文本运算符"&"。例如，"计算机"&"科学技术系"表达式的结果是"计算机科学技术系"。

④引用运算符。使用引用运算符可以将单元格区域合并计算。引用运算符包括：

● 冒号（:）：区域运算符，产生对包括在两个引用之间的所用单元格的引用。例如，A3:A8 表示引用单元格从 A3 到 A8 中的数据。

● 逗号（,）：联合运算符，将多个引用合并为一个引用。例如，SUM（A3，B4，C5）表示计算 A3+B4+C5。

● 空格（ ）：交叉运算符，表示几个单元格区域所共有的那些单元格。(B6:D8　C6:C8)表示两个单元格区域共有的单元格区域 C6:C8。

（2）运算符的优先级。运算公式中如果使用了多个运算符，那么将按照运算符的优先级由高到低进行运算，对于同级别的运算符将从左到右进行计算，对于不同级别的运算符则从高到低进行计算。

运算符的优先级如表 4-1 所示。

表 4-1　运算符的优先级

优先级	运算符号	符号名称	运算符类别	优先级	运算符号	符号名称	运算符类别
1	:	冒号	引用运算符	6	+ 和 −	加号和减号	算术运算符
1		单个空格	引用运算符	7	&	连接符号	连接运算符
1	,	逗号	引用运算符	8	=	等于符号	比较运算符
2	−	负数	算术运算符	8	<、>	小于和大于	比较运算符
3	%	百分比	算术运算符	8	<>	不等于	比较运算符
4	^	乘方	算术运算符	8	<=	小于等于	比较运算符
5	*、/	乘号和除号	算术运算符	8	>=	大于等于	比较运算符

二、单元格的引用方式

单元格地址通常是由该单元格位置所在的行号和列号组合得到的，即该单元格在工作表中的地址，如 C3，A2 等。在 Excel 中，根据地址划分公式中单元格的引用方式有 3 种：相对引用、绝对引用和混合引用。

1. 相对引用

相对引用是以某个单元格的地址为基准来决定其他单元格地址的方式。在公式中如果有对单元格的相对引用，则当公式移动或复制时，将根据移动或复制的位置自动调整公式中引用的单元格的地址。Excel 2010 默认的单元格引用为相对引用。

例如，该任务中在计算应发工资时，首先选中 I4 单元格，应用公式"=D4+E4*F4+G4+H4"计算出了第一位员工的应发工资，然后复制公式至其他单元格，选中任意一个结果单元格，如 I6，则在"编辑栏"中可以看到，该单元格中的公式为"=D6+E6*F6+G6+H6"，说明公式的位置不同，公式中操作的单元格也发生了变化。

2. 绝对引用

绝对引用指向工作表中位置固定的单元格，公式的移动或复制，不影响它所引用的单元位置。使用绝对引用时，要在行号和列号前加"$"符号，如 $A$1。

例如，在对"实发工资"排序时，首先选中 L4 单元格，应用公式"=RANK(K4,$K$4:$K$13)"计算出第一位员工实发工资数据的排位，然后复制公式至其他单元格，选中任意一个结果单元格，如 L6，则在"编辑栏"中可以看到，该单元格中的公式为"=RANK(K6,$K$4:$K$13)"，从中发现，对单元格区域 K4:K13 使用了绝对引用方式，不因为结果单元格的变化而变化，这种做法也正符合实际情况，因为单元格区域 K4:K13 是要排序的数据列表，应该保证其引用位置不变。

3. 混合引用

混合引用是相对引用与绝对引用混合使用，如 A$1 或 $A1。

三、函数的基础知识

Excel 中的函数是一些预定义的公式,可以将其引入到工作表中进行简单或复杂的运算。使用函数可以大大简化公式,并能实现一般公式无法实现的计算。典型的函数可以有一个或多个参数,并能够返回一个计算结果。

1. 函数的格式

函数名(参数1,参数2,……)

其中,参数可以是数字、文本、逻辑型数据、单元格引用或表达式等,还可以是常量、公式或其他函数。所有在函数中使用的标点符号,若不是作为文本输入的,都必须是英文符号。

2. 函数的输入

(1)选择要输入函数的单元格,在"编辑栏"中输入"=",再输入具体的函数,按【Enter】键,完成函数的输入。

(2)选择要输入函数的单元格,单击"编辑栏"左侧的"插入函数"按钮或在"公式"选项卡的"函数库"组中单击"插入函数"按钮,打开"插入函数"对话框,选择需要的函数,单击"确定"按钮,打开"函数参数"对话框,设置需要的函数参数,单击"确定"按钮即可完成函数的输入。

3. 函数的嵌套

在某些情况下,可能需要将某函数作为另一函数的参数,这就是函数的嵌套。Excel 中函数的嵌套可达 64 层。

4. 常用函数

Excel 2010 中包括上百个具体函数,每个函数的应用各不相同。常用的函数有:

(1)SUM 函数。SUM 函数为求和函数,用于计算单个或多个参数的总和,通过引用进行求和,其中空白单元、文本或错误值将被忽略。函数语法格式为:

SUM(number1,number2,…)

(2)AVERAGE 函数。AVERAGE 函数为求平均值函数,参数为数字或包含数字的单元格引用。函数语法格式为:

AVERAGE(number1,number2,…)

(3)MAX 和 MIN 函数。MAX 和 MIN 函数为最大值函数和最小值函数,将返回一组值中的最大值和最小值。可以将参数指定为数字、空白单元、逻辑值或数字的文本表达式,如果参数为错误值或不能转换为数字的文本,将产生错误,如果参数为数组或引用,则只有数组或引用中的数字被计算,其中空白单元、逻辑值或文本值将被忽略,如果参数不包含数字,函数 MAX 将返回 0。函数语法格式为:

MAX(number1,number2,…)
MIN(number1,number2,…)

四、Excel 的公式

1. 输入公式

Excel 公式是由数字、运算符、单元格引用、名称和内置函数构成的。具体操作方法:选中要输入公式的单元格，在"编辑栏"中输入"＝"后，再输入具体的公式，单击"编辑栏"左侧的输入按钮或按【Enter】键，完成公式输入。

如果公式中包含了对其他单元格的引用或使用单元格名称，则可以用以下方法创建公式。下面以在 C1 单元格中创建公式"＝A1＋B1:B3"为例进行说明。

（1）单击需输入公式的单元格 C1，在"编辑栏"中输入"＝"。

（2）单击 B3 单元格，此单元格将有一个带有方角的蓝色边框。

（3）在"编辑栏"中接着输入"＋"。

（4）在工作表中选择单元格区域 B1:B3，此单元格区域将有一个带有方角的绿色边框。

（5）按【Enter】键结束。

2．复制公式

方法一：选中包含公式的单元格，利用"复制""粘贴"命令完成公式复制。

方法二：选中包含公式的单元格，拖动填充柄选中所有需要运用此公式的单元格，释放鼠标后，公式即被复制。

3．数学公式的输入

在 Excel 中，用户经常需要插入常用数学公式，那么如何在 Excel 中实现数学公式的输入？用户可以在"插入"选项卡的"符号"组中，单击"公式"按钮，功能区出现"公式工具｜设计"选项卡，在"编辑区域"出现"在此键入公式"文本框，可以在文本框内设置公式，如图 4-23 所示。

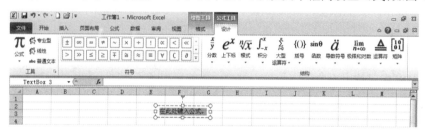

图 4-23 "公式工具｜设计"选项卡

4．防止"编辑栏"显示公式

有时，可能不希望用户看到公式，即单击选中包含公式的单元格，在"编辑栏"不显示公式。可以按以下方法设置。

（1）右击要隐藏公式的单元格区域，在弹出的快捷菜单中选择"设置单元格格式"选项，打开"设置单元格格式"对话框，选择"保护"选项卡，选中"锁定"和"隐藏"复选框，单击"确定"按键返回工作表。

（2）在"审阅"选项卡的"更改"组中，单击"保护工作表"按钮，使用默认设置后单击"确定"按钮返回工作表。

这样，用户就不能在"编辑栏"或单元格中看到已隐藏的公式，也不能编辑公式。欲取消保护，单击"更改"组中的"撤消工作表保护"按钮，然后在弹出的对话框中输入密码，并单击"确定"按钮即可。

5．自动求和

在 Excel 2010 中，自动求和按钮被赋予了更多的功能，借助这个功能更强大的自动求和函数，可以快速计算选中单元格的平均值、最小值或最大值等。

使用方法如下：选中某列要计算的单元格，或者选中某行要计算的单元格，在"公式"选项卡的"函数库"组中单击"自动求和"下拉按钮，在弹出的下拉列表中选择要使用的函数，然后按【Enter】键即可。

如果要进行求和的是 m 行 × n 列的连续区域，并且此区域的右边一列和下面一行是空白，用于存放每行之和及每列之和，此时，选中该区域及其右边一列或下面一行，也可以两者同时选中，单击"自动求和"按钮，则在选中区域的右边一列或下面一行自动生成求和公式，得到计算结果。

案例演练

建立"天利公司员工工资管理报表 .xlsx"工作簿文件，设置"员工工资表"工作表。

一、填充"奖金 / 天"列数据

利用 Excel 2010 中的 IF 函数实现根据员工的职务级别填充"奖金 / 天"数据。IF 函数的功能是根据对指定条件的计算结果（True 或 False），返回不同的函数值。

IF 函数的语法如下。

```
IF(logical_test,value_if_true,value_if_false)
```

其中，logical_test 是任何可能被计算为 True 或 False 的值或表达式（条件式）；value_if_true 表示 logical_test 为 True 时的返回值；value_if_false 表示 logical_test 为 False 时的返回值。

操作步骤如下。

（1）选中 F4 单元格，单击"编辑栏"的"插入函数"按钮 *fx*，或在"公式"选项卡的"函数库"组中单击"插入函数"按钮，打开"插入函数"对话框。

（2）在"选择类别"下拉列表框中选择"常用函数"选项，在"选择函数"列表框中选择"IF"函数，单击"确定"按钮，打开"函数参数"对话框。

（3）将光标定位于"logical_test"文本框，单击右侧的▦按钮，折叠"函数参数"对话框。

（4）此时在工作表中选中 C4 单元格，单击▦按钮，重新扩展了"函数参数"对话框。在"logical_test"文本框中将条件式 C4=" 经理 " 填写完整，如图 4-24 所示，在"value_if_true"文本框中输入 300，表示当条件成立时（即当前员工的职务是经理时），函数返回值为 300。

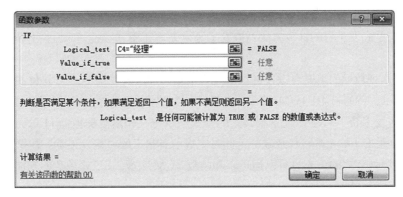

图 4-24　填写了条件式 C4=" 经理 " 的 IF 函数参数对话框

因为需要继续判断当前员工的职务，所以在"value_if_false"中要再嵌套 IF 函数进行职务判断。将光标定位在"value_if_false"文本框中，然后在工作表的"编辑栏"最左侧的函数下拉列表中选择"IF"函数，再次打开"函数参数"对话框，如图 4-25 所示。

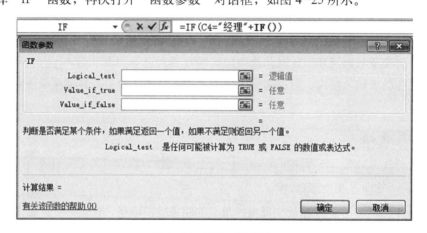

图 4-25 函数下拉列表

（5）此时将光标定位于"logical_test"文本框，并将条件式 C4=" 副经理 " 填写完整，在"value_if_true"文本框中输入 200，在"value_if_false"文本框中输入 100，表示当条件成立时（即当前员工的职务是副经理时），函数返回 200，否则函数返回 100。

（6）单击"确定"按钮，返回工作表，此时 F4 单元格中的公式是"=IF(C4=" 经理 "，300，IF(C4=" 副经理 ",200,100))"，其返回值是 100。

（7）其他员工的"奖金／天"数据列的值可以通过复制函数的方式来填充。选中 F4 单元格，并将指针移至该单元格的右下角，当指针变成十字形状时按住鼠标左键进行拖动，拖至目标位置 F13 单元格时释放鼠标即可。此时可以看到，IF 函数被复制到其他单元格。

至此，完成所有员工的"资金／天"数据列的填充。

二、填充"全勤奖"数据列

选中 G4 单元格，在"编辑栏"内直接输入公式"=IF(E4=22,200,0)"，单击"编辑栏"左侧的"输入"按钮或按【Enter】键，即可得到该员工的"全勤奖"数值，其他员工的"全勤奖"可通过复制函数的方式获得。

三、计算并填充"应发工资"数据列

首先，应清楚应发工资的计算方法：应发工资＝基本工资＋奖金／天 × 出勤天＋全勤奖＋差旅补助。

"应发工资"列数据的填充可以通过在单元格中输入加法公式实现。选中 I4 单元格，在"编辑栏"内输入公式"=D4+E4*F4+G4+H4"，按【Enter】键，即可计算出第一个员工的"应发工资"，其他员工的"应发工资"可以通过复制公式的方式来填充，即用鼠标拖动 I4 单元格右下角的填充柄，至目标位置 I13 单元格时释放鼠标。此时完成所有员工的"应发工资"数据列的填充。

"应发工资"列数据的填充也可以通过求和函数 SUM 实现。SUM 函数的功能是返回某一单元格区域中所有数字之和。

SUM 函数的语法如下：

```
SUM(number1,number2, ...)
```

其中，number1，number2，…是要对其求和的参数。

操作方法：选中 L4 单元格，在"编辑栏"内输入公式"＝SUM(D4，E4＊F4，G4，H4)"，按【Enter】键，计算出第一位员工的"应发工资"，其他员工的"应发工资"可以通过复制函数的方式填充。

四、确定"个人所得税"

按照图 4-21 填充"个人所得税"数据列。

五、计算并填充"实发工资"列

首先要清楚实发工资的计算方法：实发工资 ＝ 应发工资 － 个人所得税。

选中单元格 K4，在"编辑栏"内输入公式"＝I4-J4"，按【Enter】键，可计算出第一位员工的应发工资。其他员工的应发工资同样可以通过复制公式的方式来填充。

六、根据"实发工资"列进行排名

操作步骤如下。

方法一：选中 L4 单元格，通过在"编辑栏"内输入公式"＝RANK(K4,$K$4:$K$13)"，按【Enter】键，计算出第一位员工的工资排名，其他员工的工资排名可以通过复制函数的方式填充。

方法二：选中 L4 单元格，打开"插入函数"对话框，在"选择类别"下拉列表框中选择"统计"选项，在"选择函数"列表框中选择"RANK"函数，单击"确定"按钮，将打开"函数参数"对话框。

将光标定位于 Number 文本框，单击右侧的按钮，选择要排位的单元格 K4；再将光标定位于 Ref 文本框，单击右侧的按钮，在工作表中选中 K4:K13 单元格区域（要排位的数字列表），并且进行绝对引用（选中"Ref"文本框中的 K4:K13，按【F4】键）；在 Order 文本框中输入数字 0，表示按升序排位。单击"确定"按钮，函数返回值为 9，说明第一位员工的"工资排名"是 9。其他员工的"按工资排序"数据列的值可以通过复制函数的方式来填充。

七、计算统计数据

操作步骤如下：选中 D17 单元格，在"编辑栏"中输入公式"＝MAX(K4:K13)"，按【Enter】键，计算出最高工资。选中 D18 单元格，在"编辑栏"中输入公式"＝MIN(K4:K13)"，按【Enter】键，计算出最低工资。

至此，天利公司员工工资管理报表编制完成。

扫一扫 ●

拓展阅读：
Rank函数
的使用

扫一扫 ●

拓展阅读：
函数的学习

拓展实训

按要求完成"商务班期末考试成绩单"的编制，效果如图 4-26 所示。

要求：

（1）计算每位学生的总分、平均分、名次和总评等级。

（2）统计各门课程、总分列、平均分列的最高分、最低分、优秀率（90 分以上人数的百分比）。

（3）总评等级是根据每位学生平均分来划分的，具体规定如下。

优秀：平均分 ≥ 90；良好：80 ≤ 平均分 ＜ 90；中等：70 ≤ 平均分 ＜ 80；及格：60 ≤ 平均分 ＜ 70；不及格：平均分 ＜ 60。

	A	B	C	D	E	F	G	H	I	J
1				商务班学生信息表						
2	学期：2016—2017第一学期									
3	学号	姓名	英语	高等数学	计算机基础	体育	总分	平均分	名次	总评等级
4	0001	王华	78	83	90	73	324	81.00	7	良好
5	0002	张品	80	76	92	88	336	84.00	6.00	良好
6	0003	李婷	94	89	86	93	362	90.50	1	优秀
7	0004	王菲	80	90	78	91	339	84.75	5	良好
8	0005	华民	74	70	89	80	313	78.25	8	中等
9	0006	梁田	96	87	82	84	349	87.25	3	良好
10	0007	李娜娜	87	92	85	90	354	88.50	2	良好
11	0008	王婷婷	82	75	90	94	341	85.25	4.00	良好
12										
13	最高分		96	92	92	94	362	90.5		
14	最低分		74	70	78	73	313	78.25		
15	优秀率		25.00%	25.00%	37.50%	50.00%		12.50%		
16										

图 4-26 商务班期末考试成绩单

小　　结

公式与函数是 Excel 中两个重要的功能，公式是 Excel 的重要组成部分，它是在工作表中对数据进行分析和计算的等式，能对单元格中的数据进行逻辑运算和算术运算，函数是 Excel 的预定义内置公式。熟练掌握公式与函数可以大大提高工作的效率。

案例四　处理分析销售数据表数据

某公司下属公司华美好鲜花礼品连锁销售公司每天都要对所售的鲜花销售数据进行汇总、计算、排序等工作。现对 2017 年 1 月前三天鲜花销售情况进行汇总，具体工作如下。

（1）按月对鲜花的销售量进行降序排列,对每个种类的鲜花按销售量进行降序排列。

（2）对指定月份、指定分店、指定销售数量的鲜花销售情况进行列表显示。

（3）统计各分店三天的平均销售额，同时汇总各分店的月销售额。

（4）对鲜花交易市场当日各类鲜花的平均价格进行合并计算。

原始的鲜花销售量表如图 4-27 所示，鲜花交易市场当日批发价格表如图 4-28 所示。

扫一扫

案例四视频

知识要点

Excel 2010 的数据分析功能是非常强大，使用该功能可以对数据进行排序、筛选、分类汇总、合并计算等操作，实现数据的快速统计、分析与处理。

	A	B	C	D	E
1	鲜花销量统计表（朵）				
2	品种	经销商	2017-1-1	2017-1-2	2017-1-3
3	玫瑰	红天花店	800	760	580
4	康乃馨	红天花店	480	440	680
5	满天星	红天花店	580	630	710
6	百合	红天花店	640	580	610
7	玫瑰	吉华花店	780	890	810
8	康乃馨	吉华花店	560	610	880
9	满天星	吉华花店	430	360	260
10	玫瑰	若水花店	980	960	610
11	康乃馨	若水花店	620	360	230
12	百合	若水花店	360	480	210
13	菊花	丽阳花店	210	103	310
14	君子兰	丽阳花店	360	210	480
15	月季	丽阳花店	480	560	320

图 4–27　鲜花销售统计表

	A	B	C	D	E	F	G
1	鲜花交易市场当日批发价格					各类鲜花平均价格	
2	品名	批发价	品种	规格		品名	平均价格
3	玫瑰	0.40	红	0.35m			
4	玫瑰	0.43	白	0.35m			
5	康乃馨	0.25	单头：红	0.4m			
6	康乃馨	0.25	单头：黄	0.4m			
7	康乃馨	0.25	单头：粉	0.4m			
8	康乃馨	0.25	单头：白	0.4m			
9	满天星	0.45	红	0.7m			
10	满天星	0.45	黄	0.7m			
11	满天星	0.50	粉	0.7m			
12	百合	3.00	东方	0.6m			
13	百合	0.70	亚洲	0.6m			
14	百合	4.50	麝香	0.6m			
15	月季	0.20	红	0.4m			
16	月季	0.20	黄	0.4m			
17	月季	0.20	粉	0.4m			
18	月季	0.20	白	0.4m			
19	菊花	0.25	单头：黄	0.5m			
20	菊花	0.30	多头：红	0.5m			
21	菊花	0.30	多头：黄	0.5m			
22	菊花	0.30	多头：粉	0.5m			
23	菊花	0.30	多头：白	0.5m			

图 4–28　鲜花交易市场批发价格表

1. 利用排序功能实现

（1）利用“排序”对话框实现按月份对商品的销售额进行降序排列。

（2）通过在“排序”对话框中定义自定义排序序列，实现对每个经销处按商品销售额进行降序排列。

2. 利用筛选功能实现

（1）使用自动筛选功能可以完成对若水花店的鲜花销售情况进行列表显示，将其余数据隐藏。

（2）通过自定义自动筛选方式对 2017 年 1 月 2 日销售数量在 600～800 朵的鲜花销售情况进行列表显示。

（3）通过高级筛选功能将玫瑰在红天花店 2017 年 1 月 3 日销售数量小于 600 朵的销售数据及“康乃馨”在吉华花店的销售情况进行列表显示（设置筛选条件区域）。

利用分类汇总功能实现：统计各花店 1~3 日的平均销售量，同时汇总各花店的每日销售数量（其中，汇总主要关键字为“经销商”，汇总次关键字为“品种”）。

利用合并计算功能实现：对鲜花交易市场各类鲜花的平均价格进行合并计算。

技能目标

- 能够熟练运用 Excel 的数据排序功能。
- 能够熟练使用 Excel 进行数据的筛选。
- 可以对多个数据表进行数据的合并计算。

知识建构

一、数据排序

在 Excel 中，用户经常需要对数据进行排序，以查找需要的信息，通常情况下排序的规则有：

（1）数字从最小的负数到最大的正数。

（2）按字母先后顺序排序。

（3）逻辑值 FALSE 排在 TURE 之前。

（4）全部错误值的优先值相同。

（5）空格始终排在最后。

在"数据"选项卡中的"排序和筛选"组中可以进行数据排序操作，如图 4-29 所示。

1. 简单排序

简单排序是指在排序时，设置单一的排序条件，将工作表中的数据按照指定的某种数据类型进行重新排序。操作步骤是：单击条件列字段中的任意单元格，在"数据"选项卡的"排序和筛选"组中单击"升序"或"降序"按钮即可。

2. 多关键字排序

多关键字排序也称为复杂排序，指按多个关键字对数据进行数据排序，复杂排序是方法是：在"数据"选项卡的"排序和筛选"组中单击"排序"按钮，打开"排序"对话框，在该对话框中可以设置一个主要关键字、多个次要关键字，每个关键字均可按"升序"或"降序"进行排列。

3. 自定义排序

除以上排序外，用户还可以自定义排序。方法是：在"排序"对话框中，选择要进行自定义排序的关键字，在其对应的"次序"下拉列表框中选择"自定义序列"选项，打开"自定义序列"对话框，选择或建立需要的排序序列即可。

4. 按笔画对汉字进行排序

系统默认的汉字排序方式是以汉字拼音的字母顺序排列的，在操作过程中可以对汉字进行按笔画排序。方法是：单击"排序"按钮，在"排序"对话框中单击"选项"按钮，打开"排序选项"对话框，如图 4-30 所示，在"方法"选项组中选中"笔画排序"单选按钮，单击"确定"按钮，即可将指定列中的数据以笔划进行排序。

图 4-29 "排序和筛选"组　　　　　图 4-30 "排序选项"对话框

二、数据筛选

Excel 的数据筛选功能可以在工作表中有选择性地显示满足条件的数据，对于不满足条件的数据，Excel 工作表将自动隐藏。Excel 的数据筛选功能包括：自动筛选、自定义筛选以及高级筛选 3 种。

1. 自动筛选

自动筛选是指工作表中只显示满足给定条件的数据。进行自动筛选方法是：选中任意单元格，在"数据"选项卡的"排序和筛选"组中单击"筛选"按钮，各标题名右侧出现下拉按钮，说明对单元格数据启用了"筛选"功能，单击下拉按钮，可以显示列筛选器，在此可以进行筛选条件设置，完成后在工作表中将显示筛选结果，如图 4-31 所示。

图 4-31 应用自动筛选

2. 自定义筛选

当需要对某字段数据设置多个复杂筛选条件时，可以通过自定义筛选的方式进行设置。常见的自定义筛选方式有：筛选文本、筛选数字、筛选日期或时间、筛选最大或最小数字、筛选平均数以上或以下的数字、筛选空值或非空值，以及按单元格或字体颜色进行筛选。

操作步骤如下：

（1）在"数据"选项卡的"排序和筛选"组中单击"筛选"按钮，各标题名右侧出现下拉按钮，启用"筛选"功能。

（2）在该字段的列筛选器中选择"数字筛选"命令的下一级菜单中的"自定义筛选"命令，如图 4-32 所示。打开"自定义自动筛选方式"对话框，如图 4-33 所示，对该字段进行筛选条件设置，完成后工作表中将显示筛选结果。

图 4-32 应用自定义筛选　　　　　图 4-33 "自定义自动筛选方式"对话框

> 提示：对于文本值，通常自定义筛选方式有："等于""不等于""开头是""结尾是""包含""不包含"，用户在"文本筛选"下拉列表无论单击哪个命令都将打开"自定义自动筛选方式"对话框，根据实际需要设置筛选条件。

扫一扫

拓展阅读：
高级筛选

3. 清除筛选

如果需要清除工作表中的自动筛选和自定义筛选，可以在"数据"选项卡的"排序和筛选"组中单击"清除"按钮，清除数据的筛选状态，如果再单击"筛选"按钮，则可取消启用筛选功能，即删除列标题右侧的下拉按钮，使工作表恢复到初始状态。

提示：筛选条件中可以使用通配符"?"和"*"，其中，"?"代表一个字符，"*"代表多个字符，如筛选条件是"红*"，表示要筛选出所有包含"红"的经销商的记录。

三、分类汇总

分类汇总是对数据清单中的数据进行管理的重要工具，可以快速汇总各项数据。在Excel 2010中，分类汇总的相关命令都放在"数据"选项卡的"分级显示"组中，如图4-34所示。

分类汇总是指对某个字段的数据进行分类，并对各类数据进行快速的汇总统计。汇总的类型有求和、计数、平均值、最大值、最小值等，默认的汇总方式是求和。

创建分类汇总时，首先要对分类的字段进行排序。创建数据分类汇总后，Excel会自动按汇总时的分类对数据清单进行分级显示，并自动生成数字分级显示按钮，用于查看各级别的分级数据。

图4-34　"分级显示"组

如果需要在一个已经建立了分类汇总的工作表中再进行另一种分类汇总，两次分类汇总时使用不同的关键字，即实现嵌套分类汇总，则需要在进行分类汇总操作前，对主关键字和次关键字进行排序。进行分类汇总时，将主关键字作为第一级分类汇总关键字，将次关键字作为第二级分类汇总关键字。

若要删除分类汇总，只需在"分类汇总"对话框中单击"全部删除"按钮即可。

四、合并计算

利用Excel 2010的合并计算功能，可以将多个工作表中的数据进行计算汇总，在合并计算过程中，存放计算结果的区域称为目标区域，提供合并数据的区域称为源数据区域，目标区域可与源数据区域在同一个工作表上，也可以在不同的工作表或不同的工作簿内。其次，数据源可以来自单个工作表、多个工作表或多个工作簿中。

合并计算有两种形式：一种是按分类进行合并计算，另一种是按位置进行合并计算。

1．按分类进行合并计算

通过分类来合并计算数据，是指当多个数据源区域包含相似的数据，却依不同分类标记排列时进行的数据合并计算方式。例如，某公司有两个分公司，分别销售不同的产品，总公司要获得完整的销售报表时，就必须使用"分类"的方式来合并计算数据。

如果数据源区域顶行包含分类标记，则在"合并计算"对话框中选中"首行"复选框；如果数据源区域左列有分类标记，则选中"最左列"复选框。在一次合并计算中，可以同时选中这两个复选框。

2．按位置进行合并计算

通过位置来合并计算数据，是指在所有源区域中的数据被相同地排列，即每一个源区域中要合并计算的数据必须在被选定源区域的相同的相对位置上。这种方式非常适用于处理相同表格的合并工作。

五、快速对单元格数据进行计算

选择批量单元格后，在Excel 2010窗口的状态栏中可以查看这些单元格数据中的最大值、最小值、平均值、求和等统计信息，如图 4-35 所示。如果在状态栏中没有需要的统计信息，可以右击状态栏，在弹出的快捷菜单中选择需要的统计命令即可。该方法还可计算包含数字的单元格的数量（选择数值计数），或者计算已填充单元格的数量（选择计数）。

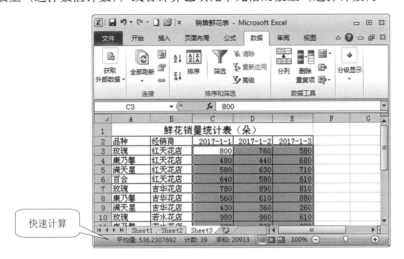

扫一扫

拓展阅读：
获取外部
数据

图 4-35　快速计算效果

案例演练

一、数据排序

（1）按天对商品的销售量进行降序排列。打开"鲜花销售量表 .xlsx"文件，选择"鲜花销售量表"工作表，并建立其副本，将副本更名为"排序"，将"排序"工作表设置为当前工作表。

①选中工作表中的任意单元格，在"数据"选项卡的"排序和筛选"组中单击"排序"按钮，打开"排序"对话框。

②在"主要关键字"下拉列表框中选择"2017 年 1 月 1 日"，在"次序"下拉列表框中选择"升序"，表示首先按 2017 年 1 月 1 日升序排列。

③在"排序"对话框中单击"添加条件"按钮，添加次要关键字。

④与设置主要关键字的方法一样，在"次要关键字"下拉列表框中选择"2017 年 1 月 2 日"，在"次序"下拉列表框中选择"降序"，表示在"2017 年 1 月 1 日"销售量相同的情况下按"2017 年 1 月 2 日"降序排列，如图 4-36 所示。排序后结果如图 4-37 所示。

（2）对每个经销商按商品销售额进行降序排列。打开"鲜花销售量表 .xlsx"文件，选择"鲜花销售量表"工作表，并建立其副本，将副本更名为"自定义排序"，将"自定义排序"工作表设置为当前工作表。

在对"经销商"字段进行排序时，系统默认的汉字排序方式是以汉字拼音的字母顺序排列的，所以依次出现的"经销商"是"红天花店""吉华花店""若水花店""丽阳花店"，不符合要求，这里要采用自定义排序方式定义"经销商"字段的正常排列顺序，按"若水花店""吉华花店""丽阳花店""红天花店"的顺序统计各销售处商品销售金额，由高到低的顺序。

①选择工作表中的任意数据单元格，在"数据"选项卡的"排序和筛选"组中单击"排序"按钮，打开"排序"对话框。

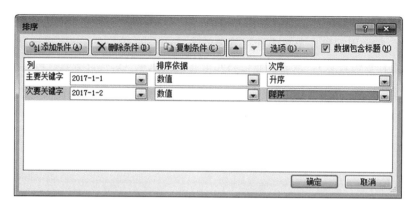

图 4-36 "排序"对话框

	A	B	C	D	E
1	鲜花销量统计表(朵)				
2	品种	经销商	2017-1-1	2017-1-2	2017-1-3
3	菊花	丽阳花店	210	103	310
4	百合	若水花店	360	480	210
5	君子兰	丽阳花店	360	210	480
6	满天星	吉华花店	430	360	260
7	月季	丽阳花店	480	560	320
8	康乃馨	红天花店	480	440	680
9	康乃馨	吉华花店	560	610	880
10	满天星	红天花店	580	630	710
11	康乃馨	若水花店	620	360	230
12	百合	红天花店	640	580	610
13	玫瑰	吉华花店	780	890	810
14	玫瑰	红天花店	800	760	580
15	玫瑰	若水花店	980	960	610

图 4-37 排序结果示意图

②将主要关键字设置为"经销商",在"次序"下拉列表中选择"自定义序列"选项,打开"自定义序列"对话框,在"输入序列"列表框中依次输入"若水花店""吉华花店""丽阳花店""红天花店",如图 4-38 所示,单击"添加"按钮,再单击"确定"按钮返回"排序"对话框,则"次序"下拉列表框中已设置为定义好的序列。

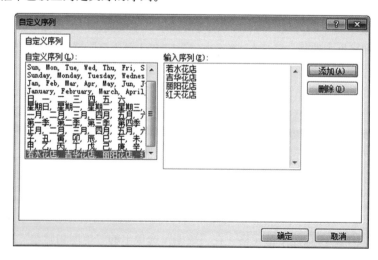

图 4-38 自定义序列

（3）单击"添加条件"按钮，将次要关键字设置为"2017 年 1 月 1 日"，并设置次序为"降序"，单击"确定"按钮，则完成了对每个经销商按鲜花销售量进行降序排列。最终效果如图 4-39 所示。

	A	B	C	D	E
1	鲜花销量统计表（朵）				
2	品种	经销商	2017-1-1	2017-1-2	2017-1-3
3	玫瑰	若水花店	980	960	610
4	康乃馨	若水花店	620	360	230
5	百合	若水花店	360	480	210
6	玫瑰	吉华花店	780	890	810
7	康乃馨	吉华花店	560	610	880
8	满天星	吉华花店	430	360	260
9	月季	丽阳花店	480	560	320
10	君子兰	丽阳花店	360	210	480
11	菊花	丽阳花店	210	103	310
12	玫瑰	红天花店	800	760	580
13	百合	红天花店	640	580	610
14	满天星	红天花店	580	630	710
15	康乃馨	红天花店	480	440	680

图 4-39　以"自定义序列"排序的效果图

二、数据筛选

（1）对若水花店的鲜花销售量进行列表显示。打开"鲜花销售量表 .xlsx"文件，选择"鲜花销售量表"工作表，并建立其副本，将副本更名为"筛选"，将"筛选"工作表设置为当前工作表。

在工作表中选中任意的单元格，在"数据"选项卡的"排序和筛选"组中单击"筛选"按钮。此时在各列标题名后出现了下拉按钮，单击"经销商"下拉按钮，打开列筛选器，除"若水花店"外，取消对其他花店复选框的选择，单击"确定"按钮。

此时工作表中将只显示"若水花店"的相关数据条目。

在"数据"选项卡的"排序和筛选"组中再次单击"筛选"按钮，将取消对单元格的筛选，此时，各列标题右侧的下拉按钮消失，工作表恢复初始状态。

（2）对 2017 年 1 月 2 日销售数量在 600~800 朵的商品销售情况进行列表显示。为完成此项操作，除了"2017 年 1 月 2 日"这个筛选条件以外，还需要补加"2017 年 1 月 2 日"<=800 且"2017 年 1 月 2 日">=600 的条件对商品的销售数量进行筛选。具体操作如下。

①对"2017 年 1 月 2 日"的商品销售情况进行筛选。

②单击"2017 年 1 月 2 日"右侧的下拉按钮，在列筛选器中选择"数字筛选"→"自定义筛选"选项，打开"自定义自动筛选方式"对话框。在其中设置"2017 年 1 月 2 日"大于等于 600 朵并且（"与"）"2017 年 1 月 2 日"小于等于 800 朵，单击"确定"按钮即可。

此时，就可以对 2017 年 1 月 2 日销售数量在 600~800 朵的商品销售情况进行列表显示，如图 4-40 所示。

	A	B	C	D	E
1	鲜花销量统计表（朵）				
2	品种 ▼	经销商 ▼	2017-1 ▼	2017-1 ▼	2017-1 ▼
3	玫瑰	红天花店	800	760	580
6	百合	红天花店	640	580	610
7	玫瑰	吉华花店	780	890	810
11	康乃馨	若水花店	620	360	230

图 4-40　"自定义筛选"结果示意图

（3）将红天花店 2017 年 1 月 3 日销售数量小于 600 朵的"玫瑰"销售数据及"康乃馨"在吉华花店的销售情况进行列表显示。

打开"鲜花销售量表.xlsx"文件，选择"鲜花销售量表"工作表，并建立其副本，将副本更名为"高级筛选"，并将"高级筛选"工作表设置为当前工作表。

要完成此操作，需要设置两个复杂条件。

条件 1：品种 ＝"玫瑰"，经销商 ＝"红天花店"，2017 年 1 月 3 日 ＜ 600。

条件 2：品种 ＝"康乃馨"，经销商 ＝"吉华花店"。

其中，条件 1 和条件 2 之间是"或"关系。

操作步骤如下。

①设置条件区域并输入筛选条件。在数据区域的下方设置条件区域，其中条件区域必须具有列标签，同时确保在条件区域与数据区域之间至少留一个空白行，如图 4-41 所示。

14	满天星	红天花店		580	630	710
15	康乃馨	红天花店		480	440	680
16						
17						
18	品种	经销商	2017年1月3日			
19	玫瑰	红天花店	<600			
20	康乃馨	吉华花店				

图 4-41　设置条件区域并输入高级筛选条件

②选择数据列表区域、条件区域和目标区域。选中数据区域中任意单元格，在"数据"选项卡的"排序和筛选"组中单击"高级"按钮，打开"高级筛选"对话框，如图 4-42 所示，在列表区域已默认显示了数据源区域。

单击"条件区域"文本框右侧的"选择单元格"按钮，在工作表中选择已设置的条件区域，在"方式"选项组中选中"将筛选结果复制到其他位置"单选按钮，再单击"复制到"文本框右侧的"选择单元格"按钮，选择显示筛选结果的目标位置，单击"确定"按钮即可将所需的商品销售情况进行列表显示，如图 4-43 所示。

图 4-42　"高级筛选"对话框

18	品种	经销商	2017年1月3日		
19	玫瑰	红天花店	<600		
20	康乃馨	吉华花店			
21					
22	品种	经销商	2017-1-1	2017-1-2	2017-1-3
23	康乃馨	吉华花店	560	610	880
24	玫瑰	红天花店	800	760	580

图 4-43　高级筛选结果效果

利用分类汇总功能实现：统计各花店 1~3 日的平均销售量，同时汇总各花店的每日销售数量（其中，汇总主要关键字为"经销商"，汇总次关键字为"品种"）。

三、统计各花店 1~3 日的平均销售量，同时汇总各花店的每日销售数量

打开"鲜花销售量表.xlsx"文件，选择"鲜花销售量表"工作表，并建立其副本，将副本

更名为"分类汇总",并将"分类汇总"工作表设置为当前工作表。

(1)将"经销商"作为主关键字、"品种"作为次关键字进行排序,其中"经销商"使用"若水花店""吉华花店""丽阳花店""红天花店"自定义序列进行排序。

(2)选择数据区域中的任意单元格,在"数据"选项卡的"分级显示"组中单击"分类汇总"按钮,打开"分类汇总"对话框。

设置"分类字段"为"经销商","汇总方式"为"平均值","选定汇总项"为"2017年1月1日""2017年1月2日""2017年1月3日",同时选中"替换当前分类汇总"和"汇总结果显示在数据下方"复选框,单击"确定"按钮。则按经销处对数据进行一级分类汇总,效果如图4-44所示。

图4-44　一级"分类汇总"结果示意图

(3)在步骤(2)的基础上,再次执行分类汇总。在"分类汇总"对话框中,设置"分类字段"为"品种","汇总方式"为"求和","选定汇总项"为"2017年1月1日""2017年1月2日""2017年1月3日",同时取消选中"替换当前分类汇总"复选框,单击"确定"按钮,实现二级分类汇总。

此二级分类汇总首先实现了对各经销商1~3日的销售量平均值的计算,然后对于每个经销处进行按品种的销售量统计。

　　提示:在"分类汇总"对话框中,如果单击"全部删除"按钮,可将工作表恢复到初始状态。

两次分类汇总的结果如图4-45所示。

四、对鲜花交易市场各类鲜花的平均价格进行合并计算

在"鲜花交易市场批发价格表.xlsx"工作簿文件中新建工作表并命名为"鲜花交易市场批发价格表",用于存放合并数据。

(1)选中"合并计算"工作表中的F3单元格,在"数据"选项卡的"数据工具"组中单击"合并计算"按钮,打开"合并计算"对话框,如图4-46所示。

1234	A	B	C	D	E
1		鲜花销量统计表（朵）			
2	品种	经销商	2017-1-1	2017-1-2	2017-1-3
4	百合 汇总		360	480	210
6	康乃馨 汇总		620	360	230
8	玫瑰 汇总		980	960	610
9		若水花店 平均值	653.33333	600	350
11	康乃馨 汇总		560	610	880
13	满天星 汇总		430	360	260
15	玫瑰 汇总		780	890	810
16		吉华花店 平均值	590	620	650
18	菊花 汇总		210	103	310
20	君子兰 汇总		360	210	480
22	月季 汇总		480	560	320
23		丽阳花店 平均值	350	291	370
25	百合 汇总		640	580	610
27	康乃馨 汇总		480	440	680
29	满天星 汇总		580	630	710
31	玫瑰 汇总		800	760	580
32		红天花店 平均值	625	602.5	645
33	总计		7280	6943	6690
34		总计平均值	560	534.07692	514.61538

图 4-45 二级"分类汇总"结果

（2）在"函数"下拉列表框中选择"平均值"运算。

（3）在"引用位置"文本框中单击右侧的"选择单元格"按钮，选择工作表"鲜花交易市场当日批发价格"中的 A3:B23 单元格区域作为要合并的源数据区域，单击"添加"按钮，将该引用位置添加进"所有引用位置"列表框中。

（4）在"标签位置"选项组中选中"最左列"复选框。单击"确定"按钮即可完成对 3 个数据表的数据合并功能，结果如图 4-47 所示。

扫一扫

实训提示

各类鲜花平均价格	
品名	平均价格
玫瑰	0.42
康乃馨	0.25
满天星	0.47
百合	2.73
月季	0.20
菊花	0.29

图 4-46 "合并计算"对话框   图 4-47 数据合并结果

拓展实训

对素材提供的天美乐超市销售数据进行分析，以"一月"为主要关键字升序排序，筛选出"二月"大于或等于 80 000 的记录，并按上、下半年汇总销售情况。工作表数据如图 4-48 和图 4-49 所示。

	A	B	C	D	E
1	天美乐连锁超市第一季度销售情况表（元）				
2	类别	销售区间	一月	二月	三月
3	食品类	食用品区	70800	90450	70840
4	饮料类	食用品区	68500	58050	40570
5	烟酒类	食用品区	90410	86500	90650
6	服装、鞋帽类	服装区	90530	80460	64200
7	针纺织品类	服装区	84100	87200	78900
8	化妆品类	日用品区	75400	85500	88050
9	日用品类	日用品区	61400	93200	44200
10	体育器材	日用品区	50000	65800	43200

图 4-48　天乐美连锁超市第一季度销售情况表

	A	B	C	D	E
1	天美乐超市上半年各连锁店销售情况表（万元）				
2	类别	第一连锁店	第二连锁店	第三连锁店	第四连锁店
3	食品类	70	90	75	85
4	服装、鞋帽类	90	80	64	73
5	体育器材	65	78	55	87
6	饮料类	86	68	67	63
7	烟酒类	53	83	82	51
8	针纺织品类	71	48	46	81
9	化妆品类	75	76	78	83
10	日用品类	61	73	53	63
11					
12	佳美乐超市上半年各连锁店销售情况表（万元）				
13	类别	第一连锁店	第二连锁店	第三连锁店	第四连锁店
14	食品类	73	80	85	76
15	服装、鞋帽类	85	92	71	61
16	烟酒类	63	73	89	64
17	日用品类	82	72	51	52
18	体育器材	66	73	59	83
19	化妆品类	88	71	73	81
20	饮料类	81	73	72	60
21	针纺织品类	64	53	55	72
22					
23	天美乐超市全年各连锁店销售情况表（万元）				
24	类别	第一连锁店	第二连锁店	第三连锁店	第四连锁店
25					

图 4-49　天乐美超市全国连锁店销售情况表

小　　结

在实际工作中，经常需要在工作表中查找满足条件的数据，或者是按某个字段从大到小或从小到大查看，这里就需要使用数据筛选和排序功能来完成此操作。分类汇总则可以按指定的某个字段对表格中的其他数据项按指定的方式进行汇总。数据分析是 Excel 2010 的另一个强大功能，使用该功能可以对数据进行排序、筛选、分类汇总、合并计算等操作，实现数据的快速统计、分析与处理。

案例五　制作销售统计图表

案例展示

公司市场部为了制订公司下一阶段的发展计划，需对 2016 年商品销售情况做出分析报告。使用 Excel 2010 图表进行商品销售数据分析，用簇状柱形图比较各类商品每个月的销售情况，如图 4-50 所示；用堆积柱形图比较公司第一季度销售情况及商品月销售量占月合计销售量中的比例，如图 4-51 所示。

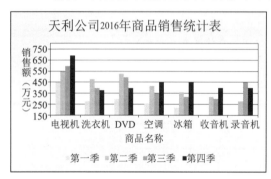

图 4-50　天利公司 2016 年商品销售图表

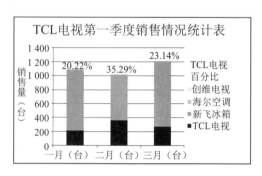

图 4-51　天利公司商品销售额占比图

案例分析

知识要点

● 创建图表。

● 设计和编辑图表。

技能目标

能够运用 Excel 的图标功能创建可视化表格数据。

知识建构

一、认识图表

图表的基本组成如图 4-52 所示，其中包括下面几部分。

(1) 图表区：整个图表，包括所有的数据系列、轴、标题和例。

(2) 绘图区：由坐标轴包围的区域。

(3) 图表标题：对图表内容的文字说明。

(4) 坐标轴：分 X 轴和 Y 轴。X 轴是水平轴，表示分类；Y 轴通常是垂直轴，包含数据。

(5) 横坐标轴标题：对分类情况的文字说明。

(6) 纵坐标轴标题：对数值轴的文字说明。

(7) 图例：图例是一个方框，显示每个数据系列的标识名称和符号。

(8) 数据系列：图表中相关的数据点，它们源自数据表的行和列。每个数据系列有唯一的颜色或图案，在图例中有表示。可以在图表中绘制一个或多个数据系列。饼图只有一个数据系列。

（9）数据标签：标识数据系列中数据点的详细信息，它在图表上的显示是可选的。

二、创建并调整图表

（1）创建图表。在工作表中选择图表数据，在"插入"选项卡的"图表"组中选择要使用的图表类型即可。如果要将图表放在单独的工作表中，可以执行下列操作：

①选中欲移动位置的图表，此时将显示"图表工具"上下文选项卡，包括"设计""布局""格式"选项卡。

②在"设计"选项卡的"位置"组中，单击"移动图表"按钮📊，打开"移动图表"对话框，如图 4-53 所示。

在"选择放置图表的位置"选项组中，选中"新工作表"单选按钮，则将创建的图表显示在图表工作表（只包含一个图表的工作表）中；选中"对象位于"单选按钮，则创建的是嵌入式图表，并位于指定的工作表中。

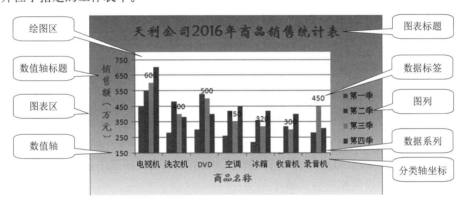

图 4-52　图表的基本组成

（2）调整图表大小。调整图表大小的方法有以下两种：

①单击图表，然后拖动尺寸控点，将其调整为所需大小。

②在"格式"选项卡的"大小"组中，设置"形状高度"和"形状宽度"的值即可，如图 4-54 所示。

图 4-53　"移动图表"对话框

图 4-54　设置图表大小

三、应用预定义图表布局和图表样式

创建图表后，可以快速向图表应用预定义布局和图表样式。

快速向图表应用预定义布局的操作步骤是：选中图表，在"设计"选项卡"图表布局"组中单击要使用的图表布局即可，如图 4-55 所示。

快速应用图表样式的操作步骤是：选中图表，在"设计"选项卡中的"图表样式"组中，单击要使用的图表样式即可，如图 4-56 所示。

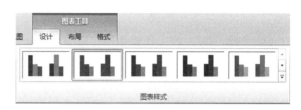

图 4-55　"图表布局"组　　　　　　　图 4-56　"图表样式"组

四、手动更改图表元素的布局

（1）选中图表元素的方法。

①在图表上，单击要选择的图表元素，被选择的图表元素将被选择手柄标记，表示图表元素被选中。

②单击图表，在"格式"选项卡的"当前所选内容"组中单击"图表元素"下拉按钮，然后在弹出的下拉列表中选择所需的图表元素即可。

（2）更改图表布局。选中要更改布局的图表元素，在"布局"选项卡的"标签""坐标轴""背景"组中，选择相应的布局选项即可。

五、手动更改图表元素的格式

（1）选中要更改格式的图表元素。

（2）在"格式"选项卡的"当前所选内容"组中单击"设置所选内容格式"按钮，打开设置格式对话框，在其中设置相应格式即可。

六、添加数据标签

若要向所有数据系列的所有数据点添加数据标签，单击图表区；若要向一个数据系列的所有数据点添加数据标签，单击该数据系列的任意位置；若要向一个数据系列中的单个数据点添加数据标签，单击包含该数据点的数据系列后再单击该数据点。

然后在"布局"选项卡的"标签"组中单击"数据标签"下拉按钮，在弹出的下拉列表中选择所需的显示选项即可。

七、图表的类型

Excel 2010 内置了大量的图表类型，可以根据需要查看的原始数据的特点选用不同类型的图表。下面介绍应用频率较高的几种图表。

（1）柱形图：用于显示一段时间内的数据变化或显示各项之间的比较情况，用柱长表示数值的大小。通常沿水平轴组织类别，沿垂直轴组织数值。

（2）折线图：用直线将各数据点连接起来而组成的图形，用来显示随时间而变化的连续数据，因此可用于显示在相等时间间隔下数据的变化趋势。

（3）饼图：显示一个数据系列中各项的大小与各项总和的比例。

（4）条形图：一般显示各个相互无关数据项目之间的比较情况。水平轴表示数据值的大小，垂直轴表示类别。

（5）面积图：强调数量随时间而变化的程度，与折线图相比，面积图强调变化量，用曲线下面的面积表示数据总和，可以显示部分与整体的关系。

（6）散点图：主要用于比较成对的数据。散点图具有双重特性，既可以比较几个数据系列中的数据，也可以将两组数值显示在 XY 坐标系中的同一个系列中。

除上述几种图表外，还包括股价图、曲面图、圆环图、气泡图、雷达图等，分别适用于不同类型的数据。

案例演练

一、创建"天利公司 2016 年商品销售统计表"

在 Excel 2010 中新建工作簿文件"天利公司 2016 年商品销售统计表 .xlsx"，如图 4-57 所示输入商品销售数据。

	A	B	C	D	E
1	天利公司2016年商品销售统计表				
2	商品名称	第一季	第二季	第三季	第四季
3	电视机	450	550	600	700
4	洗衣机	280	480	400	380
5	DVD	300	530	500	400
6	空调	260	420	350	450
7	冰箱	220	360	320	420
8	收音机	120	320	300	400
9	录音机	150	280	450	310

图 4-57　天利公司 2016 年商品销售统计表

二、建立簇状柱形图比较各类商品每个月的销售情况

（1）选择数据源 A2：E9 单元格区域。

（2）在"插入"选项卡的"图表"组中单击"柱形图"下拉按钮，在弹出的下拉列表中选择"二维柱形图"选项组中的"簇状柱形图"选项，将在当前工作表中插入簇状柱形图图表。

（3）在图表上移动鼠标指针，可以看到指针所指向的图表各个区域的名称，如图表区、绘图区、水平（类别）轴、垂直（值）轴、图例等。

簇状柱形图以月份为分类轴，按月比较各类商品的销售情况。若要以商品类别为分类轴，统计每类商品各个月的销售情况，只需在图表区中单击即可选中图表，此时功能区中将出现"图表工具"上下文选项卡，包含"设计""布局""格式"选项卡。

在"设计"选项卡的"数据"组中单击"切换行／列"按钮，就可以交换坐标轴上的数据了。

三、设置图表标签

（1）添加图表的标题。

①选中图表，在"布局"选项卡的"标签"组中单击"图表标题"下拉按钮，在弹出的下拉列表中选择"图表上方"，将在图表区顶部显示标题。

②删除文本框中的指示文字"图表标题"，输入需要的文字"天利公司 2016 年商品销售统计表"，再对其进行格式设置，将文字的字体格式设为"华文新魏、18 磅、加粗、深红色"。

（2）添加横坐标轴（分类轴）标题。

①选中图表，在"布局"选项卡的"标签"组中单击"坐标轴标题"下拉按钮，在弹出的下拉列表中选择"主要横坐标轴标题"|"坐标轴下方标题"选项，将在横坐标轴下方显示标题。

②删除文本框中的提示文字"坐标轴标题",输入"商品类别",再对其进行格式设置,将文字的字体格式设为"楷体、12磅、加粗、红色"。

(3)添加纵坐标轴标题。

①选中图表,在"布局"选项卡中的"标签"组中,单击"坐标轴标题"下拉按钮,在弹出的下拉列表中选择"主要纵坐标轴标题"|"竖排标题"选项,将竖排显示纵坐标轴标题。

②删除文本框中的提示文字"坐标轴标题",输入"销售额(万元)",再对其进行格式设置,将文字的字体格式设为"楷体、12磅、加粗、红色"。

(4)调整图例位置。右击"图例"区,在弹出的快捷菜单中选择"设置图例格式"选项,打开"设置图例格式"对话框,如图4-58所示。在左侧窗格中选择"图例选项"选项,在右侧窗格中设置"图例位置"为"底部",单击"关闭"按钮,就可以调整图例位置了。利用"设置图例格式"对话框还可以设置图例区域的填充、边框样式、边框颜色、阴影等多种显示效果。

扫一扫

拓展阅读:
调整数值轴
刻度

扫一扫

拓展阅读:
设置图表
格式

图4-58 "设置图例格式"对话框

四、建立堆积柱形图

(1)计算各种商品的销售量占公司月销售量的百分比。选中"天利公司第一季度销售情况统计表",在A7:A10单元格区域中输入"新飞冰箱百分比""海尔空调百分比""TCL电视百分比""创维电视百分比"。

选中B7单元格,输入公式"=B3/(B\$3+B\$4+B\$5+B\$6)",求得新飞冰箱商品1月份销售量占公司当月销售量的百分比。

拖动B7单元格右下角的填充柄到D10单元格,计算出各种商品销售量占当月公司销售额的百分比(设置B7:D10单元格区域的格式:数字以百分比格式显示,小数位数为2),补全表格边框线,表格效果如图4-59所示。

(2)按月份创建。按【Ctrl】键分别选中两个不连续的单元格区域A2:D6和A9:D9,在"插入"选项卡的"图表"组中单击"柱形图"下拉按钮,在弹出的下拉列表中选择"二维柱形图"

选项组中的"堆积柱形图"选项，将在当前工作表中生成堆积柱形图图表。

	A	B	C	D
1	天利公司第一季度销售情况统计表			
2	电器名称	一月（台）	二月（台）	三月（台）
3	新飞冰箱	320	200	330
4	海尔空调	280	170	300
5	TCL电视	220	360	280
6	创维电视	268	290	300
7	新飞冰箱百分比	29.41%	19.61%	27.27%
8	海尔空调百分比	25.74%	16.67%	24.79%
9	TCL电视百分比	20.22%	35.29%	23.14%
10	创维电视百分比	24.63%	28.43%	24.79%

图 4-59　天利公司第一季度销售情况统计表

（3）设置图表标签。在图表区顶部添加图表的标题"TCL电视第一季度销售情况统计表"，文字的字体格式设为"华文新魏、18磅、加粗、深红色"。

添加纵坐标轴标题"销售额（万元）"，文字的字体格式设为"楷体、12磅、加粗、深红色"。

（4）调整数据系列排列顺序。选中图表，在"设计"选项卡的"数据"组中单击"选择数据"按钮，打开"选择数据源"对话框，如图 4-60 所示。

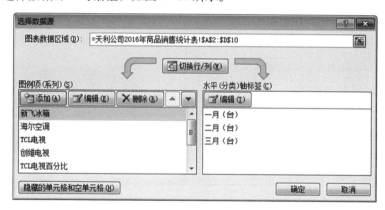

图 4-60　"选择数据源"对话框

在该对话框的"图例项（系列）"选项组中，选中"TCL电视"系列，单击两次"上移"按钮，将"TCL电视"系列移至列表的顶部，单击"确定"按钮返回。此时，在图表中，"TCL电视"系列直方块被移动到柱体的最底部。

（5）设置各数据系列的格式。右击图表中的"创维电视"数据系列，在弹出的快捷菜单中选择"设置数据系列格式"选项，打开"设置数据系列格式"对话框。

在"设置数据系列格式"对话框中，切换到"填充"选项卡，设置数据系列的填充方式为"纯色填充"，在"颜色"下拉列表框中选择"白色，背景1，深色15%"选项。

用同样的方法，设置"海尔空调""新飞冰箱"数据系列的填充方式均为"纯色填充–白色，背景1，深色15%"。设置"TCL电视"数据系列的填充方式为"纯色填充–深蓝，文字2，淡色40%"。

（6）为"TCL电视百分比"数据系列添加数据标签。右击图表中的"TCL电视百分比"数据系列，在弹出的快捷菜单中选择"添加数据标签"选项，则添加数据标签。

拖动数据标签到"TCL电视"系列直方块的上方，并设置"TCL电视百分比"数据系列的填充方式为"无填充",使堆积柱形图上不显示"TCL电视百分比"数据系列。图例项可选择保留或删除,这里选择删除。

至此,用于比较各月销售量及某种商品(如TCL电视)销售额占月销售量百分比的堆积柱形图创建完成。

拓展实训

根据素材提供的华兴公司2016年在各城市的商品销售情况表创建堆积柱型图和创建饼图,如图4-61和图4-62所示。具体要求如下。

(1)图表标题:黑体,12磅,加粗。

(2)数值轴标题:宋体,10磅,加粗。

(3)套用图表样式12。

(4)图表中每条立柱顶端标出季度销售量的合计数值(提示:将合计数据系列的图表类型设置为折线图:单击"设计"下"类型"组中的"更改图表类型"按钮,然后在弹出的对话框中选择对应的图标类型,并显示数据标签,隐藏折线)。

(5)自行设置图表区、绘图区及其他图表元素的格式。

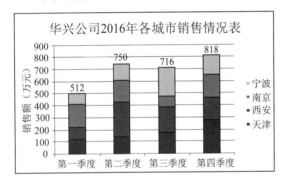

图 4-61　2016 年各季度商品销售情况表

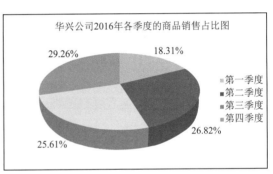

图 4-62　2016 年各季度的商品销售额占比图

小　　结

①图表的应用可更加直观地表现工作表中数据关系,有利于数据分析。②图表的类型很多,用户根据具体的需求选择应用。

案例六　创建销售数据透视图表

案例展示

公司市场部决定对一季度的汽车商品销售情况进行汇总、分析,查看不同销售部门的销售业绩、不同地区不同商品的销售情况和不同购买单位的商品购买能力等信息,为制订第二季度的商品销售计划做好准备。一季度公司的商品销售情况表如图 4-63 所示。

	A	B	C	D	E	F	G	H
1	天利公司一季度销售情况表							
2	销售部门	购买单位	地区	品牌	月份	单价（元）	销售数量（台）	金额（元）
3	中原商贸城	华硕数码	天津	帕萨特	一月	￥239,800.0	50	￥11,990,000.0
4	中原商贸城	李宁服饰	上海	科鲁兹	一月	￥189,800.0	25	￥4,745,000.0
5	中原商贸城	苹果数码	天津	迈腾	二月	￥216,800.0	40	￥8,672,000.0
6	中原商贸城	奉化集团	南京	科鲁兹	二月	￥189,800.0	80	￥15,184,000.0
7	中原商贸城	苏宁华府	宁夏	科鲁兹	三月	￥189,800.0	42	￥7,971,600.0
8	中原商贸城	苹果数码	天津	迈腾	三月	￥216,800.0	28	￥6,070,400.0
9	中粮大厦	证安集团	南京	宝来	一月	￥153,800.0	60	￥9,228,000.0
10	中粮大厦	华宇服饰	宁夏	科鲁兹	二月	￥189,800.0	45	￥8,541,000.0
11	中粮大厦	李宁服饰	上海	奥迪A8	二月	￥680,000.0	30	￥20,400,000.0
12	中粮大厦	华硕数码	天津	帕萨特	二月	￥239,800.0	30	￥7,194,000.0
13	中粮大厦	华海科技	天津	奥迪A8	三月	￥689,800.0	40	￥27,592,000.0
14	魏湾汽车城	杨华数码	宁夏	科鲁兹	一月	￥189,800.0	55	￥10,439,000.0
15	魏湾汽车城	华宇服饰	宁夏	宝来	一月	￥153,800.0	62	￥9,535,600.0
16	魏湾汽车城	证安集团	南京	宝来	二月	￥239,800.0	26	￥6,234,800.0
17	魏湾汽车城	奉化集团	南京	科鲁兹	三月	￥189,800.0	75	￥14,235,000.0
18	魏湾汽车城	华硕数码	天津	帕萨特	三月	￥239,800.0	45	￥10,791,000.0

图 4-63　天利公司一季度商品销售情况表

现要根据此表统计：

（1）每个月（一季度的）公司各经销处的商品销售额如图 4-64 所示，用图表的形式展示统计结果，如图 4-65 所示。

求和项:金额（元）	列标签			
行标签	魏湾汽车城	中粮大厦	中原商贸城	总计
一月	19974600	9228000	16735000	45937600
二月	6234800	36135000	23856000	66225800
三月	25026000	27592000	14042000	66660000
总计	51235400	72955000	54633000	178823400

图 4-64　1 ~ 3 月份各经销处的商品销售额统计表

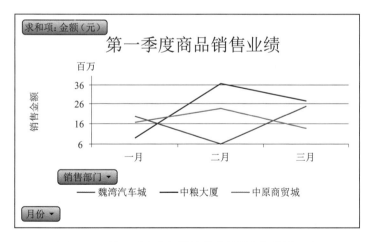

图 4-65　第一季度各经销处的商品销售额统计图表

（2）每个经销处在各个地区的商品销售情况如图 4-66 所示，并用图表的形式展示统计结果，如图 4-67 所示。

（3）各个购买单位的商品购买能力如图 4-68 和图 4-69 所示，并用图表的形式展示统计结果，如图 4-70 所示。

求和项:金额（元）	列标签				
行标签	鞍山	大连	锦州	沈阳	总计
第一经销处	415038	333658	305175	1314900	2368771
第二经销处	400131	488280	436900	765730	2091041
第三经销处	815169	635815		459900	1910884
总计	1630338	1457753	742075	2540530	6370696

图 4-66　各经销处在各地区的商品销售额统计表

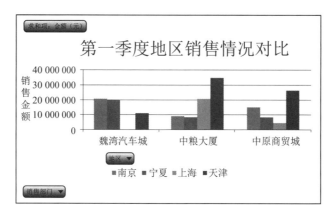

图 4-67　第一季度各地区的商品销售额统计图表

	A	B
1	地区	(全部)
2		
3	行标签	求和项:金额（元）
4	奉化集团	29419000
5	华海科技	27592000
6	华硕数码	29975000
7	华宇服饰	18076600
8	李宁服饰	25145000
9	苹果数码	14742400
10	苏宁华府	7971600
11	杨华数码	10439000
12	证安集团	15462800
13	总计	178823400

	A	B
1	地区	天津
2		
3	行标签	求和项:金额（元）
4	华海科技	27592000
5	华硕数码	29975000
6	苹果数码	14742400
7	总计	72309400

图 4-68　各购买单位的商品购买金额统计表　　图 4-69　天津地区购买单位的商品购买金额统计表

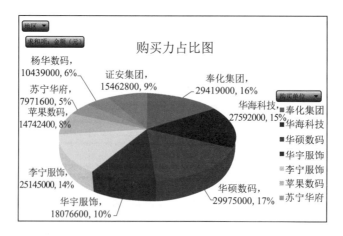

图 4-70　各购买单位的商品购买金额统计图表

案例分析

知识要点

本案例要求对一个数据量较大、结构较为复杂的工作表（天利公司一季度商品销售情况表）进行一系列的数据统计工作，从不同角度对工作表中的数据进行查看、筛选、排序、分类和汇总等操作。使用 Excel 2010 中提供的数据透视表工具可以很方便地实现这些功能，在数据透视表中可以通过选择行和列来查看原始数据的不同汇总结果，通过显示不同的页面来筛选数据，还可以很方便地调整分类汇总的方式，灵活地以多种不同方式展示数据的特征。

虽然数据透视表可以很方便地对大量数据进行分析和汇总，但其结果仍然是通过表格中的数据来展示的。在 Excel 2010 中还提供了数据透视图的功能，可以更形象直观地表现数据的对比结果和变化趋势。

技能目标

- 可以使用数据透视表构建有意义的数据透视表布局。
- 运用数据透视图，以更形象、更直观的方式显示数据和比较数据。

知识建构

一、认识数据透视表的结构

1. 报表的筛选区域（页字段和页字段项）

报表的筛选区域是数据透视表顶端的一个或多个下拉列表，通过选择下拉列表中的选项，可以一次性地对整个数据透视表进行筛选。

2. 行区域（行字段和行字段项）

行区域位于数据透视表的左侧，其中包括具有行方向的字段。每个字段又包括多个字段项，每个字段项占一行。通过单击行标签右侧的下拉按钮，可以在弹出的下拉列表中选择这些项。行字段可以不止一个，靠近数据透视表左边界的行字段称为"外部行字段"，而远离数据透视表左边界的行字段称为"内部行字段"。

3. 列区域（列字段和列字段项）

列区域由位于数据透视表各列顶端的标题组成，其中包括具有列方向的字段，每个字段又包括很多字段项，每个字段项占一列，通过单击列标签右侧的下拉按钮，可以在弹出的下拉列表中选择这些项。

4. 数值区域

在数据透视表中，除去以上的三大区域外的其他部分，即为数值区域。数值区域中的数据是对数据透视表信息进行统计的主要来源，这个区域中的数据是可以运算的，默认情况下，Excel 对数值区域中的数据进行求和运算。

在数值区域的最右侧和最下方，默认显示对行列数据的总计，同时对行字段中的数据进行分类汇总，用户可以根据实际需要决定是否显示这些信息，如图 4-71 所示。

二、为数据透视表准备数据源

为数据透视表准备数据源应该注意以下问题。

图 4-71　数据透视表的结构示意图

（1）要保证数据中的每列都要包含标题，使数据透视表中的字段名称含义明确。

（2）数据中不要有空行、空列，防止 Excel 在自动获取数据区域时无法准确判断整个数据源的范围，因为 Excel 将有效区域选择到空行或空列为止。

（3）数据源中存在空的单元格时，尽量用同类型的、代表缺少意义的值来填充，如用 0 值填充空白的数值数据。

三、创建数据透视表

要创建数据透视表，必须确定一个要连接的数据源及输入报表要存放的位置。创建方法如下：打开工作表，在"插入"选项卡的"表格"组中单击"数据透视表"下拉按钮，在弹出的下拉列表中选择"数据透视表"选项，打开"创建数据透视表"对话框，如图 4-72 所示。

图 4-72　"创建数据透视表"对话框

（1）选择数据源。若在命令执行前已选定数据源区域或插入点位于数据源区域内某一单元格，则在"请选择要分析的数据"选项组中选中"选择一个表或区域"单选按钮，然后在"表／区域"文本框内将显示数据源区域的引用，如果没有显示，可以手工输入数据源区域的地址引用或单击 按钮以临时隐藏对话框，然后在工作表上选择相应的数据源区域后单击"选择单元格"按钮 展开对话框。

（2）确定数据透视表的存入位置。若在命令执行前已选定数据透视表的存放位置，则在"选择放置数据透视表的位置"选项组的"现有工作表"文本框内将显示存放位置的地址引用，否则手工输入存入位置的地址引用或单击"选择单元格"按钮来确定存入位置。

（3）若选中"新工作表"单选按钮，则新建一个工作表以存放生成的数据透视表。

四、添加和删除数据透视表字段

使用数据透视表查看数据汇总时，可以根据需要随时添加和删除数据透视表字段。添加数据时只要先将插入点定位在数据透视表内，在"数据透视表工具 | 选项"选项卡的"显示／隐藏"组中单击"字段列表"按钮，打开"数据透视表字段列表"任务窗格，将相应的字段拖动至"报

表筛选""列标签""行标签""数值"区域中的任一项即可。如果需要删除某字段,只需将要删除的字段拖出"数据透视表字段列表"窗格即可。

添加和删除数据透视表字段还可以通过以下方法完成。

(1)在"数据透视表字段列表"窗格的"选择要添加到报表的字段"列表框中,选中或取消选中相应字段名前面的复选框即可。

(2)在"数据透视表字段列表"窗格的"选择要添加到报表的字段"列表框中,右击某字段,在弹出的快捷菜单中选择添加字段操作。在"报表筛选""列标签""行标签""数值"区域中单击某字段下拉按钮,在弹出的下拉列表中选择"删除字段"选项实现删除字段操作。

五、值字段汇总方式设置

默认情况下,"数值"区域中的字段通过以下方法对数据透视表中的基础源数据进行汇总:对于数值使用SUM函数(求和),对于文本值使用COUNT函数(求个数)。

六、创建数据透视图

1. 通过数据源直接创建数据透视图

(1)打开工作表,在"插入"选项卡的"表格"组中单击"数据透视表"下拉按钮,在弹出的下拉列表中选择"数据透视图"选项后,打开"创建数据透视表及数据透视图"对话框,如图4-73所示。

(2)在"表/区域"文本框中确定数据源的位置。可以选择将数据透视图建立在新工作表中,或建立在现有工作表的某个位置,具体位置可以在"位置"文本框中确定。

(3)单击"确定"按钮,将在规定位置同时建立数据透视表和数据透视图。

2. 通过数据透视表创建数据透视图

(1)单击已存在的数据透视表中的任意单元格,在"数据透视表工具 | 选项"选项卡的"工具"组中单击"数据透视图"按钮,打开"插入图表"对话框。

(2)在"插入图表"对话框中选择图表的类型和样式,单击"确定"按钮,将插入相应类型的数据透视图。

七、更改数据源

(1)单击数据透视表中的任一单元格,在"数据透视表工具 | 选项"选项卡的"数据"组中单击"更改数据源"按钮,打开"更改数据透视表数据源"对话框,如图4-74所示。

扫一扫●

拓展阅读:
更改数据汇总方式

图4-73　"创建数据透视表及数据透视图"对话框

图4-74　"更改数据透视表数据源"对话框

（2）在"表／区域"文本框中输入新数据源的地址引用，也可单击其后的"选择单元格"按钮来定位数据源。

（3）单击"确定"按钮即可完成数据源的更新。

八、数据透视表中的数据刷新

数据源中的数据被更新以后，数据透视表中的数据不会自动更新，需要用户对数据透视表进行手动刷新，操作方法如下。

（1）单击数据透视表中的任一单元格，打开"数据透视表工具"上下文选项卡。

（2）在"选项"选项卡的"数据"组中单击"刷新"按钮。

九、修改数据透视表相关选项

（1）单击数据透视表中的任一单元格，打开"数据透视表工具"上下文选项卡。

（2）在"选项"选项卡的"数据透视表"组中单击"选项"按钮，打开"数据透视表选项"对话框，如图 4-75 所示。

（3）在该对话框中对数据透视表的名称、布局和格式、汇总和筛选、显示、打印和数据各选项进行相应设置，以满足个性化要求。

十、移动数据透视表

（1）单击数据透视表中的任一单元格，打开"数据透视表工具"上下文选项卡。

（2）在"选项"选项卡的"操作"组中单击"移动数据透视表"按钮，打开"移动数据透视表"对话框，如图 4-76 所示。

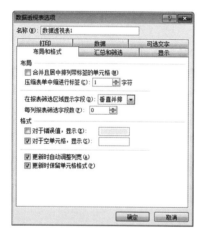

图 4-75 "数据透视表选项"对话框　　　图 4-76 "移动数据透视表"对话框

（3）在该对话框中将数据透视表移动到新工作表中，或移动到现有工作表的某个位置，具体位置在"位置"文本框中确定。

案例演练

一、创建数据透视表

（1）打开"天利公司一季度商品销售情况表 .xlsx"文件，并选中该数据表中的任意数据单元格。

（2）在"插入"选项卡的"表格"组中单击"数据透视表"按钮，打开"创建数据透视表"对话框。

（3）在该对话框的"请选择要分析的数据"选项组中要设定数据源，当前在"表／区域"文本框中已经显示了数据源区域；而在"选择放置数据透视表的位置"选项组中要设置数据透视表放置的位置，然后选中"现有工作表"单选按钮，单击"位置"文本框后面的按钮以暂时隐藏"创建数据透视表"对话框，选择 Sheet2 工作表并选中 A3 单元格后，再次单击按钮，回到"创建数据透视表"对话框，就可以看到已设置的位置，最后单击"确定"按钮。

（4）经过上述操作，在 Sheet2 工作表中显示了刚刚创建的空的数据透视表和"数据透视表字段列表"任务窗格，同时在窗体的标题栏上出现了"数据透视表工具"上下文选项卡。

二、设置数据透视表字段，完成多角度数据分析

（1）要统计一月份、二月份、三月份各经销处的销售额，在位于"数据透视表字段列表"窗格上部的"选择要添加到报表的字段"列表框中拖动"月份"字段到下部的"行标签"区域，将"金额（元）"字段拖动到"数值"区域，将"销售部门"字段拖动到"列标签"区域即可，如图 4-77 所示。

图 4-77　统计各经销处 1~3 月份的销售额

此时可以拖动行标签中的各项，使各行按月份顺序排列。例如，选中"一月份"单元格 A7，当鼠标指针变为形状时，拖动该行到"二月份"单元格上部即可，同理，选中"第一经销处"单元格 D4，当鼠标指针变为形状时，拖动该列到"第二经销处"单元格左侧即可。

单击数据透视表中的任意单元格，在标题栏上出现了"数据透视表工具"上下文选项卡，选择"选项"选项卡，在"数据透视表"组中的"数据透视表名称"文本框中输入数据透视表名称为"数据透视表 1"即可，如图 4-78 所示。

图 4-78　输入数据透视表名称

（2）要统计公司第一经销处、第二经销处和第三经销处在各个地区的商品销售情况，只需重复上面的操作，创建一个空数据透视表，并将其放置到 Sheet3 工作表的 A3 单元格处。拖动

"销售部门"字段到"行标签"区域，拖动"金额（元）"字段到"数值"区域，拖动"地区"字段到"列标签"区域即可。将其命名为"数据透视表2"。

（3）要统计所有购买单位1~3月的商品购买力，或按地区统计购买单位的商品购买力，可以使用数据透视表的筛选功能来实现。重复上面的操作，创建一个空数据透视表并命名为"数据透视表3"，将其放置到Sheet4工作表的A3单元格处，拖动"购买单位"字段到"行标签"区域，拖动"金额（元）"字段到"数值"区域，拖动"地区"字段到"报表筛选"区域即可。

此时列出的是所有购买单位的购买金额数，如果只需查看"沈阳"地区购买单位的购买量，可以单击"地区"单元格右侧的下拉按钮，打开下拉列表。

选中"选择多项"复选框，以允许选择多个对象。然后取消选中"全部"复选框，接着选中"天津"复选框，单击"确定"按钮即可。

三、创建数据透视图

（1）用折线图展示销售业绩。

①打开"天利公司商品销售.xlsx"文件，选择Sheet2工作表，单击数据透视表1中的任意单元格，在窗体的标题栏上出现了"数据透视表工具"上下文选项卡。

②在"数据透视表工具"上下文选项卡的"选项"选项卡的"工具"组中单击"数据透视图"按钮，打开"插入图表"对话框，如图4-79所示。

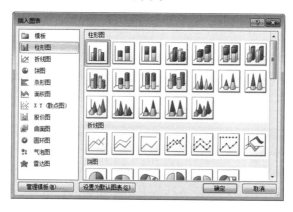

图4-79　"插入图表"对话框

③选择"折线图"|"折线图"样式，单击"确定"按钮，将插入相应类型的数据透视图，同时打开了"数据透视图筛选"窗格。

④将数据透视图拖动到合适位置，进行格式设置。设置数据透视图格式的方法与设置常规图表的方法一致，比如设置图表区域的格式、设置图表绘图区的格式等。此数据透视图中可以添加图表标题"第一季度商品销售业绩"，添加垂直轴标题"销售金额"，设置垂直坐标轴的格式（数值显示单位设为"百万"、在图表上显示刻度单位标签、最小刻度值为250 000），图例显示在数据透视表的底部等。设置数据透视图格式后的最终显示如图4-65所示。

从数据透视表中的统计数据和数据透视图中的图形反映出天利公司魏湾汽车城商品销售业绩上升，中粮大厦的商品销售业绩下滑，中原商贸售业绩有小幅波动。

（2）用柱形图实现商品销量的比较。

①打开"天利公司商品销售.xlsx"文件，选择Sheet3工作表，单击"数据透视表2"中的

任意单元格，在"数据透视表工具│选项"选项卡的"工具"组中单击"数据透视图"按钮，打开"插入图表"对话框。

②选择"柱形图"│"簇状柱形图"样式，单击"确定"按钮，将插入相应类型的数据透视图。

③将数据透视图拖动到合适位置，进行格式设置。此数据透视表中要求添加图表标题"1～3月地区销售情况对比"，添加垂直轴标题"销售金额"，将图例显示在数据透视图的底部等，设置数据透视图格式后的最终显示结果见图4-67。此图表反映的是各经销商在4个地区(南京、宁夏、上海、天津)的商品销售情况对比。

④若要使数据透视图反映不同的数据，可以在"数据透视图筛选窗格"对话框和"数据透视表字段列表"窗格中设置所需字段即可。切换到"数据透视图工具│分析"选项卡，在"显示／隐藏"组中单击"字段列表"按钮和"数据透视图筛选"按钮，将打开"数据透视表字段列表"窗格和"数据透视图筛选"窗格。

如果在"数据透视图筛选"窗格中单击"图例字段（系列）"下拉列表框的下拉按钮，对地区进行筛选，只选择"宁夏"和"天津"，则数据透视图的只显示这两个城市的数据。

如果把"数据透视表字段列表"窗格中的"轴字段（分类）"区域中的"销售部门"字段改成"商品名称"字段，"图例字段（系列）"区域设为空，将"金额（元）"字段拖动到"数值"区域，数据透视图就可以显示各种商品的销售情况对比。

（3）使用饼图实现消费者商品购买力的统计。

①打开"天利公司商品销售.xlsx"文件，选择Sheet4工作表，单击"数据透视表3"中的任意单元格，在"数据透视表工具│选项"选项卡的"工具"组中单击"数据透视图"按钮，打开"插入图表"对话框。

②选择"饼图"│"三维饼图"样式，单击"确定"按钮，插入相应类型的数据透视图。

③将数据透视图拖动到合适位置，进行格式设置。此数据透视图中要求添加图表标题"购买力占比图"，添加数据标签，数据标签包含"类别名称"和"百分比"，标签位置选择"最佳匹配"，此时数据透视图最终显示结果如图4-70所示。此图表显示了所有购买单位的商品购买金额比例。

拓展实训

根据素材提供的单位职工基本情况表，①利用数据透视表按性别筛选汇总出各部门高工、工程师、助工的人数，并用数据透视图展示，②利用数据透视表统计各部门的高工、工程师、助工的平均工资，效果如图4-80～图4-82所示。

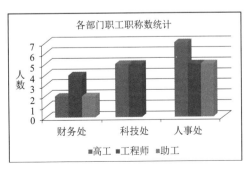

图4-80　各部门高工、工程师、助工人数统计表　　图4-81　各部门高工、工程师、助工人数统计图表

行标签	平均值项:实发工资
⊟财务处	2204.00
高工	3372.50
工程师	2068.63
助工	1306.25
⊟科技处	2802.50
高工	3524.50
工程师	2080.50
⊟人事处	2406.29
高工	3401.00
工程师	2084.30
助工	1335.70
总计	2473.26

图 4-82　各部门高工、工程师、助工平均工资统计表

小　　结

数据透视表工具可以很方便地实现这些功能，在数据透视表中可以通过选择行和列来查看原始数据的不同汇总结果，通过显示不同的页面来筛选数据，还可以很方便地调整分类汇总的方式，灵活地以多种不同方式展示数据的特征。

测　试　题

一、选择题

1. Excel 文件的扩展名为（　　）。

   A. .txt　　B. .doc　　C. .xlsx　　D. .bmp

2. Excel 行号是以（　　）排列的。

   A. 英文字母序列　　B. 阿拉伯数字

   C. 希腊字母　　D. 任意字符

3. Excel 选定单元格区域的方法是，单击这个区域左上角的单元格，按住（　　）键，再单击这个区域右下角的单元格。

   A.【Alt】　　B.【Ctrl】　　C.【Shift】　　D. 任意键

4. 下列关于 Excel 表格区域的选定方法不正确的是（　　）。

   A. 按住【Shift】键不放，再单击可以选定相邻单元格的区域

   B. 按住【Ctrl】键不放，再单击可以选定不相邻单元格的区域

   C. 按住【Ctrl+A】组合键不可以选定整个表格

   D. 单击某一行号可以选定整行

5. 下列关于 Excel 中区域及其选定的叙述不正确的是（　　）。

   A. B4:D6 表示是 B4 ~ D6 之间所有的单元格

   B. A2,B4:E6 表示是 A2 加上 B4 ~ E6 之间所有的单元格构成的区域

   C. 可以用拖动鼠标的方法选定多个单元格

   D. 不相邻的单元格不能组成一个区域

6. 如果输入以（　　）开始，Excel 认为单元的内容为公式。

A. =　　B. !　　C. *　　D. ✓

7. SUM(3,4,5) 的值是（　　）。

A. 4　　B. 60　　C. 12　　D. 6

8. 在 B6 单元格存有公式 SUM(B2:B5)，将其复制得到 D6 后，公式变为（　　）。

A. SUM(B2:B5)　　B. SUM(B2:D5)

C. SUM(D5:B2)　　D. SUM(D2:D5)

9. 以下（　　）可以做函数的参数。

A. 数　　B. 单元格　　C. 区域　　D. 以上都可以

10. 下列不能对数据表排列的是（　　）。

A. 单击数据区域中任意一个单元格，然后单击工具栏中“升序”（“降序”）按钮

B. 选定要排序的数据区域，然后单击工具栏中的“升序”（“降序”）按钮

C. 选定要排序的数据区域，然后选择“编辑”→“排序”命令

D. 选定要排序的数据区域，然后选择“数据”→“排序”命令

二、填空题

1. 系统默认一个工作簿包含________个工作表。

2. 每个储存单元有一个地址，由________与________组成，如 A2 表示________列第________行的单元格。

3. 在 Excel 中输入数据时，如果输入数据具有某种内在规律，则可以利用________功能。

4. 公式被复制后，公式中参数的地址发生相应的变化，叫________________。

5. 公式被复制后，参数的地址不发生相应的变化，叫________________。

6. 单元格内数据对齐的默认方式为：文字________对齐，数值靠________对齐。

7. 运算符包括________、________、________、________。

8. 在 Excel 中，如果要对数据进行分类汇总，必须先对分类字段进行________操作。

三、上机操作

1. 工作表的建立及美化。制作图 4-83 所示的石化班学生信息表。

辽宁石化大学--石油化工专业　　　　第1页-共1页

石化班学生信息表

学号	姓名	性别	出生日期	学生来源	入学成绩	现住寝室	寝室电话	手机号码
0001	李强	男	1989年8月13日	沈阳	375.6	1-301	3212780	15604161802
0002	张瑞光	男	1989年3月13日	锦州	364.0	1-301	3212780	18904067123
0003	赵明鹏	男	1989年7月20日	沈阳	320.5	1-301	3212780	18804166538
0004	张明	男	1989年11月25日	鞍山	361.0	1-302	3213281	13904062346
0005	李松洁	男	1990年1月23日	大连	378.6	1-303	3212782	13704165738
0006	王雪	女	1989年9月20日	锦州	345.0	1-302	3213281	18904067042
0007	李艳杰	女	1989年10月7日	沈阳	331.5	1-301	3212780	13841613406
0008	孙艳红	女	1988年6月5日	沈阳	387.0	1-302	3213281	13604969487
0009	王娇娇	女	1989年1月8日	锦州	330.4	1-302	3213281	13541617823
0010	孙晓楠	女	1989年3月10日	沈阳	356.0	1-303	3212782	13941625379

班主任：王晓燕
2011/4/20

图 4-83　石化班学生信息表

具体要求如下。

（1）设置表格标题行。①设置表格标题字符格式：华文行楷，24磅，青绿色。②标题行行高设置为40。③标题对齐方式：水平居中、垂直居中。④标题所在单元格加上、下边框，线条样式为粗虚线，底纹为浅灰色。

（2）设置列标题行。①设置表格列标题的字符格式：华文细黑，12磅。②设置表格列标题的对齐方式：水平居中、垂直居中。③设置的行高为20。④对列标题套用单元格样式。

（3）设置表格数据的格式。对表格套用格式：表样式浅色18。对"入学成绩"数据列添加色阶"绿-黄-红"。对"现住寝室"数据列用不同颜色进行区分：其中，"1-301"设置为浅红填充色深红色文本、"1-302"设置为黄填充色深黄色文本、"1-303"设置为绿填充色深绿色文本。

（4）添加页眉与页脚。①设置纸张方向为横向；纸张大小为双面明信片；页边距上、下均为2 cm，左、右均为1 cm；页眉为0.8 cm，页脚为3 cm；报表水平方向居中。②将"石化班学生信息表"设置为打印区域，并设置打印顶端标题为第1行和第2行。

2. 工作表的数据处理。根据"学生班级成绩管理"工作簿文件，对石化一班、石化二班、石化三班的期末考试成绩进行分析、排序、汇总。

具体操作要求如下。

（1）将"石化一班成绩单"工作表、"石化二班成绩单"工作表、"石化三班成绩单"工作表中的数据依次复制到新工作表"石化专业成绩总表"中，在该工作表中增加"总分"列、"名次"列，并计算"总分"列和"名次"列。

（2）选择"石化专业成绩总表"并为其建立一副本，命名为"成绩排序"。

（3）在"成绩排序"工作表中，按"总分（降序）+班级（自定义序列）"进行排序，总分相同时按"石化一班""石化二班""石化三班"的次序排列。

（4）选择"石化专业成绩总表"并为其建立一副本，命名为"成绩优秀生"。

（5）在"成绩优秀生"工作表中，对"总分"超过630分，或者主要专业课程"数学""化工基础""化学技术基础"成绩均在90分以上的学生成绩列表显示。

（6）选择"石化专业成绩总表"并为其建立一副本，命名为"班级平均成绩"。

（7）在"班级平均成绩"工作表中，按"班级"进行一级分类汇总，并计算每班各门课程的平均分，再按性别进行二级分类汇总，并计算出各班"男""女"同学的最高总分。

（8）新建工作表"各科最高分"，在些工作表中利用合并计算功能统计出各班各门课程的最高分。

模块五

制作多媒体演示文稿

单元导读

Microsoft PowerPoint 2010 用于幻灯片的制作和播放，幻灯片中可以包含文字、图形、图像、声音、视频、超链接等各种多媒体信息。运用 PowerPoint 可以创建出适用于不同场合、专业水平的演示文稿。PowerPoint 现已成为人们工作、学习和生活中不可缺少的工具软件。

案例一 创建"PowerPoint 2010 简介"演示文稿

案例展示

在 PowerPoint 2010 中使用样本模板创建"PowerPoint 2010 简介"演示文稿，效果如图 5-1 所示。

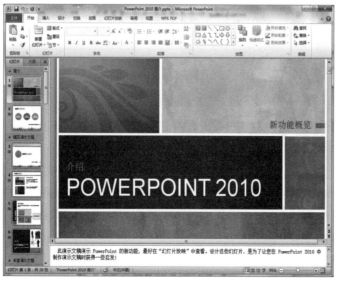

扫一扫

案例一视频

图 5-1 "PowerPoint 2010 简介"演示文稿

案例分析

在 PowerPoint 中可根据模板或主题创建演示文稿。首先熟悉 PowerPoint 2010 的基本操作，运用模板制作演示文稿，查看演示文稿内容并保存演示文稿。

知识要点

- PowerPoint 2010 的工作界面。
- PowerPoint 2010 的基本操作。

技能目标

- 了解演示文稿、幻灯片等基本概念。
- 了解并掌握演示文稿的基本操作。
- 会根据主题、模板创建演示文稿。
- 掌握演示文稿的多种保存格式。

知识建构

一、PowerPoint 2010 的工作界面

1. 演示文稿与幻灯片之间的关系

演示文稿由"演示"和"文稿"两个词语组成，这说明它是用于演示某种效果而制作的文档，其主要用于会议、产品展示和教学课件等领域。演示文稿是由多张幻灯片组成的，而演示文稿中的每一页就叫幻灯片，每张幻灯片都是演示文稿中既相互独立又相互联系的内容。演示文稿和幻灯片之间是说明与被说明的关系，如图 5-2 所示为演示文稿，图 5-3 所示为演示文稿中的第二张幻灯片。

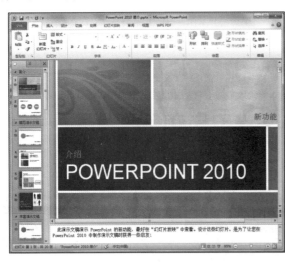

图 5-2　演示文稿

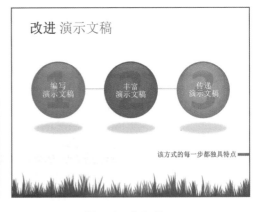

图 5-3　幻灯片

2. PowerPoint 2010 的工作界面

安装 Office 2010 后，单击"开始"|"所有程序"|"Microsoft Office 2010"|"Microsoft Office PowerPoint 2010"命令，即可启动图 5-4 所示的 PowerPoint 2010 工作窗口。

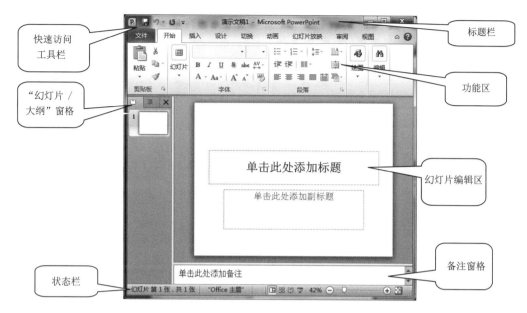

图 5-4 PowerPoint 2010 工作界面

若在桌面上创建了 PowerPoint 2010 快捷图标，双击快捷图标即可快速启动。

和其他的微软产品一样，PowerPoint 也拥有典型的 Windows 应用程序的窗口，其工作界面包括标题栏、"文件"菜单、功能选项卡、快速访问工具栏、功能区、"幻灯片／大纲"窗格、幻灯片编辑区、备注窗格和状态栏等部分。

PowerPoint 2010 工作界面各部分的组成及作用介绍如下。

（1）标题栏。位于 PowerPoint 工作界面的右上角，它用于显示演示文稿名称和程序名称，最右侧的 3 个按钮分别用于对窗口执行最小化、最大化和关闭等操作。

（2）快速访问工具栏。该工具栏上提供了最常用的"保存"按钮 、"撤销"按钮 和"恢复"按钮 ，单击对应的按钮可执行相应的操作。如需在快速访问工具栏中添加其他按钮，可单击其后的 按钮，在弹出的菜单中选择所需的命令即可。

（3）"文件"菜单。用于执行 PowerPoint 演示文稿的新建、打开、保存和退出等基本操作，该菜单右侧列出了用户经常使用的演示文稿名称。

（4）功能选项卡。相当于菜单命令，它将 PowerPoint 2010 的所有命令集成在几个功能选项卡中，选择某个功能选项卡可切换到相应的功能区。

（5）功能区。在功能区中有许多自动适应窗口大小的工具栏，不同的工具栏中又放置了与此相关的命令按钮或列表框。

（6）"幻灯片／大纲"窗格。在 PowerPoint 窗口的左侧有两张选项卡："大纲"和"幻灯片"。

选择"幻灯片"选项卡时，在该列表区中将列出当前演示文档的所有幻灯片的缩略图，单击某张幻灯片，在幻灯片编辑区中将放大显示，并可对其进行编辑处理，从而呈现出演示文稿的总体效果，如图 5-5 所示。

选择"大纲"选项卡时，该窗格列出了当前演示文稿中各张幻灯片的文本内容，如图 5-6 所示。在"大纲"选项卡中编辑文本有助于编辑演示文稿的内容和移动项目符号或幻灯片。

（7）幻灯片编辑区。幻灯片编辑区显示当前编辑的幻灯片，可以添加文本，插入图片、表格、图表、绘图对象、文本框、电影、声音、超链接和动画等。

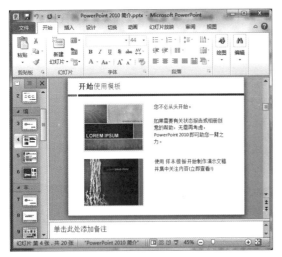

图 5-5 "幻灯片"选项卡窗口

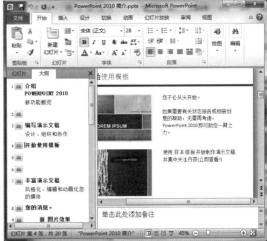

图 5-6 "大纲"选项卡窗口

(8) 备注窗格。备注窗格的作用是添加与每个幻灯片的内容相关的备注，并且在放映演示文稿时将它们用作打印形式的参考资料，或者创建希望让观众以打印形式或在网页上看到的备注。

(9) 状态栏。位于工作界面最下方，用于显示演示文稿中所选的当前幻灯片以及幻灯片总张数、幻灯片采用的模板类型、视图切换按钮以及页面显示比例等。

二、PowerPoint 2010 的基本操作

1. 新建演示文稿

新建演示文稿是非常方便的，PowerPoint 根据用户的不同需要，提供了多种新文稿的创建方式。例如启动 PowerPoint 2010 应用程序时创建空白演示文稿；通过"文件"菜单创建空白的、应用特定模板或主题的演示文稿；也可以使用 Office.com 上的模板创建演示文稿。下面详细介绍这几种方法。

1) 创建新的空白演示文稿

对 PowerPoint 很熟悉或者有美术基础的用户，可以直接创建空白的演示文稿，再自己设计和编辑。

启动 PowerPoint 2010 后，单击"文件"|"新建"命令，在"可用的模板和主题"栏中单击"空白演示文稿"图标，再单击"创建"按钮，即可创建一个空白演示文稿。启动 PowerPoint 2010 后，直接按【Ctrl+N】组合键亦可快速新建一个空白演示文稿。

2) 根据演示文稿模板或主题创建演示文稿

在创建一个演示文稿时，若对文稿没有特别的构想，最好使用模板或主题，这样可以让用户集中精力创建文稿的内容而不必操心其整体风格。

根据演示文稿模板或主题创建演示文稿的操作步骤如下：单击"文件"|"新建"命令，在"可用的模板和主题"栏中单击"样本模板"或"主题"图标，在打开的页面中选择所需的模板或主题选项，单击"创建"按钮，即可创建特定模板或主题的演示文稿，如图 5-7 所示。

3) 使用 Office.com 上的模板创建演示文稿

如果 PowerPoint 中自带的模板不能满足用户的需要，就可使用 Office.com 上的模板来快

速创建演示文稿。其方法是：单击"文件"|"新建"命令，在"Office.com 模板"栏中选择自己所需的模板类型。如在打开的页面中单击"艺术"文件夹图标，然后选择需要的模板样式，单击"下载"按钮，下载完成后，将自动根据下载的模板创建演示文稿。

图 5-7 使用主题创建演示文稿

用户可以创建自定义模板，通过存储、重用及与他人共享，获取多种不同类型的 PowerPoint 内置模板。

2．打开和保存演示文稿

1）打开演示文稿

（1）单击"文件"|"打开"命令或按【Ctrl+O】组合键，弹出"打开"对话框，在该对话框中选择需要打开的演示文稿，单击"打开"按钮即可，如图 5-8 所示。

图 5-8 "打开"对话框

（2）打开最近使用的演示文稿。PowerPoint 2010 提供了记录最近打开演示文稿保存路径的功能。如果想打开最近使用的演示文稿，可单击"文件"|"最近所用文件"选项，在打开的页面中将显示最近使用的演示文稿名称和保存路径，然后选择需打开的演示文稿完成操作。

2）保存演示文稿

完成对新文稿的编辑后，单击"文件"|"保存"命令，或者单击快速访问工具栏上的■按钮，弹出"另存为"对话框，在此对话框里为文稿选择要保存到的位置，在"文件名"文本框里给文稿命名，默认的文件类型是"PowerPoint 演示文稿"（*.pptx），单击"保存"按钮即可。

当打开一个已有的演示文稿进行编辑后，单击"保存"按钮直接存到原来的文件，不再弹出"另存为"对话框；如果要保存这个文稿的副本，单击"文件"|"另存为"命令将原文稿重新起一个文件名保存。

如果要将文件保存为另一种格式，单击"保存类型"下拉按钮，在弹出的下拉列表中选择要保存的文件类型，然后单击"保存"按钮即可。

案例演练

一、PowerPoint 2010 的启动

单击"开始"|"程序"|"Microsoft Office"|"Microsoft Office PowerPoint 2010"，即可启动 PowerPoint 2010 工作窗口。

二、新建演示文稿

单击"文件"|"新建"命令，在"可用的模板和主题"栏中单击"样本模板"，在打开的页面中选择所需的模板"PowerPoint 2010 简介"，单击"创建"按钮。

三、查看演示文稿内容

在幻灯片编辑区中，调整合适的显示比例，浏览该演示文稿的内容。

四、保存演示文稿

单击"文件"|"保存"命令，在弹出的"另存为"对话框中，命名演示文稿为"PowerPoint 2010 简介"，保存在以自己名字命名的文件夹中。

拓展实训

运用演示文稿模板或主题制作"自我介绍"演示文稿，参考效果如图 5-9 所示。

扫一扫

实训视频

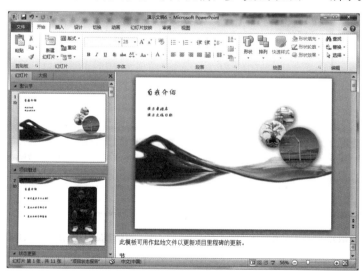

图 5-9　实训演示文稿样文

小 结

使用 PowerPoint 2010 可以利用文本、图形、照片、视频、动画等来设计具有视觉震撼力的演示文稿。演示文稿创建好后，可以自由放映，还可通过 Web 进行远程发布，或与其他人共享文件。

案例二 创建公司形象宣传演示文稿

案例展示

运用 PowerPoint 2010 制作恒丰公司形象宣传演示文稿，效果如图 5-10 所示。

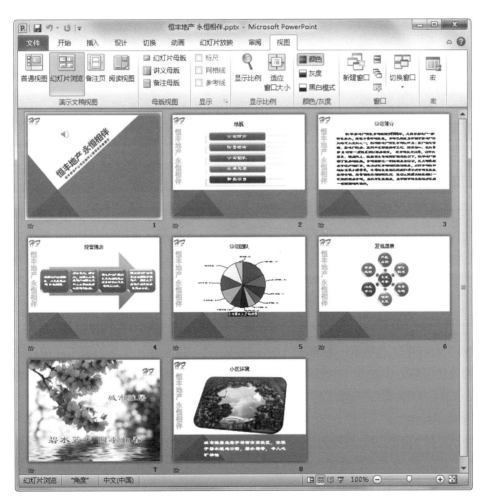

扫一扫

案例二视频

图 5-10 公司形象宣传演示文稿

案例分析

恒丰公司宣传部员工制作用于房展会期间宣传公司形象的演示文稿。

- 根据演示文稿的目标规划幻灯片。
- 设置外观，使用设计主题使所有幻灯片有统一的风格。
- 在普通视图中新建幻灯片，根据幻灯片的内容选择它的版式并设置背景。
- 根据素材在页面里输入具体的内容。
- 编辑并美化幻灯片。
- 在放映视图中查看幻灯片，对演示效果不好的幻灯片进行修改，直到满意为止。

知识要点

- 演示文稿的视图方式。
- 幻灯片外观。
- PowerPoint 2010 中编辑幻灯片（重点）。

技能目标

- 掌握对整张幻灯片及幻灯片中对象的操作方法。
- 掌握演示文稿的几种视图方式。
- 掌握输入文本、插入多媒体对象和 SmartArt 图形的方法。
- 掌握利用母版、主题、模板设置幻灯片外观的方法。
- 掌握配色方案及背景的设置方法。

知识建构

一、认识演示文稿的主要视图方式

在不同的视图中，PowerPoint 2010 显示文稿的方式是不同的，也可以对文稿进行不同的操作。不论是在哪一种视图中，所做的改动都会反映到其他视图中。PowerPoint 2010 有五种主要视图：普通视图、幻灯片浏览视图、备注页视图、阅读视图和幻灯片放映视图。

1．普通视图

普通视图是主要的编辑视图，可用于撰写或设计文稿。该视图有三个工作区：左侧有"大纲"选项卡和"幻灯片"选项卡；右侧为幻灯片编辑窗格，以大视图显示当前正在编辑的幻灯片；底部为备注窗格，如图 5-11 所示。用户可以在普通视图中通过拖动窗格边框调整各个窗格的大小。

2．幻灯片浏览视图

在幻灯片浏览视图中，可以在屏幕上同时看到演示文稿中的所有幻灯片的缩略图，它们呈横行纵列排布，如图 5-12 所示。这样，就可以很容易地添加、删除和移动幻灯片，以及选择动画切换，还可以预览多张幻灯片上的动画，调整演示文稿的整体显示效果。

3．备注页视图

在备注页视图中，"备注"窗格位于"幻灯片"窗格下，可以输入要应用于当前幻灯片的备注，在放映演示文稿时可以将备注打印出来进行参考，如图 5-13 所示。

图 5-11 "普通视图"窗口

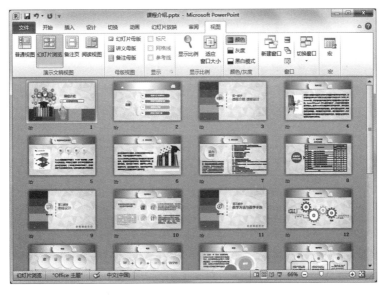

图 5-12 "幻灯片浏览视图"窗口

4．阅读视图

该视图仅显示标题栏、阅读区和状态栏，状态栏上设有简单的控件，用于方便浏览幻灯片的内容。在该模式下，演示文稿中的幻灯片将以窗口大小进行放映，如图 5-14 所示。

单击"视图"选项卡，在演示文稿视图中，可以方便地在普通视图、幻灯片浏览视图、备注页视图和阅读视图之间切换。

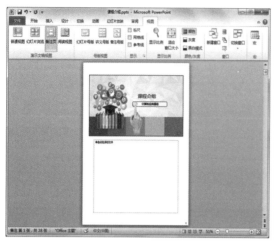

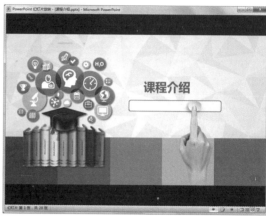

图 5-13 "备注页视图"窗口   图 5-14 "阅读视图"窗口

5. 幻灯片放映视图

在该视图模式下，演示文稿中的幻灯片将以全屏动态放映，如图 5-15 所示。该模式主要用于预览幻灯片在制作完成后的放映效果，以便及时对在放映过程中不满意的地方进行修改，测试插入的动画、更改声音等效果，还可以在放映过程中标注出重点，观察每张幻灯片的切换效果等。

图 5-15 "幻灯片放映视图"窗口

二、设置幻灯片外观

利用 PowerPoint 所提供的设计主题、母版、配色方案等，可方便地对演示文稿的外观进行调整和设置。

1. 应用主题

PowerPoint 提供了各种设计主题，以便为演示文稿提供设计完善、专业的外观。应用主题的操作方法如下：

打开演示文稿，选择"设计"|"主题"组，单击该组右侧的"其他"按钮，在弹出的下拉列表中选择所需的主题样式。执行下列操作之一：

（1）若要对所有幻灯片应用主题，选择所需主题单击。

（2）若要将主题应用于单个幻灯片，在"主题"组中，指向所需主题并右击，在弹出的快捷菜单中选择"应用于选定幻灯片"命令即可。

（3）若要将主题应用于多个选中的幻灯片，在"幻灯片"选项卡上选择多个幻灯片的缩略图，选择所需主题。

2．使用母版

母版用于预设每张幻灯片的格式，包括标题、正文的位置、大小、背景图案等。对母版所做的任何改动都会应用于所有使用此母版的幻灯片上，例如用户想让单位名称或徽标等出现在每张幻灯片上，那么就将其添加到幻灯片母版上，单位名称或徽标等将会出现在每张幻灯片的相同位置上。

1）母版种类

PowerPoint 2010 包含 3 种母版，分别是幻灯片母版、讲义母版和备注母版。

（1）幻灯片母版。幻灯片母版是幻灯片层次结构中的顶级幻灯片，它存储着有关演示文稿的主题和幻灯片版式的所有信息，决定着幻灯片的外观。它是已经设置好背景、配色方案、字体的一个模板，在使用时只要插入新幻灯片，就可以把母版上的所有内容继承到新添加的幻灯片上。

（2）讲义母版。讲义母版是为制作讲义而准备，通常需要打印输出。它允许设置一页讲义中包含几张幻灯片，设置页眉、页脚、页码等基本信息。在讲义母版中插入新的对象或者更改版式时，新的页面效果不会反映在其他母版视图中。

（3）备注母版。备注母版主要用来设置幻灯片的备注格式，一般用来打印输出，多和打印页面有关。

2）管理幻灯片母版

（1）幻灯片母版视图的进入与退出。要进入"幻灯片母版"视图，在"视图"选项卡的"母版视图"组中单击"幻灯片母版"按钮，则进入幻灯片母版视图，出现"幻灯片母版"选项卡，如图 5-16 所示。要退出"幻灯片母版"视图，在"幻灯片母版"选项卡的"关闭"组中单击"关闭母版视图"按钮或从"视图"选项卡中选择另外一种视图就可以了。

图 5-16 "幻灯片母版"选项卡

（2）设计母版版式。在幻灯片母版视图中，可以按照需要设置母版版式，如改变占位符、文本框、图片、图表等内容在幻灯片中的大小和位置、编辑背景图片、设置主题颜色和背景样式、使用页眉和页脚在幻灯片中显示必要的信息等。

（3）创建和删除幻灯片母版。要创建新的幻灯片母版，在"幻灯片母版"选项卡的"编辑母版"组中单击"插入幻灯片母版"按钮，它将在左侧窗格的现有幻灯片母版下方出现。然后可以对该幻灯片母版进行自定义设置，比如为其应用主题、修改版式和占位符等一切操作。

要删除一个幻灯片母版，先选中要删除的幻灯片母版，按【Delete】键即可。而应用了该母版版式的幻灯片会自动转换为默认幻灯片母版的对应版式。

（4）保留幻灯片母版。要保证新创建的幻灯片母版即使在没有任何幻灯片使用它的情况下仍然存在，可以在左侧窗格中右击该幻灯片母版，在其快捷菜单中选择"保留母版"命令，如图 5-17 所示。要取消保留，再次选择"保留母版"命令，取消命令前的"√"即可。

　　提示：幻灯片母版一定要在构建各张幻灯片之前创建，而不要在创建了幻灯片之后再创建，否则幻灯片上的某些项目不能遵循幻灯片母版的设计风格。

3）页眉和页脚的设置

在幻灯片母版视图中，日期、编号和页脚的占位符会显示在幻灯片母版上，默认情况下它们不会出现在幻灯片中。

如果需要设置日期、编号和页脚，可以在"插入"选项卡的"文本"组中单击"页眉和页脚"按钮（或"日期和时间"按钮、"插入幻灯片编号"按钮），均会打开相同的对话框，如图 5-18 所示，进行页眉页脚的设置。

图 5-17　保留母版

图 5-18　"页眉和页脚"对话框

在该对话框中有以下选项：

（1）日期和时间。在日期和时间中有"自动更新"和"固定"两个选项。"自动更新"是从计算机时钟自动获取当前时间，"固定"是可以输入固定的日期和时间。

（2）幻灯片编号。默认情况下，幻灯片编号从 1 开始。如果需要设置从其他编号开始，可以先关闭"幻灯片母版"视图，在"设计"选项卡的"页面设置"组中单击"页面设置"按钮，打开"页面设置"对话框，在"幻灯片编号起始值"微调框中设置幻灯片的起始编号，如图 5-19 所示。

（3）页脚。默认情况下，幻灯片母版上

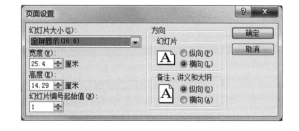

图 5-19　"页面设置"对话框

不显示页脚，如果需要，可以先选中该复选框，然后输入所需文本，接下来在幻灯片母版中设置格式。

（4）标题幻灯片中不显示。该复选框用来控制演示文稿中标题幻灯片显示或隐藏日期和时间、编号和页脚，从而避免重复信息。

> **提示**：在"页面设置"对话框中还可以进行幻灯片大小、宽度、高度、方向等设置。

4）从已有的演示文稿中提取母版再利用

PowerPoint 支持从已有的演示文稿中提取母版再利用，具体操作如下：

（1）打开已有的演示文稿。

（2）选择"视图"选项卡的"母版视图"组的"幻灯片母版"选项，进入演示文稿的幻灯片母版视图，选中窗口左侧第一张"Office 主题幻灯片母版"。

（3）单击"文件"按钮，在其下拉菜单中选择"另存为"命令，打开"另存为"对话框，选择"保存类型"为"PowerPoint 模板（*.potx）"，输入模板名称"模板练习.potx"，单击"保存"按钮即可。

（4）创建新的演示文稿时，单击"文件"|"新建"命令，在"可用的模板和主题"和"空白演示文稿"界面，选择"我的模板"选项，在打开的"新建演示文稿"对话框中选择保存过的模板文件"模板练习.potx"，如图 5-20 所示，单击"确定"按钮，则"模板练习.potx"中的幻灯片全部被加载到新创建的演示文稿中，新创建的演示文稿就应用了之前保存的母版。

图 5-20　根据自己创建的模板新建演示文稿

> **注意**：一定不要修改模板保存路径。
> **思考**：演示文稿中，如果想要某些幻灯片背景和母版不一样，该如何忽略母版，灵活设计背景？

3. 使用配色方案

配色方案可以分别应用于背景、文本和线条、阴影、标题文本、填充、强调和超链接等。用户可以挑选一种配色方案用于个别幻灯片或所有幻灯片中。

使用配色方案的操作方法如下：

（1）单击"设计"选项卡，在"主题"组中单击"颜色"选项，在弹出的下拉列表中选择所需的配色方案并单击，如图 5-21 所示，则所有幻灯片都会应用此配色方案。

（2）若要将配色方案应用于单个幻灯片，单击"颜色"选项，在弹出的下拉列表中指向所需配色方案并右击，在弹出的快捷菜单中选择"应用于所选幻灯片"命令即可。

4．更改背景

背景是应用于整个幻灯片的颜色、纹理、图案或图片，其他内容位于背景之上。

（1）应用背景样式。选择"设计"选项卡，在"背景"组中单击"背景样式"下拉按钮，打开样式库，选择所需样式，将其应用到整个演示文稿，或右击所需样式，在弹出的快捷菜单中选择"应用于所选幻灯片"命令。

（2）应用背景填充。选择"设计"选项卡，在"背景"组中单击"背景样式"下拉按钮，在其下拉列表中选择"设置背景格式"命令，打开"设置背景格式"对话框，如图 5-22 所示，即可设置填充类型。

提示：要选取多张幻灯片，需要按下【Shift】键再单击幻灯片图标或缩略图。

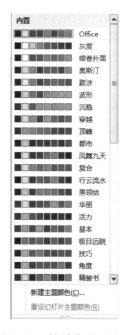

图 5-21 "颜色"选项卡　　　图 5-22 "设置背景格式"对话框

三、编辑幻灯片

编辑幻灯片包括对整张幻灯片的操作和对幻灯片中对象的操作。

1．对整张幻灯片的操作

对整张幻灯片的操作包括：幻灯片的移动、删除、复制、添加新幻灯片等。在"大纲"选项卡和"幻灯片"选项卡中均可以完成这些操作。

（1）移动幻灯片。在普通视图的"大纲"选项卡中，选择一个或多个幻灯片图标，或在"幻灯片"选项卡上选择一个或多个幻灯片缩略图，然后将其拖动到所需位置，释放鼠标即可。拖动时，屏幕上会出现一条水平线，指示将要移到的位置。

（2）删除幻灯片。在普通视图的"大纲"或"幻灯片"选项卡中，选取要删除幻灯片的图标或缩略图，按【Delete】键，或者右击，在弹出的快捷菜单中选择"删除幻灯片"命令即可。

（3）复制幻灯片。复制幻灯片在任意视图中均可以完成。选中要复制的幻灯片，使用对应的命令按钮、快捷键或者拖动鼠标的方法进行操作即可。

（4）插入新幻灯片。先在"大纲"或"幻灯片"选项卡中单击选定插入点，然后在"开始"选项卡的"幻灯片"组中单击"新建幻灯片"下拉按钮，在弹出的下拉列表中选择一种版式即可。

（5）添加备注。在幻灯片备注窗格中可添加注释信息供演讲者参考，放映过程中不会显示。

2．对幻灯片中对象的操作

对幻灯片中的对象进行编辑，需要在幻灯片窗格中进行。每张幻灯片是由文本、图形、表格等对象构成的，对象是幻灯片的基本元素，对幻灯片中对象的基本操作有以下几种。

（1）选定对象：将鼠标指针移动到对象上，单击，对象即被选中。

（2）撤销选定的对象：在选定的对象区域之外单击即可。

（3）改变对象大小：选定对象，将鼠标指针移到对象的控制点上，当指针变为双箭头时，按下鼠标左键拖动即可。

（4）移动对象：选定要移动的对象，按住鼠标左键拖动到所需位置后释放鼠标即可。

此外，剪切、复制、粘贴等操作均可被对象使用。

四、演示文稿的输入与编辑

在新建的演示文稿中，用户通过不同版式中的占位符（带文字或其他图形标记提示的虚线方框），可以方便地向幻灯片中添加文字、图片、表格、图表及多媒体对象，如图5-23所示。

图5-23　幻灯片中的占位符

1．输入文本

有四种类型的文本可以添加到幻灯片：占位符文本、自选图形中的文本、文本框中的文本和艺术字文本。

（1）占位符文本：单击占位符，然后输入文本。

（2）文本框文本：先插入文本框，然后在文本框中输入文字。文本框可以是水平的或竖直的，使用文本框可以在一页上放置数个文字块，或使文字按与文档中其他文字不同的方向排列。当文本大小超出了占位符的大小时，PowerPoint 会逐渐减小输入的字号和行间距，以使文本大小合适。

（3）自选图形中的文本：单击"插入"选项卡，在"插图"组中单击"形状"下拉按钮，在下拉列表中选择并绘制所需的图形，直接在图形上添加文本。

（4）艺术字文本：在"插入"选项卡的"文本"组中单击"艺术字"下拉按钮，可以在幻灯片中插入某种样式的艺术字。该艺术字的样式是填充颜色、轮廓颜色和文本效果的预设组合，内置于 PowerPoint 2010 中，不能自定义或添加。

选中艺术字后，可以在"绘图工具｜格式"选项卡的"艺术字样式"组中设置艺术字的填充颜色、轮廓颜色和文本效果。特别是，在"文本效果"选项组中还可以进行阴影、映像、发光、棱台、三维旋转和转换的设置，如图 5-24 所示。

图5-24　选择艺术字文本效果

2．插入图片

如图 5-25 所示为插入一张剪贴画。

图 5-25　插入"剪贴画"

（1）单击占位符中的"剪贴画"图标。

（2）打开"剪贴画"任务窗格。在该窗格的"搜索"框中，输入一个表示所需剪辑画类型的关键字，然后单击"搜索"按钮。

（3）显示符合该关键字的剪辑画。单击其中一个剪辑画，将其插入幻灯片中，该剪辑画会自动调整大小并在占位符中定位。

可以通过此方式插入其他内容，包括表格、图表、SmartArt 图形、自己的图片以及视频文件。

> 提示：图片，尤其是高分辨率照片，会使演示文稿的体积急剧增加，所以应注意使用可优化此类图片的各种方法，尽可能减小图片的大小。

插入幻灯片项目的另一种方法是使用功能区上的"插入"选项卡。能够从幻灯片窗格中插入的所有内容均可在此处获得。不仅如此，此处还包含更多内容，包括形状、超链接、文本框、页眉和页脚、声音等媒体剪辑。

> 提示：不能使用幻灯片版式中的图标插入文本框。

图 5-26 所示为在"插入"选项卡上可用的一些内容，需要插入的内容中最典型的就是文本框。当需要在某处添加文本并且需要为这些文本提供另一个占位符，例如图片标题，那么使用文本框会非常方便。首先，应单击"插入"选项卡上的"文本框"，然后，在幻灯片上绘制文本框，并在其中输入内容。

图 5-26　"插入"选项卡

既然有两种用于插入图片的方法，那么哪一种是推荐的方法呢？这主要取决于哪种方法最为便捷。需要考虑的一点是，希望插入的项目在幻灯片上如何放置。例如，如果使用占位符中的图标插入图片，图片将置于该占位符中。而当使用"插入"选项卡插入图片时，PowerPoint 将猜测图片的位置，然后将其置于可用的占位符或选定的占位符中。如果没有可用的占位符，PowerPoint 会将图片插入幻灯片的中间，有时这正是所需要的位置。

3．插入多媒体对象

1）向幻灯片中添加声音

为防止可能出现的链接问题，最好在添加到演示文稿之前将这些声音文件复制到演示文稿所在的文件夹。

（1）"普通"视图中，在"幻灯片"选项卡下，单击要添加声音的幻灯片。

（2）在"插入"选项卡上的"媒体"组中，单击"音频"下拉按钮。

（3）执行下列操作之一：

● 单击"文件中的音频"，找到包含所需文件的文件夹，然后双击要添加的文件。

● 单击"剪贴画音频"，滚动"剪贴画"任务窗格，找到所需的剪辑，然后单击该剪辑，将其添加到幻灯片中。

（4）在"音频工具|播放"选项卡上，"音频选项"组中可以进行预览、书签、编辑及音频选项的设置，如图 5-27 所示。

图 5-27 "音频选项"组

> 提示：如果声音文件大于 100KB，默认情况下会自动将声音链接到幻灯片中，而不是嵌入文件。链接了声音文件的演示文稿要在另一台计算机上播放，则要同时复制它所链接的文件。

2）向幻灯片中添加视频

为防止可能出现的链接问题，向演示文稿添加视频之前，最好将这些影片复制到演示文稿所在的文件夹。

（1）"普通"视图中，单击要添加视频或动态 GIF 文件的幻灯片。

（2）在"插入"选项卡上的"媒体"组中，单击"视频"下拉按钮。

（3）执行下列操作之一：

● 单击"文件中的视频"，找到包含所需文件的文件夹，然后双击要添加的文件。

● 单击"剪贴画视频"，滚动"剪贴画"任务窗格，找到所需的剪辑，然后单击该剪辑，将其添加到幻灯片中。

（4）在"视频工具|播放"选项卡上，"视频选项"组中可以进行预览、书签、编辑及视频选项的设置，如图 5-28 所示。

图 5-28 "视频选项"组

案例演练

一、创建公司形象宣传演示文稿

（1）新建空白演示文稿：启动 PowerPoint 2010，系统会自动创建一个文件名为"演示文稿 1"的新文档。

（2）保存演示文稿：单击"文件"→"保存"命令，在弹出的"另存为"对话框中，命名演示文稿为"公司及项目形象宣传演示文稿"，保存类型为"PowerPoint 演示文稿"。

二、编辑公司形象宣传演示文稿

打开"公司形象宣传"相关素材。本演示文稿共 8 张幻灯片,第 1 张为标题,用来展示演示文稿的主题;第 2 张为导航;第 3 ～ 6 张为公司形象展示,内容分别为公司简介、公司经营理念、团队构成、发展愿景;第 7 ～ 8 张为公司精品项目展示,内容分别为项目形象、小区环境。

1. 设置幻灯片的外观

使用设计主题:单击"设计"选项卡,在"主题"组中选择"角度"主题作为幻灯片的背景。

2. 制作第 1 张幻灯片

(1) 设置幻灯片的版式:单击"开始"选项卡,在"幻灯片"组中单击"版式"的下拉按钮,在弹出的下拉列表中选择"标题幻灯片"。

(2) 在页面左上角插入公司的 LOGO 图片,在标题占位符中插入艺术字"恒丰地产 永恒相伴"作为演示文稿的主标题,在副标题占位符中输入文字"恒丰房产公司及城市公园项目形象展示"作为副标题。输入结束后分别设置两个标题的格式如图 5-29 所示。

3. 使用幻灯片母版设置幻灯片的样式

单击"视图"|"母版视图"|"幻灯片母版"命令,切换到"幻灯片母版"视图,设置母版的样式如图 5-30 所示,之后将视图切换为"普通"视图。

图 5-29 第 1 张幻灯片   图 5-30 设置幻灯片母版样式

4. 制作第 2 ～ 6 张幻灯片

(1) 插入并制作第 2 张幻灯片:插入一张版式为"标题和内容"的新幻灯片,在标题占位符中输入"导航";在内容占位符中,单击"插入 SmartArt 图形"按钮,在弹出的"选择 SmartArt 图形"对话框中,选择"列表"中的"垂直框列表"类型,如图 5-31 所示,单击"确定"按钮。这样就在第 2 张幻灯片中插入了垂直框列表图的模板,如图 5-32 所示。更改列表图的颜色,选中列表图,在"SmartArt 工具|设计"选项卡上,单击"更改颜色"下拉按钮,在弹出的下拉列表中选择"彩色－强调文字颜色",如图 5-33 所示。更改列表图的 SmartArt 样式,选中列表图,在"SmartArt 工具|设计"选项卡上的"SmartArt 样式"组中,单击"其他"按钮,在弹出的下拉列表中选择所需的 SmartArt 样式"优雅",如图 5-34 所示。最后,在列表图上输入相关文字,完整的导航图如图 5-35 所示。

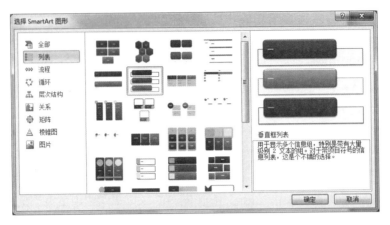

图 5-31 "选择 SmartArt 图形"对话框

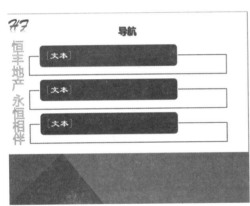

图 5-32 插入"垂直框列表"模板

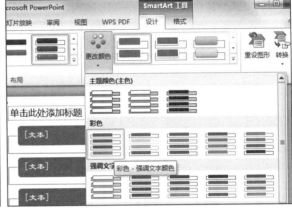

图 5-33 "更改颜色"下拉列表

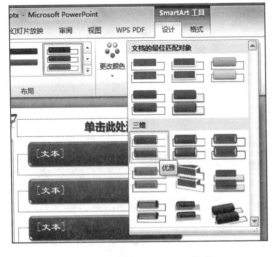

图 5-34 选择 SmartArt 样式

图 5-35 第 2 张幻灯片

（2）插入并制作第 3 张幻灯片：插入一张版式为"标题和内容"的新幻灯片，在标题占位符中输入"公司简介"，在文字占位符中输入公司简介的内容，如图 5-36 所示。

（3）插入并制作第 4 张幻灯片：插入一张版式为"标题和内容"的新幻灯片，在标题占位符中输入"经营理念"，在文字占位符中输入经营理念的内容，如图 5-37 所示。为了显示效果更好，选定经营理念的内容文字，在"开始"选项卡的"段落"组中，单击"转换为 SmartArt 图形"下拉按钮，在弹出的下拉列表中选择"连续块状流程"，如图 5-38 所示。更改 SmartArt 图形的颜色与样式的操作方法与第 2 张幻灯片中的 SmartArt 图形一样，颜色更改为"彩色－强调文字颜色"，SmartArt 样式更改为"优雅"。设置完成的效果，如图 5-39 所示。

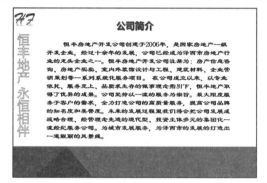

图 5-36　第 3 张幻灯片

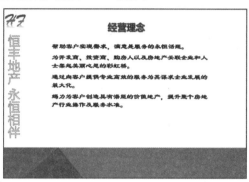

图 5-37　输入文本信息

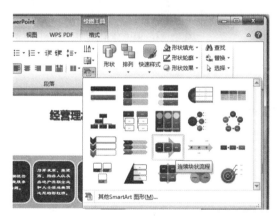

图 5-38　文本转换为 SmartArt 图形

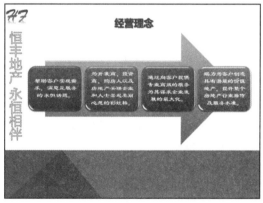

图 5-39　将 SmartArt 样式改为"优雅"

（4）插入并制作第 5 张幻灯片：插入一张版式为"标题和内容"的新幻灯片，在标题占位符中输入"公司团队"，在文字占位符中插入图表，在数据表中输入公司团队的部门名称和人数，然后选择图表类型为饼图，并分别设置图表区和绘图区格式，以各部门人数占团队百分比的图表来展示团队构成，如图 5-40 所示。

（5）插入并制作第 6 张幻灯片：插入一张版式为"标题和内容"的新幻灯片，在标题占位符中输入"发展愿景"，在内容占位符中输入相

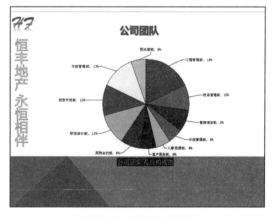

图 5-40　第 5 张幻灯片

应文字，并设置项目符号，如图 5-41 所示。选定发展愿景的内容文字，在"开始"选项卡的"段落"组中，单击"转换为 SmartArt 图形"下拉按钮，在弹出的下拉列表中选择"其他 SmartArt 图形"，在弹出的"选择 SmartArt 图形"对话框中选择"循环"中的"分离射线"类型。更改 SmartArt 图形的颜色与样式的操作方法与第 2 张幻灯片中的 SmartArt 图形一样，颜色更改为"彩色－强调文字颜色"，SmartArt 样式更改为"优雅"。改变图中所有箭头的方向，按住【Ctrl】键，选中图中所有箭头并右击，在弹出的快捷菜单中选择"更改形状"|"箭头总汇"|"左箭头"命令，改变箭头方向，使所有分支都指向中间。设置完成的效果，如图 5-42 所示。

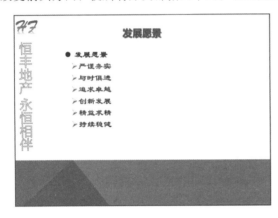

图 5-41　为文本设置项目符号　　　　图 5-42　第 6 张幻灯片

5. 制作第 7 张幻灯片

第 7 张幻灯片为公司精品项目展示，也是形象宣传的一个亮点。背景不同于前，因而首先选中"设计"选项卡下"背景"组中的"隐藏背景图形"复选框，并插入一张来自文件的图片作为背景。输入项目的名字"城市雅居"，输入文字"碧水蓝天 四季如春"。设置完成的效果，如图 5-43 所示。

6. 制作第 8 张幻灯片

第 8 张幻灯片展示公司精品项目小区的周边环境，如图 5-44 所示。

图 5-43　第 7 张幻灯片　　　　图 5-44　第 8 张幻灯片

7. 插入背景音乐

（1）在普通视图的"幻灯片"选项卡中，选择第 1 张幻灯片，在"插入"选项卡的媒体组中单击"音频"下拉按钮，在下拉列表中选择"文件中的音频"，在打开的"插入音频"窗口中，选择背景音乐文件，单击确定按钮。此时幻灯片中会出音频剪辑图标，如图5-45所示。

（2）单击音频剪辑图标，在"播放"选项卡的"音频选项"组中选中"放映时隐藏"复选框，选中"循环播放，直到停止"复选框，设置"开始"选项为"自动"，如图5-46所示。在"动画"选项卡的"高级动画"组中，单击"动画窗格"，打开"动画窗格"，如图5-47所示。双击"动画窗格"中的音乐文件，打开"播放音频"对话框，在"效果"选项卡中设置声音"从头开始"播放，并"在8张幻灯片后"停止播放，如图5-48所示。

图 5-45 音频剪辑图标

图 5-46 音频选项的设置

图 5-47 "动画窗格"窗格

图 5-48 "播放音频"对话框

三、保存公司形象宣传演示文稿

完成公司形象宣传演示文稿编辑后，单击"文件"|"保存"命令，或者单击快速访问工具栏上的■按钮保存该演示文稿。

拓展实训

为创建的"自我介绍"演示文稿设置幻灯片的外观，将标题"自我介绍"设置为艺术字，具体幻灯片制作时，要求体现 SmartArt 图形、图片、声音和图表的使用，参考效果如图 5-49 所示。

图 5-49　实训样文

小　结

①要想制作一份美观大方的演示文稿，模板和主题的选择是非常关键的。PowerPoint 提供的模板和设计主题是有限的，用户可以根据任务的需要去下载。②每个演示文稿至少包含一个幻灯片母版。通过修改和使用幻灯片母版就可以对演示文稿中的每张幻灯片进行统一的样式更改。使用幻灯片母版可以节省时间，因为不必在多张幻灯片上输入相同信息。当演示文稿包括大量幻灯片时，母版尤其有用。③制作的幻灯片必须页面布局合理，各种元素比例恰当，图文层次分明，要具有美感。

案例三　设置公司形象宣传演示文稿的动画效果

案例展示

为案例二中制作的恒丰公司形象宣传演示文稿设置动画效果，例如为 SmartArt 图形设置的动画效果如图 5-50 所示。

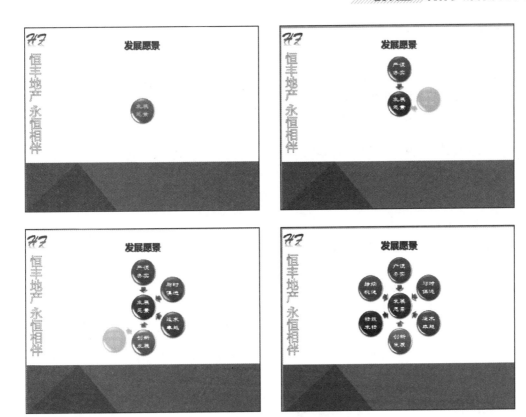

图 5-50 SmartArt 图形的动画效果

案例分析

为幻灯片里的文本、图形、声音、图像和其他对象添加动画效果，可以起到突出主题、丰富版面的作用，使演示效果生动形象。另外，运用"超链接"方法实现导航幻灯片与其他幻灯片之间的跳转，从而使演示文稿的展示更为灵活。

知识要点

● 演示文稿中的动画（重点）。
● 演示文稿中的超链接。

技能目标

● 掌握预设动画和自定义动画的添加方法。
● 掌握动画使用的相关技巧。
● 掌握超链接的使用方法。

知识建构

一、演示文稿中的动画

在幻灯片中插入视频或插入 GIF 图像，并不是 PowerPoint 真正意义上的动画。动画是指单个对象进入和退出幻灯片的方式。在 PowerPoint 中创建动画效果可以使用预设动画和自定义动画。

1. 预设动画

PowerPoint 2010 提供的预设动画有"出现""淡出""飞入""浮入"等，如图 5-51 所示。应用预设动画，可以先选择要应用预设动画的对象，在"动画"选项卡的"动画"组中单击"其他" 下拉按钮，从中选择一种预设效果即可。

图 5-51　预设动画

2. 自定义动画

使用自定义动画，不仅可以为每个对象设定动画效果，还可以指定对象出现的顺序以及与之相关的声音。

1) 自定义动画种类

自定义动画效果共有 4 种类型：进入、强调、退出、动作路径，如图 5-52 所示。

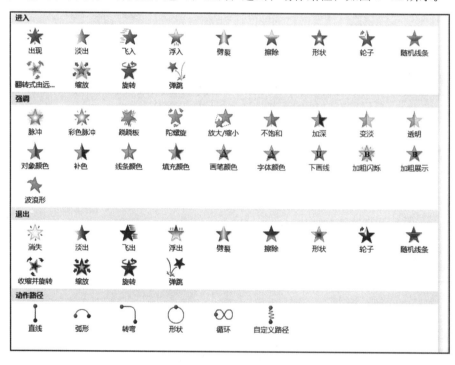

图 5-52　自定义动画

每种类型有不同的图标颜色和用途。

（1）进入（绿色）：设置文本或对象在幻灯片上出现时的动画效果。

（2）强调（黄色）：文本或对象直接显示后再出现的动画效果。

（3）退出（红色）：文本或对象从幻灯片上离开时的效果。

（4）动作路径（灰色）：文本或对象在幻灯片上沿着已有的或者自己绘制的路径运动。

2）应用自定义动画

操作方法：若要为某一对象创建动画效果，需要先选中对象，在"动画"选项卡的"动画"组中单击对话框启动器，在弹出的对话框中设置对象的动画效果、动画启动时间、速度等。

3）动画使用技巧

（1）方向序列设置："动画"选项卡的"动画"组中，单击"效果选项"按钮，可以对动画出现的方向、序列等进行调整。

（2）开始时间设置：开始时间选择默认为"单击时"，如果单击"开始"后的下拉按钮，则会出现"与上一动画同时"和"上一动画之后"。顾名思义，如果选择"与上一动画同时"，那么此动画就会和同一张幻灯片中的前一个动画同时出现，选择后者就表示上一动画结束后再立即出现。如果有多个动画，建议选择后两种开始方式，这样对于幻灯片的总体时间比较好把握。

（3）动画速度设置：调整"持续时间"，可以改变动画出现的快慢。

（4）延迟时间设置：调整"延迟"，可以让动画在"延迟"设置的时间到达后才开始出现，这对于动画之间的衔接特别重要，便于观众看清楚前一个动画的内容。

（5）调整动画顺序：如果需要调整一张幻灯片里多个动画的播放顺序，则单击一个对象，在"对动画重新排序"下面选择"向前移动"或"向后移动"。更为直接的办法是在"动画"选项卡下，单击"动画窗格"，在出现的"动画窗格"上，通过拖动改变每个动画的上下位置以控制动画的出现顺序。

（6）设置相同动画：如果希望在多个对象上使用同一个动画，则首先选中已有动画的对象，再选择"动画刷"，此时鼠标指针旁边会多一个小刷子图标。在这种格式下单击另一个对象（文字图片均可），则两个对象的动画完全相同，这样可以节约很多时间。但动画重复太多会显得单调，需要有一定的变化。

（7）添加多个动画：同一个对象，可以添加多个动画，如：进入动画、强调动画、退出动画和路径动画。比如，设置好一个对象的进入动画后，单击"动画"选项卡下的"添加动画"按钮，可以再选择强调动画、退出动画或路径动画。

（8）删除动画效果：当对设置的动画效果不满意时，可以在"动画窗格"中的动画列表中右击某一对象的动画效果，然后在弹出的快捷菜单中选择"删除"命令即可，剩下的其他动画效果自动排序。若要删除整张幻灯片的全部动画效果，可以将动画效果全部选中，然后右击，在弹出的快捷菜单中选择"删除"命令即可。

二、演示文稿中的超链接

超链接是指从当前正在放映的幻灯片转到当前演示文稿的其他幻灯片或其他文件、网页的操作。

（1）在幻灯片中直接选择某个对象，单击"插入"→"超链接"命令，或右击，在弹出的快捷菜单中选择"超链接"命令，打开"插入超链接"对话框，如图 5-53 所示。

（2）在对话框左侧的"链接到"区域中共有四个选项。选择一个选项后，进行相应的设置，单击"确定"按钮。

（3）在幻灯片放映时，鼠标指针移到下画线处，就会变为超链接标志（形状），这时单击，就会跳转到超链接设置的相应位置。

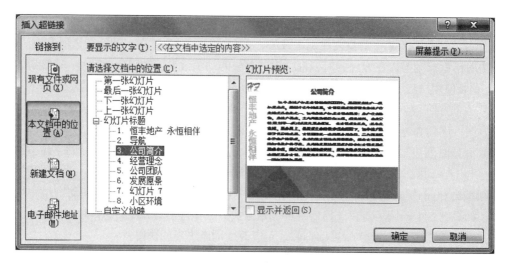

图 5-53 "插入超链接"对话框

案例演练

为恒丰公司形象宣传演示文稿设置动画效果。

一、使用预设动画方案设置母版的动画效果

将视图切换到"幻灯片母版"视图，选中"单击此处编辑母版标题样式"，在"动画"选项卡的"动画"组中单击"其他"下拉按钮，从下拉列表中选择进入动画为"劈裂"，这样可以使幻灯片放映时每一张的主标题都以劈裂的动画效果显现。

二、使用自定义动画为每张幻灯片的特定对象设置不同的动画效果

（1）将视图切换到"普通"视图。

（2）单击第 1 张幻灯片里的音频剪辑图标，在动画选项卡下"计时"组中开始设置为"与上一动画同时"。单击第 1 张幻灯片里的副标题对象，选择"进入"的动画效果为"飞入"，效果选项为"自右上部"，开始设置为"上一动画之后"，持续时间为 2 秒，在"动画窗格"中，调整它们的顺序如图 5-54 所示。在放映时，音频会一开始就播放，副标题会在主标题之后进入到页面，持续时间为 2 秒。

（3）为第 2 张幻灯片中的 SmartArt 图形对象设置 SmartArt 动画效果，在"动画"选项卡的"动画"组中选择"飞入"的预设动画。在"高级动画"组中单击"动画窗格"，在右侧的"动画窗格"中，单击飞入效果"内容占位符"右侧的下拉按钮，在下拉列表中选择"计时"，在打开的"飞入"对话框的"SmartArt 动画"选项卡中设置组合图形为"逐个"，如图 5-55 所示。SmartArt 图形的动画效果为逐个飞入。

（4）分别为第 3 张的公司简介文本对象、第 4 张经营理念的项目对象、第 5 张公司团队构成图表对象设置动画效果开始时间均为"上一动画之后"，持续时间为 2 秒。

（5）为第 6 张发展愿景 SmartArt 图形设置 SmartArt 动画，预设动画效果"浮入"，"SmartArt 动画"设置组合图形为"逐个从中心"。

（6）项目展示是本演示文稿的一个亮点，应给客户留下深刻印象。例如为第 7 张制作波光粼粼的动画效果。设置图形动画效果为预设动画效果"强调"中的"彩色脉冲"。分别为第

7～8张除大标题以外的每个重要对象添加动画效果，并按照每个对象出现的先后顺序设置开始时间，让这些元素按次序有序展示，从而使演示效果更富于动感。

图 5-54　在"动画窗格"中调整动画顺序

图 5-55　设置"SmartArt 动画"

三、通过"超链接"实现幻灯片之间的跳转

第 2 张幻灯片上的导航 SmartArt 图中，每个列表与后面相应的幻灯片都有关联，比如第 3 张"公司简介"是"导航"幻灯片中第一项列表的详细内容。依次选定导航中的每个列表文本框，使用插入超链接的方法，选择与之相关联的幻灯片。

拓展实训

为"自我介绍"演示文稿添加动画效果。

扫一扫

实训提示

小　结

①应用动画要适度，一定要起到画龙点睛的作用，太多的闪烁和运动画面会让观众分散注意力。②在制作动画时应该遵循对象动画开始的先后顺序来制作相关动画，否则在演示时会出现动画顺序混乱。

案例四　设置公司形象宣传演示文稿的放映方式

案例展示

为恒丰公司形象宣传演示文稿设置放映方式，设置的切换效果如图 5-56 所示。

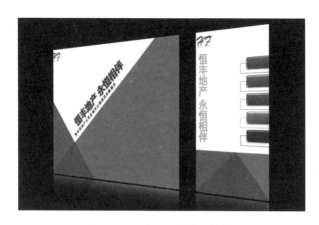

图 5-56　演示文稿的切换效果

案例分析

　　幻灯片的切换方式是指幻灯片放映时各幻灯片之间的过渡方式，幻灯片停留的时间即换片时间。幻灯片切换时可以加一些特殊效果，如"垂直百叶窗""盒状展开"等。幻灯片放映的时候，可以手动切换幻灯片，也可以通过设置让幻灯片自动切换。另外，通过设置幻灯片的放映方式可以实现幻灯片的循环放映。

知识要点

- 演示文稿的放映（重点）。
- 演示文稿的打包。
- 打印演示文稿。

技能目标

- 演示文稿的屏幕放映。
- 掌握放映时控制幻灯片的多种操作。
- 掌握幻灯片放映方式的设置。
- 会演示文稿的打包。
- 会打印演示文稿。

知识建构

一、演示文稿的放映

1. 在屏幕上观看幻灯片放映

操作方法如下：

在 PowerPoint 中放映，以下几种方式，均可以启动幻灯片放映：

方法一：按【F5】键，从第 1 张幻灯片开始放映。

方法二：按【Shift+F5】组合键，从当前幻灯片开始放映。

方法三：单击位于 PowerPoint 窗口右下角的"显示比例"滑块旁边的"幻灯片放映"按钮，将从"幻灯片"选项卡上当前选择的幻灯片开始放映。

方法四：单击"幻灯片放映"选项卡，然后单击"开始放映幻灯片"组中的命令，以便从第1张幻灯片或当前幻灯片开始放映。

2．控制幻灯片放映

1）在幻灯片之间切换

演示文稿通常由多张幻灯片组成，放映时需要在幻灯片之间切换。在幻灯片之间切换有以下几种情况：

（1）转到下一张幻灯片：单击，或按空格键、【↓】键、【|】键、【Enter】键。

（2）转到上一张幻灯片：按【Backspace】键、【↑】键、【←】键即可转到上一张幻灯片，或者是右击，在弹出的快捷菜单上选择"上一张"选项。

（3）转到指定的幻灯片上：右击，在弹出的快捷菜单上选择"定位至幻灯片"选项，然后单击所需的幻灯片即可。

（4）观看以前查看过的幻灯片：右击，在弹出的快捷菜单上选择"上次查看过的"选项。

2）放映时在幻灯片上书写或绘画

在放映屏幕上右击，在弹出的快捷菜单中选择"指针选项"，其中有"笔"和"荧光笔"两种笔型可供选择，还可以在"指针选项"下，"墨迹颜色"中的主题颜色中选择一种需要的颜色，如图 5-57 所示。当选好笔型和颜色后，按住鼠标左键拖动，就可以在幻灯片上书写或绘画。

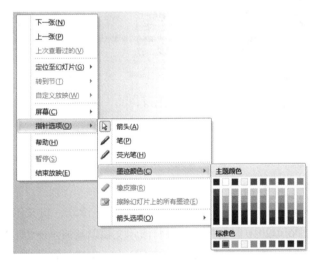

图 5-57　幻灯片放映控制菜单

在弹出的快捷菜单中选择"指针选项"|"箭头选项"|"永远隐藏"命令，就可以在幻灯片放映时隐藏绘图笔或指针。

3．设置幻灯片放映方式

1）幻灯片切换

（1）手动切换与自动切换。切换是指整张幻灯片的进入和退出，分为手动切换和自动切换。默认情况下使用手动切换。对于自动切换，可以为所有的幻灯片设置相同的切换时间，也可以为每张幻灯片设置不同的切换时间，为每张幻灯片单独指定时间的最有效方法是排练计时。

（2）选择切换效果。演示文稿制作完成后，如果不设置幻灯片切换效果，在放映过程中会前一张幻灯片消失，下一张出现。如果需要设置切换效果，那么选择要应用效果的幻灯片，选择"切换"选项卡，在"切换到此幻灯片"组中设置切换效果，在"计时"组中设置切换声音和自动换片时间，如图 5-58 所示。

图 5-58 "切换到此幻灯片"组和"计时"组

2）设置放映方式

放映幻灯片时，选择"幻灯片放映"选项卡，如果需要设置循环放映，可以在"设置"组中单击"设置幻灯片放映"按钮，在打开的"设置放映方式"对话框中选中"循环放映，按 ESC 键终止"复选框，如图 5-59 所示。

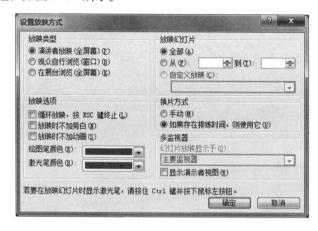

图 5-59 设置循环放映

拓展阅读
演示文稿的
打包操作

二、演示文稿的打包

当用户制作完演示文稿，需要在其他计算机上演示，但又不知这些计算机上是否安装有 PowerPoint2010 时，用户可以将演示文稿以及演示所需的所有其他文件通过打包功能捆绑在一起，复制到一个文件夹或 CD 中，生成一种独立于运行环境的文件。

三、打印演示文稿

PowerPoint 为观众提供的最常见的打印样式类型为讲义。讲义可以在每页包含一张或若干张幻灯片，最多不超过 9 张，有 9 种排列方式，如图 5-60 所示。使用"打印"来选择所需的讲义类型，这样在打印之前便可查看讲义的外观。操作方法如下：

（1）在"文件"菜单中选择"打印"。

（2）在"打印"页面中，设置"打印全部幻灯片"，单击"整页幻灯片"框旁边的下拉按钮，在弹出的下拉列表中显示出打印内容列表，从该列表中选择一种讲义类型，此格式的打印预览效果会显示出来，例如选择"9 张水平方式的幻灯片"，如图 5-61 所示。

拓展阅读
打印备注的
操作

（3）设置完成，单击"打印"按钮，开始打印。

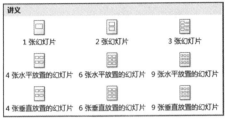

图 5-60　打印讲义　　　　　　　　　　　图 5-61　打印讲义

提示：打印之前，应设置好页眉和页脚。通过"文件"菜单下"打印"页面中的"编辑页眉和页脚"选项，也可以在讲义和备注中添加或调整页脚。

案例演练

为恒丰公司形象宣传演示文稿设置放映方式、将演示文稿打包成 CD、打印演示文稿。设置切换方式效果如图 5-56 所示。

一、设置幻灯片的切换方式

切换方式为手动和自动两种方式。首先单击"切换"选项卡，之后选中第 1 张幻灯片，在"切换到此幻灯片"组中选择切换效果为"库"，"效果选项"为自右侧，"持续时间"为 2 秒，其中自动换片时间设置为 5 秒，最后单击"全部应用"按钮，将此切换效果应用于所有幻灯片，如图 5-62 所示。

二、设置演示文稿的放映方式

选择"幻灯片放映"|"设置幻灯片放映"命令，打开"设置放映方式"对话框，选择放映选项为"循环放映，按 ESC 键终止"。

三、将演示文稿打包成 CD

将一张空白光盘放入刻录机的光驱，选择"文件"|"保存并发送"命令，然后单击"将演示文稿打包成 CD"，在"将演示文稿打包成 CD"页面上单击"打包成 CD"按钮，在弹出对话框中的"将 CD 命名为"文本框中输入"公司形象宣传演示文稿"，单击"复制到 CD"按钮，即可打包。

四、打印演示文稿

首先选择"文件"|"打印"，设定每页为"9 张水平放置的幻灯片"，之后单击"编辑页眉和页脚"，在弹出的"页眉和页脚"对话框里设定"备注和讲义"中"日期和时间"自动更新，如图 5-63 所示。设置完毕，即可打印。

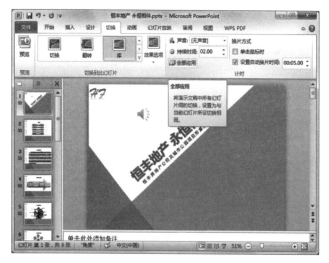

图 5-62　设置幻灯片的切换方式

图 5-63　"日期和时间"自动更新

扫一扫

实训提示

拓展实训

设置"自我介绍"演示文稿的放映方式，将演示文稿打包成 CD，打印演示文稿。

小　　结

①不同的幻灯片放映时，可以选择各种不同的切换方式并改变其速度，也可以改变切换效果以强调某张幻灯片。②如果将文稿保存为 PowerPoint 放映类型，则文件扩展名为 .PPS，这类文件从桌面打开时会自动播放。③在放映演示文稿时，如果要快进到或退回到某一张幻灯片（比如第 5 张幻灯片），可以按下数【5】，再按【Enter】键。

测　试　题

一、选择题

1. 在 PowerPoint 2010 中的（　　）视图下，可用于撰写或设计文稿。

　　A. 大纲　　　　　　　　B. 普通　　　　C. 幻灯片浏览　　　　D. 幻灯片放映

2. 若要在 PowerPoint 2010 浏览视图中选择多个幻灯片，应先按住（　　）键。

　　A.【Alt】　　　　　　　　　　　　　　B.【F4】

　　C.【Ctrl】　　　　　　　　　　　　　　D.【Shift+F5】

3. 在幻灯片放映过程中，能正确切换到下一张幻灯片的操作是（　　）。

　　A. 单击　　　　　　　　　　　　　　　B. 按【F5】键

　　C. 按【PageUP】键　　　　　　　　　　D. 以上的都不正确

4. 从当前幻灯片开始放映幻灯片的快捷键是（　　　）。

    A. 【Shift + F5】　　　　　　　　　　B. 【Shift + F4】

    C. 【Shift + F3】　　　　　　　　　　D. 【F5】

5. 要设置幻灯片中对象的动画效果以及动画的出现方式时，应在（　　　）选项卡中操作。

    A. 切换　　　　　　B. 动画　　　　　C. 设计　　　　　　　　D. 审阅

6. 当在幻灯片中插入了声音以后，幻灯片中将会出现（　　　）。

    A. 链接按钮　　　　　　　　　　　　B. 一段文字说明

    C. 链接说明　　　　　　　　　　　　D. 喇叭标记

7. 选择全部幻灯片时，可用快捷键（　　　）。

    A. 【Shift+A】　　　　　　　　　　 B. 【Ctrl+A】

    C. 【F3】　　　　　　　　　　　　　D. 【F4】

8. 为所有幻灯片设置统一的、特有的外观风格，应使用（　　　）。

    A. 自动版式　　　　　B. 放映方式　　　C. 母版　　　　　　　　D. 幻灯片切换

9. 设置动画延迟是在（　　　）中完成。

    A. 持续时间　　　　　　　　　　　　B. 效果选项

    C. 开始　　　　　　　　　　　　　　D. 延迟

10. 启动 PowerPoint 2010 后，直接按组合键（　　　）可快速新建一个空白演示文稿。

    A. 【Ctrl+A】　　　　　　　　　　 B. 【Ctrl+S】

    C. 【Ctrl+N】　　　　　　　　　　 D. 【Ctrl+V】

二、填空题

1. PowerPoint 2010 中用于演示的文件叫作_____，其扩展名为_____。

2. PowerPoint 2010 有四种主要视图：幻灯片浏览视图、_____、_____和阅读视图。

3. 在新建的演示文稿中，用户通过不同版式中的_____可以方便地向幻灯片中添加文字、图片、表格、图表及多媒体对象。

4. 幻灯片正在放映时，按【Esc】键可以_____。

5. 在 PowerPoint 2010 中显示标尺、网格线、参考线，以及对幻灯片母版进行修改，应在_____选项卡下进行操作。

6. 可以通过_____控制整个幻灯片的自动播放时间。

7. PowerPoint 2010 中，幻灯片母版设计的类型有_____、_____和_____。

三、判断题

1. 在 PowerPoint 2010 中，普通视图模式下可以实现在其他视图中可实现的一切编辑功能。

                                        （　　　）

2. PowerPoint 2010 中，设置动画是提高演示效果的主要手段。　　　　　　（　　　）

3. PowerPoint 2010 的幻灯片必须人工手动放映。　　　　　　　　　　　（　　　）

4. PowerPoint 2010 中，在新建的演示文稿中，用户通过不同版式中的占位符实现文字、图片、表格等的添加。　　　　　　　　　　　　　　　　　　　　　　　　　　（　　　）

5. 使用幻灯片配色方案命令可以对幻灯片的各个部分重新配色。　　　　　（　　　）

6. 在幻灯片放映时，利用绘图笔在幻灯片上写字或画画，这些内容自动保存在演示文稿中。

（　）

7. PowerPoint 2010 中，幻灯片母版设计的类型有幻灯片母板和讲义母板。　　（　）

8. PowerPoint 2010 中，按【F5】键可以启动幻灯片放映。　　　　　　（　）

9. PowerPoint 2010 中，更换幻灯片文稿的视图可以通过"视图"选项卡下的"演示文稿视图"组来完成。　　　　　　　　　　　　　　　　　　　　　　（　）

10. 在 PowerPoint 2010 中创建动画效果可以使用预设动画和自定义动画。　（　）

● 扫一扫

拓展阅读：
PowerPoint
2016新功能
特性